工程项目
界面协同管理

吴绍艳 著

Interface Synergy Management of Construction Project

内 容 提 要

本书针对复杂性工程项目，基于复杂系统理论和涌现理论的高度，系统解构工程项目管理过程中目标界面、过程界面、组织界面和环境界面中存在的界面障碍，构建了基于柔性界面的以目标协同为导向、信息协同为基础、过程协同为载体的主动组织界面协同整体框架，建立了多界面的管理规则，以实现项目多目标、全过程、各要素的动态界面协同管理。

本书可供高等学校工程管理等专业师生参考，也可供工程项目管理人员阅读借鉴。

图书在版编目（CIP）数据

工程项目界面协同管理 / 吴绍艳著. — 北京 ：人民交通出版社，2014.4

ISBN 978-7-114-11348-2

Ⅰ. ①工… Ⅱ. ①吴… Ⅲ. ①建筑工程—工程项目管理 Ⅳ. ①TU71

中国版本图书馆 CIP 数据核字(2014)第 075056 号

书　　名：工程项目界面协同管理
著 作 者：吴绍艳
责任编辑：邵　江
出版发行：人民交通出版社
地　　址：(100011)北京市朝阳区安定门外外馆斜街 3 号
网　　址：http://www.ccpress.com.cn
销售电话：(010)59757973
总 经 销：人民交通出版社发行部
经　　销：各地新华书店
印　　刷：北京交通印务实业公司
开　　本：787 × 1092　1/16
印　　张：12.5
字　　数：286 千
版　　次：2014 年 4 月　第 1 版
印　　次：2014 年 4 月　第 1 次印刷
书　　号：ISBN 978-7-114-11348-2
定　　价：38.00 元

前　　言　Preface

伴随着工程项目的复杂化趋势,项目系统的子系统数量呈指数级递增乃至成“细节的海洋”,由此内生的界面问题也成倍增加。数十年来建筑业对界面管理重视不够,在项目交付过程中诸多难以调和的问题不断凸显,界面带来的阶段分离、目标差异、信息孤岛等破脆性(Fragmentation)现象和问题成为广泛解释工程项目投资失控、工期延长、质量低下等绩效不佳的原因。

工程项目作为一个系统,由多参与方、多目标、多个阶段等子系统构成,子系统间及子系统与环境之间均存在大量界面。有效的项目界面管理是项目成功的关键。国内外理论界在工程项目界面协同管理相关方面已经取得了很多有意义的研究成果,但是已有的研究多是针对某一类界面展开,缺乏系统视角的整体界面关系呈现和界面规则建构。本书针对复杂性工程项目,基于复杂系统理论和涌现理论的高度,系统解构工程项目管理过程中目标界面、过程界面、组织界面和环境界面中存在的界面障碍,建立了基于柔性界面的以目标协同为导向、信息协同为基础、过程协同为载体的主动组织界面协同整体框架,实现项目多目标、全过程、各要素的动态界面协同管理,从而使项目顺利实施,改善工程项目管理绩效。具体内容如下:

第一,基于系统科学理论建立了工程项目系统结构框图,并基于复杂系统理论揭示了工程项目系统的复杂适应性特征。对协同的涌现效应进行了论证,建立了系统整体涌现性大小与协同广度和深度的二维框图,提出了将硬性界面软性化的工程项目管理总体界面协同思路,建立了基于界面协同的工程项目管理系统涌现模型;并在对工程项目目标、组织、过程等各子系统内部和相互间的界面进行分析的基础上,构建了工程项目协同管理系统的总体思路和概念模型。

第二,在分析工程项目多层次目标协同关系的基础上,基于系统科学理论,引入了功效系数和系统协调度概念,以费用、工期、质量和资源目标为例,建立了这些目标子系统的功效函数,进而构建了工程项目管理的多目标系统的协调度函数模型,并将微粒群算法应用在模型优化中。

第三,建立了基于整体涌现性的工程项目全生命周期过程协同的总体模型,尝试将过程建模工具Petri网应用到工程项目协同管理过程中,建立了基于赋时着色Petri网的工程项目微观工作流网模型和基于Petri网的工程项目全生命周期及各个阶段的宏观过程模型;构建了面向全生命周期的工程项目动态风险管理体系,并基于全生命周期分析方法,对工程项目与环境的协调作用进行了阐述。

第四,分析了工程项目供应链系统整体涌现现象发生的条件和机制,揭示了基于构材效应的供应链成员的选择要求和过程,提出了基于结构效应的非线性协同作用方法，包括工程项目供应链协同管理的组织基础、供应链主体的协同进化机理和过程分析、基于关系治理的参与方合作伙伴关系的建立框架和纠纷解决的进化博弈方法等。

第五，对基于BIM的工程项目管理信息协同系统的功能进行了分析，建立了工程项目管理各参与方的全过程协同信息系统平台。最后，以天津站交通枢纽工程项目为例，进行了利益相关者、过程、参与方等多界面的协同管理分析和佐证。

在本书完成之际，要感谢很多人的指导和帮助。首先感谢天津大学杜纲教授对本书复杂系统理论的指导，感谢天津理工大学尹贻林教授以及带领的公共项目与工程造价研究所（IPPCE）科研团队多年来对我工程项目管理和治理理论方面的引导以及鞭策，感谢天津站交通枢纽工程项目运营管理模式课题组成员。在具体文字撰写和处理上，感谢师弟刘晓峰对第三章的部分编写工作，感谢天津理工大学硕士研究生续金妍同学对全书部分内容的整理和加工，感谢王景刚同学对第六章部分文字的处理。最后，感谢所有的参考文献作者，你们的研究成果为本书提供了基础。在本书的出版过程中，人民交通出版社的温鹏飞编辑付出了很大的努力，在此表示衷心的感谢。

本书的研究成果能够为学术界研究工程项目界面管理提供一个整体的路线图，可供高等学校工程管理等专业师生参考，也可供工程项目管理人员阅读借鉴。但由于作者水平和研究条件的限制，难免会存在一些瑕疵，不当之处敬请各位读者和同行不吝赐教，给予批评和指正，以待后续研究加以改进和提高。

吴绍艳

2014年2月

目　录 Contents

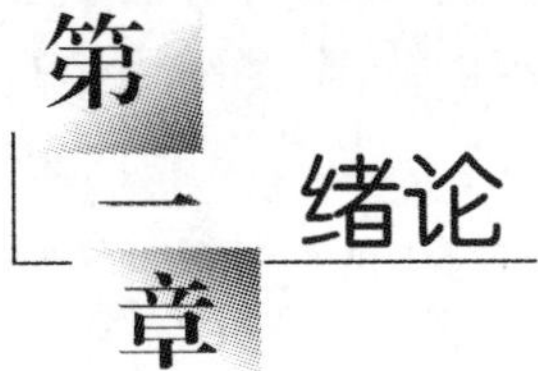

第一章 绪论

第一节 本书的研究背景和意义

一、研究的现实背景

伴随着工程项目复杂化的发展趋势，传统的管理模式暴露出越来越多的问题与弊端，迫切需要一种新的、与自身复杂特点相适应的管理模式。

（一）传统工程项目管理方式存在的问题

40 多年来，非农产业的平均效率增长 100% 以上，建筑行业反而下降了 20% 左右[1]。据有关调查统计：当前时期的大部分项目实际花费的成本往往是所需花费成本的两倍，72% 的项目超出预算，70% 的项目工期滞后；工期滞后的项目其中有 75% 的项目至少高于原合同价格 50%；施工行业工人的安全问题往往是其他行业的 2.5 倍[2]。在上个世纪 90 年代初，西方发达国家的建筑行业经历了一次行业危机，具体表现为成本超标、工期不能保证、所建项目不能令业主满意等等。西方的研究者对出现这次危机的原因进行了深入的分析[3-4]，认为是工程项目中各参与方之间的对立态度特别是业主和承包商之间的对立，导致了争端（Dispute）的增多，从而导致了费用的增加和工期的延长；同时由于这种对立态度导致的业主与承包商的沟通不顺，以及设计方和建造方的沟通渠道不顺，还有工程项目各过程的分隔导致了设计公司对业主要求的理解不深入，承包商对于设计公司的设计方案不能准确实施等后果，这样项目的最终结果就只能是项目不符合业主的要求或者业主不满意。

传统的项目管理模式在项目交付过程中不断凸显诸多难以调和的问题。项目作为一个系统，由多参与方、多目标、多个阶段等子系统构成，子系统间及子系统与环境之间均存在大量界面。界面带来的阶段分离、目标差异等破脆性（Fragmentation）现象和界面问题成为广泛解释建设行业绩效低下的原因[5-7]。界面问题的具体体现可总结如下：

1. 项目全生命周期过程具有明显的阶段性

传统工程项目的全过程有着明显的阶段性。工程项目的建设方式是按照专业划分的，各专业在物理上相互分隔，或按工程项目全生命周期的不同阶段划分。由于专业所限，或跨越不同的时段，或实施方不同，上下游阶段之间缺乏协同，导致管理的不连续性。

传统的工程项目也难以形成与其他工业相似的生产过程，业主无法得到完整的建筑产品和完备的服务。业主常常不具备项目管理的能力，但必须参与建设过程，必须承担许多复杂的管理工作和由此带来的责任，带来许多纠缠不清的烦恼。

2. 参加者目标的不一致性

工程项目有自己的总体目标与要求，但由于各个阶段的组织任务和责任人员不同，由于专业化和社会化分工导致工程项目的任务由不同的企业承担，造成项目组织的分割、组织目标的不一致和组织责任的离散。项目参与方之间由于目标的不一致性产生相互制衡的现象，导致组织关系紧张，工作效率降低，抑制各方的积极性和创造性，大量的费用、时间和精力被消耗在各种工作界面上。由于项目各参与方的利益与项目的最终效益无关，所以在工程项目组织中人们的短期行为比任何其他组织都要严重，容易产生“为建设而建设”的思想，往往只注重当前局部利益，不注重项目的运行状态和可持续发展的要求，无法实现项目全生命周期的总体优化。而且在项目组织责任体系中明显的存在“盲区”，参与者各方的风险都加大。由于参与方的利益和目标不同，对项目的任务可能会存在不同的理解，不可避免会产生一些界面冲突[8]。

3. 建设过程存在严重的“信息孤岛”

传统的项目信息沟通方式及信息系统，缺乏信息标准化和协同分析，缺乏对某一类信息的整体把握和统筹，其结果必然导致信息需要方花费大量的时间和费用用于搜寻信息、分析信息和利用信息，而且信息的重复利用率低，导致信息获取成本大幅度提高。各参与方自行建设的信息管理系统，由于缺乏统一的标准，数据异构性强，资源共享率低。信息管理落后既是工程项目管理落后状况最直接的表现，也是其他问题的综合表现形式[9]。总之不同界面信息的松散在信息交换过程中降低了界面信息的准确性、完整性和有效性[10]。

4. 项目管理职能的割裂

在传统的项目管理中，人们对项目管理的研究和开发常常都着眼于某个子系统，从某个方面（如业主或承包商），强调不同的专业职能的管理，如质量、进度、成本、合同、安全等。尽管这些研究和开发都比较成熟，许多软件的商品化程度较高，例如进度控制、预算、合同管理、质量管理、风险分析等软件，但它们有阶段性、片面性和局限性，未能实现大系统的综合效率，极大地学限制了项目管理理论和实践水平的提高。

可见工程项目管理实际中，绝大多数问题都发生在界面处[11-12]。数十年来建筑业对界面管理一直重视不够，已经导致大量的生产效率低下、质量差、浪费、延迟、索赔和成本超支等，这些问题降低了工程项目绩效，阻碍了行业发展[13]。

（二）工程项目的复杂化发展趋势

随着科学技术和社会的发展，现代工程项目除了具有一般项目的三大特征[14]即项目的单件性或一次性、项目具有一定的约束条件（一定的质量、限定的工期、限定的投资）、项目具有生命周期之外，还呈现出一些新的特点，很显著的一点便是工程项目的规模越来越大，其复杂性程度也越来越高。参照文献[9][15-19]等，本书对工程项目的复杂化发展趋势总结如下：

1. 项目的规模不断扩大

现代工程项目建设工期长，投资规模不断扩大，尤其是基础设施项目的建设。投资主体的多元化为现代工程项目的投资提供了多种来源，也使得投资额巨大的工程项目的实施成为可能。虽然规模与复杂性之间不存在线性比例关系，但是项目建设成本高却通常是项目复杂的一个伴随特征，正如 David Baccarini 所说“通常来说，项目越复杂，其成本就越高，工期越长”。

2. 项目组织复杂性增加

现代工程项目涉及的领域不断增加，不仅仅涉及土建和设备安装，还涉及到融资、自动控制、环境保护等其他专业领域，有成百上千个单位共同协作，由成千上万个在时间和空间上相互影响、制约的活动构成。项目工作要跨越多个组织，因此项目组织的复杂性体现在如何将具有不同经历、来自不同组织的人员有机地组织在一个临时性、一次性的组织内高速有效的工作。而且像高速公路、铁路、能源管道、引水工程等项目实施现场分布地域广阔，在项目生命周期的不同阶段和不同地域位置上可能需要不同的专家和组织，这又进一步增加了项目的组织复杂性。

3. 项目目标要求的复杂性增加

现代工程项目的目标向工期、质量、成本、环境、卫生、安全、业主满意度等全方面、多目标的协同优化转变。伴随着全面质量管理在各行业中普遍实行，各行业的业主希望工程项目实施过程中也能采用这种方式以保证工程的质量，同时业主意识到价值并不仅意味着最低的工程价格，而应该是价格、工期和质量等指标的综合反映，是一个全面的度量标准；世界经济一体化增加了竞争的强度，业主需要在更短的时间内拥有工程设施。费用、时间、质量等越来越严格的约束条件间接增加了项目的复杂性。

4. 环境的不确定性和动荡性越来越强

项目实施过程中不可预见因素增多，不仅受当地政府以及社会经济文化环境的影响，同时又受项目所在地的资源、气候、地质等因素的制约，环境不确定性的增加是间接导致工程项目复杂的最主要来源[19]，同时也进一步增大了项目的风险。

5. 工程项目所需的技术复杂性增加

工程项目所包括或涉及的学科知识和技术种类越来越多，施工技术和施工工艺要求越来越复杂，项目设备技术含量高，有新工艺、新材料、新知识的要求。

6. 信息的复杂性增加

由于工程项目信息涉及面广、周期长，其针对某一事件产生的信息量较之以前有了级数的增长，这样就必然加大了该信息的需要方获取信息、分析信息的难度。同时，不同参与方之间、不同过程之间的信息依赖度和相关度增加，也导致信息的复杂性增加。

7. 文化沟通的复杂性增加

工程项目的众多参与方如业主、咨询方、设计方、各类承包商、供应商、运营商等，他们的社会心理、文化、习惯、专业等存在差异，增加了沟通等难度。而且伴随着工程项目国际竞争的加剧以及国际合作项目的增多，参加者来自不同的国度，他们适应不同的社会制度、文化、法律背景，使用不同的语言，增加了沟通的障碍和项目管理的复杂性。

伴随着项目的复杂性趋势，项目系统的子系统数量可能会呈指数级递增乃至成“细节的海洋”[20]，因此要求项目业主和项目经理必须处理比过去更加错综复杂的界面问题[8]，处理更复杂的界面关系。

（三）复杂性工程项目的界面协同管理需求

显然，传统的项目管理系统、管理方式和理念已经不能满足和适应复杂项目众多界面的管理需要，复杂工程项目需要特殊水平的管理[18]。由于工程项目复杂的特性，给项目管理提出了新的要求,需要相应的技术手段和管理方式来应对复杂性[21]。

系统思路揭示了工程项目界面管理的需要,识别关键界面、聚焦于界面绩效越来越受到重视,有效管理项目界面是项目成功的关键[22]。为了有效的项目管理,有必要识别和控制有关的界面事件和问题[23],采取相应的界面管理方法提高复杂项目性能和界面管理绩效[24]。同时 Thompson (1967) [25]指出,高不确定性驱动高的协同和集成需要。因此,本书从系统角度探究工程项目众界面的协同管理方法。

1. 对工程项目多目标协同管理的需求

复杂工程项目的成败对国民经济影响重大,因此其目标体系不仅包括质量、工期、成本等几大基本目标,还应包括与环境的协调、可持续发展的长远目标要素。不仅仅追求最低的成本等单个要素目标的最优,而是追求项目的总体目标和总体效果,是工期、质量、成本等全方面、多目标的协同优化和有机协调。

2. 对信息协同管理的要求

传统的信息沟通方式已远远不能满足复杂工程项目的管理需要,甚至严重影响了项目的顺利实施。伴随着工程项目规模的增大,参加单位多,造成每个参加者沟通面大,各人都存在着复杂的联系,需要复杂的沟通网络。只有使项目全过程、多目标的各种信息能够在项目各参与方之间进行有效的沟通、共享,才能保证复杂工程项目的顺利实施和最终效益的发挥。为了提高界面管理的有效性,运用 IT 技术是有效的和重要的手段[10]。面向建筑全生命周期的 BIM 技术为实现工程项目各阶段和各参与方之间信息共享和共享提供技术支持,建立一个统一的信息平台,把项目信息进行标准化处理,对项目信息进行协同化管理,从而使得业主、承包商、供应商之间,项目的各个职能部门和人员之间,政府部门、社会组织等等机构都能在统一的信息平台上沟通,可解决“信息断层”和“信息孤岛”等问题,实现全生命周期的建筑性能分析,进而降低项目各参与方的交易成本,提高建筑产业效率和建筑产品质量[26]。

3. 对工程项目全过程协同管理的需求

对于复杂工程项目,业主要求发生变化。业主首先把工程项目看成是一个投资行为,要求项目有完备的使用功能,以迅速实现投资目的,而不是为了增加固定资产,不是以工程的建设作为目标。业主希望面对较少的承包商,消除项目组织责任体系中的盲区,要求一个或较少的承包商承担全部工程建设责任。业主要求建筑业企业像其他工业生产部门一样,承包商能提供最终使用功能为主体的服务,把研究、开发、设计、施工、运营等阶段有机结合起来,以保持管理的连续性,希望承包商与工程的最终效益相关,以消除承包商的短期行为,调动各方面的积极性。

伴随着业主需求的变化,承包商角色也应随之发生很大改变。承包商在项目中的承包范围扩大,应由单纯的专业工程施工承包向工程施工总承包转变,甚至承担项目的咨询策划、建设过程的管理和运营管理、参与项目融资等。承包商进入工程项目的时间应向前延伸,在设计阶段、可行性研究阶段、甚至在项目的构思阶段就进入工程项目,这也已经成为国际上许多大型的承包商提高市场竞争力、提高抗风险能力的重要手段之一。承包商的业务范围向后拓展,对某些项目,承包商不仅完成项目的建设任务,而且承担项目运营阶段的物业管理和维护服务。

复杂性工程项目管理过程中不仅建设过程风险和施工技术风险因素众多，而且金融风险、市场风险加大，如果风险控制不当，将产生极其严重的后果，因此需要对项目进行早期风险预测和全过程的风险控制，需要采用先进的管理技术来识别和回避全过程风险，而且需要众多投资方和参与方共同承担项目风险。无论是业主、承包商角色的转变还是风险分担的需要，复杂性工程项目管理都需要新的承包方式。工程项目市场上目前广泛采用的工程总承包和项目管理方式主要包括设计—建造（DB：Design-Build）、设计—采购—施工（EPC：Engineering，Procurement and Construction）、施工管理（CM：Construction Management）、项目管理承包（PMC：Project Management Contracting）和建造—运营—移交（BOT：Build-Operation-Transfer）[26]和项目综合交付方法 IPD（Integrated Project Delivery）[27]。这些方式都体现了过程协同的思想和理念，减少了成本和工期，使业主的管理工作量达到最少化，业主和各参与方实现利益共享、风险共担，达到“多赢”的结果承包商能够获得“双赢”。复杂性工程项目管理过程应采用或借鉴这些方式的思想，实现全过程利益最大化、风险最小化。

4. 对参与方之间协同的需求

鉴于工程项目具有的复杂性、强不确定性和动态性特点，其所要求的管理方式与静态工作所要求的应该有很大的不同，各参与方之间的关系也必然有很大改变。作为业主和项目管理者，在沟通过程中不仅应强调总目标，而且要兼顾各方面的利益，达到各参与方的目标一致性，使各方面都满意。同时工程建设业中单个企业的资源已经远远不足以保证完成日益复杂化的项目需求，工程项目的参与方越来越多，迫切需要业主与各参与方及各参与方之间建立起真正的良好合作关系，对工程项目的实施的全过程进行协同管理，提高项目执行的效率，利用现有的资源为业主提供价值最大化的项目产品。美国德州奥斯汀大学土木工程研究所的研究表明，在工程项目中，前期的多方参与和合作可以带来有效的改善。它可以使得项目总成本降低10%；其中施工管理成本降低24%、设计工作的价值增加33.7%，项目利润增加25%，工程索赔事件发生率降低83%，索赔成本降低68%[29]。对于争端的解决方式，业主、设计商、承包商、建筑师等各参与方也应改变过去那种以诉讼为主的方式，应更多地注意项目的整体成功，强调合作和沟通的重要性，在此基础上尽量协调解决，从时刻准备索赔向避免索赔转变。

而传统的纵向的金字塔式的组织结构形式必然不能满足现代复杂性工程项目参与方之间协同的管理需求，需要与之相适应的项目管理组织结构作为依托。

综上所述，复杂性工程项目的界面众多，由此催生的界面问题随之成倍增加，需要对这些可能阻滞项目管理绩效的界面问题进行协同管理。协同管理能够解构项目系统本身所具有的复杂性，针对项目管理中的界面障碍，研究工程项目管理中存在的协同现象和特征，通过对项目多目标、全过程、各要素的动态界面协同管理，可以提高项目管理的效率，从而使项目顺利实施，实现项目的总体目标。

二、研究的理论背景

（一）界面管理理论和 BIM 技术

在19世纪50年代，由于对开放系统观点的认知，才有了诸如自我组织、系统和子系统层级分类以及系统障碍和界面的概念。系统视角持续贡献于项目管理的发展。系统思路揭示了界定和管理项目子系统和它们界面的需要[22],催生了对界面管理方法的需求。在19世纪60年代和70年代,界面管理通常仅仅确保系统界面的匹配(在这一阶段将interface译成接口更合适)。在19世纪80年代以后,界面管理指对组织、管理和技术系统的界定,以及积极管理它们的相互关系(Interrelationships)。界面管理术语在诸如信息系统和航空等高科技项目中相对普遍,而在工程项目中用的较少。进入21世纪,国内外学者对于界面管理研究的一个重要的趋势就是把界面管理理论运用到大型复杂的工程管理中。

进入20世纪90年代,和其他科学一样,计算机科学的发展也推动了项目管理科学的发展,各类基于计算机技术的项目管理方法得到了应用,项目管理的方法和手段得到了丰富和更新。建筑信息模型(BIM)的作用已经为业界所广泛接受,并被建设行政主管部门认为是"建筑信息化的最佳解决方案",并在《2011—2015年建筑业信息化发展纲要》明确提出"在'十二五'期间要大力加强建筑信息模型、基于网络的协同技术等在工程中的应用"。

(二)复杂性科学研究的兴起

新近管理研究的一个明显趋势是以复杂系统科学理论为指导。复杂性理论的核心概念是20世纪60年代到80年代首先出现在物理和生物学中,在90年代Kaufman的《有序之源》(1993)一书出版后,复杂性概念开始流行起来,在系统论、信息论、控制论、相变论、耗散结构论、突变论、协同论、混沌论、超循环论等众多新科学理论推动的大背景下,复杂性科学受到多个领域学者的关注,有从各专业领域具体问题研究入手的,也有从跨学科角度入手的。并被逐步应用到管理创新、组织创新、经济发展等领域,取得了丰富的成果,产生了深远的影响。复杂性科学目前还处于发展阶段,但是已经被一些科学家誉为"一门21世纪的科学"[30-31]。

从理论上来说,这是复杂性科学和管理理论自身发展共同推动的结果;从实践上来说,是人们解决社会经济发展中所面临的复杂性问题的需要;而从方法论角度上看,将复杂性科学与管理理论相结合则是研究管理世界中复杂性问题的有效途径。可以预见,复杂性科学和管理理论的进一步融合将产生更多、更重要的成果。

21世纪,无论是在国内工程建设领域,还是在未来开拓国际工程承包市场的事业中,如何提高我国承包商的市场竞争力、如何提高工程项目尤其是复杂性工程项目的管理水平成为工程项目管理研究的重要问题和迫切任务。复杂系统理论为工程项目管理的研究提供了一些新的范式,它们包括:以涌现论取代还原论的整体性把握思维,环境相干性激发的自组织行为,整体和部分的协同进化思维等。基于上述视角的研究不仅具有积极的理论价值,更具有重要的现实意义。

(三)协同学与协同科学的发展

广义的协同科学的发展,是本书研究的另外一个理论基础。广义的协同科学包括管理学、社会学、心理学和组织行为学等学科对于人类社会工作的协同问题的研究和狭义的协同学对于自然科学中普遍存在的协同现象的研究。广义协同科学的相关研究包括人类社会工作模式问题、协同的认知心理问题、组织内部协同问题等。这些社会科学对于研究项目管理中存在的协同现象是非常有帮助的。

本书针对复杂性工程项目管理中存在的问题进行子系统之间界面协同管理的相应研究,属于"协同科学"范畴,当然,作为项目管理组织这个大系统,其中关于协同的特征,也必然符合协同学理论的一般规律。协同学和协同科学的上述相关研究有很多思想、理念和经验对工程项目尤其是复杂性工程项目的界面协同管理研究和实践提供了很好的借鉴，也是本论文研究的重要基础。

三、复杂性工程项目的界定

本书的研究对象为复杂性工程项目。实际项目工作者在讨论管理事宜时经常会把他们的项目描述成简单的或复杂的，这表明人们实际上接受了复杂性项目需要不同的项目管理这一思想，然而判断一个工程项目是否属于复杂性工程项目，或者给出复杂性工程项目的定义却存在一定困难，因为工程项目的复杂性概念具有一定的模糊性。只有明确了项目复杂性来源和程度，才能选择与项目复杂性程度相适应的管理方法、管理模式和管理技术[32]。

本书在对相关的已有研究进行综述和分析的基础上，仅给出一些建议性的判定标准和特征描述。

(1)一些学者对复杂产品系统的概念和特征进行了界定。

复杂产品系统是一个较新的概念，到20世纪90年代末期才出现了比较清晰简单的定义。Hobday[33]指出，复杂产品系统是指高成本、技术密集型、用户定制的生产资料、系统、网络、控制单位、软件包、建筑物，它是相对于低成本、基于标准零部件的大规模制造产品而言的。Hansen and Rush[34]将复杂产品系统定义为研发成本高、规模大、技术含量高、单件或小批量生产的大型产品、系统或基础设施。Prencipe[35]认为复杂产品系统是为一个单位的产品生产所提供的高成本、高工程含量、有许多内部联系的定制化程度较高的生产资料。具体而言，复杂产品系统应具备如下特征[36]：①产品特征方面，复杂产品系统的单位成本高、子系统界面复杂、涉及多种知识和技能、产品架构具有层级性/系统性特征，它的部件数量、子系统和部件的定制程度、可能的设计路线数量、系统架构的复杂性、要求知识和技能的广度和深度以及材料的多样性远远超过了普通大规模制造产品；②创新组织方面，复杂产品系统创新项目组织是一个由包括用户、供应商以及其他利益相关单位组成的网络组织；③创新过程方面，要求用户直接参与创新流程；需要参与者之间经常地交流互动。

由此可见，复杂产品系统中包括一类复杂性的工程项目，它满足上述特点，这些特点为本书对复杂性工程项目进行界定提供了一些借鉴之处。

(2)关于工程项目复杂性的来源和判定，国外学者进行了一些有益的研究和探索。

Edmonds(1999)[37]对不同领域复杂性概念综述的基础上，尝试对复杂性给出一个通用的定义，他认为“即使已经掌握系统微小组成部分和相互之间关系的全部信息，也很难用一种确定的语言描述出系统的整体行为”的特性即为复杂性。具体到项目复杂性，很多文献也都进行了有益的研究。

David Baccarini对项目复杂性给出了一个建议性定义[18]，他认为项目复杂性可以定义为包含许多不同的相关部分，并且可以根据区别度(Differentiation)和相关度(Interdependence or Connectivity)进行操作。这个定义可以应用于与项目管理过程相关的任何项目维度，比如组织、技术、环境、信息、决策、目标、文化等。项目管理文献最常提到的两类项目复杂性为组织复杂性和技术复杂性。Ludovic-Alexandre Vidal[21]把项目复杂性的因素和特征受项目系统的规模、种类、项目系统内的相依性和环境依赖性驱动，也将项目的复杂性分为组织复杂性和技术复杂性，并建立了项目复杂性框架。

Wozniak[38]根据项目的危险程度、项目的可见度和可说明性、范围界定的清晰度等九个不同的困难要素界定实施项目的复杂性。然而在理解和处理一个对象时对困难的理解具有主观性，这种对复杂性的主观测量对于研究分析来说是不可靠的，因此它不能提供一个简练的、连续的标准。在很多情况下，复杂性的这层意思能更好的包含在不确定的概念范畴内。

De la Cruz(1998)[39]设计的用来评估项目复杂性的简单调查问卷里，涉及到项目环境、建造的简易性(Facility to Build)、技术、项目组织、项目目标、信息和文化七个项目领域的69个定性的短问题；这份调查问卷考虑了两种类型的复杂性，即直接复杂性和间接复杂性。他所说的直接复杂性与Baccarini 1996年提出的项目复杂性的一般概念相一致，这也是Williams在1997年发表的文章*The Need for new paradigms for construction projects*[40]中提到的结构复杂性。直接复杂性的每个测评指标都是从区别度和相关度两个角度展开。Williams还提出间接复杂性与那些最终导致项目系统要素之间相关度增加的因素有关，不确定性(Uncertainty)就是导致间接复杂性的最主要来源。另外，工期压缩、成本不超标的要求(The Criticality of Meeting Cost Objective)和过高的(Excessive)质量要求是导致间接复杂性的其他因素。表1-1为调查问卷的环境复杂性评估要素部分，每个因素的直接复杂性和间接复杂性分值均在0～3之间的分值段内，反映每个因素对特定项目的重要性，0代表不存在此要素的影响，数值越大代表对答案的肯定程度越高。同时每个问题的权重也在0～3分的分值段内。

评价工程项目复杂性的调查问卷(环境因素示例)[19]　　表1-1

工程项目复杂性调查问卷　　项目名称：　　代码：			
因素(Factor)	分值 v	权重 w	$v\times w$
环境：直接复杂性			
潜在影响项目的各种社会、政治冲突以及这些冲突之间的相互关系			
当前立法和规章制度的多样性(Diversity)和相互关系			
导致环境影响的工程要素的多样性			
可能的环境影响的多样性(如空气、水、噪音、固体废弃物、视觉方面等)			
……			
环境：间接复杂性			
潜在影响项目的社会政治冲突的强度(Intensity)及给项目增加的不确定水平			
对影响项目(比如核电站项目)的立法和规章制度的需求水平			
对社会、政治、管理层次的环境问题的关注度以及它们给项目施加的压力水平			
……			

复杂性指标的理论取值是在0～100%之间，在实际项目中，值一般在5%～60%之间浮动。例如，一套公寓住宅复杂性指标可能只有7%左右的取值，而海峡隧道等项目就大约达到50%左右。根据这个调查问卷，典型的低复杂性项目在复杂性指标上不超过15%，那些被认为具有高复杂性的项目，其复杂性指标值不低于30%。

本书的研究对象为具有高复杂性的工程项目，因此可以参照30%这个数字。

(3)一些文献给出了项目规模大小的评定标准。文献 Alfredo del Cano 指出项目预算在2500 万美元,2500 万美元至 1 亿美元、大于 1 亿美元的项目分别为小型、中型和大型项目[19]。文献[9]研究了超大型工程建设项目,对此提出了 7 个判定标准,比如投资额,土木工程超过 20 亿元人民币、设备含量较高的工程超过 50 亿元人民币;项目从立项开始到实质性完工的建设周期至少为四年;参与方众多,业主、咨询方、设计方、各类大型承包商、供应商、运营商等超过 50 家,而且各方可能来自不同的国家和地区,存在文化差异等。作者指出七个指标中只要具备其中四项或其中某几项特别突出,即可视为超大型工程建设项目。

综上所述,本书所研究的复杂性工程项目,从数量特征上看,根据 De la Cruz 的调查问卷测算出的复杂性指标值应在 30% 以上;从定性角度出发,应具有下面的一些特征:

①项目要求的知识、技能和技术具有相当的广度和深度,施工技术和施工工艺复杂,项目设备技术含量高,有新工艺、新材料、新知识的要求,甚至有些项目地质条件复杂。

②项目组织复杂性程度高。业主、咨询方、设计方、各类大型承包商、供应商、运营商及其他利益相关单位在内的参与方不仅数目众多(至少 30 ~ 50 家),而且各方可能来自不同的国家和地区,存在文化差异。除此之外,一些实施现场分布地域广阔的项目,在不同的地域位置上需要不同的组织,对信息沟通有进一步的要求。

③项目预算额高、工程量大。虽然项目规模与复杂性之间不存在线性比例关系,但是项目预算额高却通常是项目复杂的一个伴随特征,正如 David Baccarini 所说[18]“通常来说,项目越复杂,其成本就越高,工期越长”。本书研究的复杂性工程项目,其预算额应在 100×10^6 美元左右或远远超过这个数字。

④项目实施过程中不可预见因素多、风险大,不仅存在建设风险和完工风险,而且投资风险、政治风险和环境保护风险增大。如果不进行有效的风险管理,将对社会、经济、政治、环境等造成极其严重的后果和影响。很多复杂的基础设施建设均有政府参与。

四、本书的研究意义

综上所述,本书所探讨的复杂性工程项目,其成败不仅关乎各企业的生存,也对地区经济和国民经济带来深远的影响,因此,认真分析和研究复杂性工程项目的特点,从整体优化的目的出发,制定合理可行的项目管理战略具有重要意义。工程项目系统观揭示了工程项目的不同构成要素间及与环境的界面,界面管理是提升项目管理绩效的有效方法,而对处于高不确定性环境下的复杂性项目,界面协同管理是提升管理绩效的法宝之一。协同能力将成为二十一世纪企业的核心竞争力要素[41],协同能力也将成为二十一世纪项目管理取胜的重要因素,复杂性工程项目对协同具有充分的内在需求。如何制定有效的界面规则❶,由“信息孤岛”向信息协同与共享转变,由固定流程管理向全生命周期动态流程协同管理转变,由静态风险管理向全过程动态风险管理转变,由组织的各自为政向跨组织协同管理、资源共享转变,由多目标间的“顾此失彼”向工期、成本、质量、风险、安全、环境、卫生等多目标间的协同优化转变,从而有效地保障工程按期、保质地完成和顺利运行,实现项目与环境的协调发展,这是本书对复杂性

❶罗珉(2007)对网络关系的界面规则做了描述,简单地说,就是处理网络关系的各结点关系,解决界面各方在专业分工与协作需要之间的矛盾,实现网络关系整体控制、协作与沟通,提高网络关系效能的制度性规则。

工程项目界面管理的主要研究问题,它为工程项目管理提供了一种新的思路与模式,不仅可以对项目管理实务提供总体指导,而且将项目管理的理论研究提高到一个更新的高度。此外,本书对界面协同管理规则的研究基于复杂适应系统理论和涌现机理展开,为协同机制与方法的研究提供了更高、更深层次的理论指导和原理基础,使人们对工程项目能够具有高层次的理性的、哲学的思维,这有助于提高项目管理的理论水平,进一步完善项目管理的理论体系。

第二节　相关概念和基础理论

一、协同学与协同科学的相关概念和基础理论

(一)协同学概述[42-46]

协同学(Synergetics)是本世纪七十年代由联邦德国学者赫尔曼·哈肯(H. Haken)教授提出的。它与法国著名数学家托姆的突变理论和比利时学者普利高津的耗散结构理论一起被人们誉为20世纪的前沿理论之一。“协同学”这个词汇源于古希腊语,本意是合作,亦即协同作用,哈肯称协同学为“协调合作之学”、“协同工作之学”。协同学有广泛的适应性,在自然科学和社会科学的很多领域中都有它的足迹,受到很多科学家的重视。

1. 协同学基本概念

协同学在形成和发展过程中创造了一些新的概念,它们是:

(1)序参量和相变。描述和处理系统自组织问题,必须建立能够刻划有序结构的不同类型和程度的定量化概念和判据。哈肯把相变理论的序参量概念推广到协同学,解决了这一问题。一般来说,一个系统只有很少几个序参量。当系统从稳定状态演化到线性失稳点时,一般只剩下一个或极少几个慢变量,这些变量就是序参量。

(2)自组织。在一定的环境条件下,由系统内部自发组织起来并通过各种形式的信息反馈来控制和强化这种组织的结构称为自组织结构,相应的描述称为自组织理论。自组织理论是协同学的核心理论,序参量是通过自组织状态来描述的。协同学是形成自组织结构的最根本的内在动力学机制。

2. 协同学的基本思想和方法

(1)能发生自组织的系统都是由大量子系统组成的,子系统之间存在协同作用或合作行为,在一定条件下,子系统的集合便能执行很有组织的协调的集体运动和功能,组成系统的子系统可以是原子、分子、光子、细胞、植物、动物,甚至是广义的对象如模式等。

(2)对于每个子系统都应合理地写出运动方程,在运动方程中考虑合作效应,即应考虑其他子系统对所考虑的子系统的作用,一个子系统受决定性力的作用同时还受起伏不定的随机力的作用。

(3)系统包括的子系统数量巨大,哈肯发现了系统中的“支配现象”,引用“绝热近似”的方法来简化问题。

协同学的基础是一些最普适的基本理论和方法,它们是:概率论,信息论,随机论,动力论。此外,协同学还与统计学、热力学等密切相关,它以动力学和统计学相结合作为基本方法,由此

系统的运动和转变由动力学得出的必然性与统计学得出的随机性共同决定。

协同学提出了三个基本原理:不稳定性原理、序参量原理和役使原理。不稳定性在新旧结构转换中起重要的媒介作用,由此产生序参量,序参量又导致役使原理。役使远离包括慢变量原理、绝热消去原理和中心流形原理,他们说明系统在临界点附近的竞争和协同的动力学理论。

按照协同学的观点,协同与有序为一对辩证因果关系,即协同是有序的原因,有序是协同的结果。结果反馈于原因,使得这种协同作用愈加明显与和谐,系统愈加向有序方向演化直至形成稳定的动态结构。这里,协同表征子系统内部各要素或子系统之间相互作用的一种特殊方式,而有序则表征子系统形成结构的趋势及结构稳定性的程度。整体结构从无序到有序的转变,表现在微观层次上,就是部分之间从没有协同转变为高度协同[47]。这样,通过协同与有序这对辩证的因果范畴,就进一步从更深层次上动态地刻画了系统演化或系统结构形成的机制,从而对系统整体性形成的规律较之一般系统理论有了更新的认识。

从一般的方法论看,协同学处理问题的方法是一种综合的方法。它主要从总体上把握对象,重点研究系统中各部分间如何以协调一致的合作来产生整体的结构。

(二)协同科学的相关研究

协同学是协同科学的一个重要分支。“协同科学”是各个学科从自身出发所进行的对学科中存在着的“协同”现象本质特征的研究的综合。“协同科学”既包括了社会学中人类社会工作协同的本质特点、群体协作心理和模式的研究,也包括了组织学中关于企业战略协同、战略联盟、跨国企业的文化管理研究以及组织结构和组织效率的研究、组织内部协同工作行为的研究,还包括了经济学中对于经济运行各部门相互协同的研究和经济全球化、一体化的研究。随着社会的高速发展,信息技术如通信技术、网络技术和计算机软件技术等技术的发展为人类的协同工作提供了丰富和强大的协同工具和一体化工具,因此,对于信息技术中的支持协同工作技术的研究,也属于“协同科学”研究领域。“协同科学”还包括了物理学、化学、生物学、医学、军事学等各个学科从不同的角度研究协同现象。

1. 协同的概念

1965 年著名的战略管理专家安索夫(Igor Ansoff)在《公司战略》一书中首次提出了协同的概念。安索夫指出[48],这种使公司的整体效益大于各独立组成部分总和的效应就称为协同,经常被表述为“2 + 2 = 5”或“1 + 1 > 2”。这个定义比较强调协同的经济学含义即协同是取得有形和无形利益的潜在机会以及这种潜在机会与公司能力之间的紧密关系。这个定义中既包括规模效益(也就是伊丹所称的互补效应),也包括对诸如技术专长、企业形象等无形资产的共享。之后日本战略专家伊丹广之对协同进行了比较严格的界定,他把安索夫的协同概念分解成了“互补效应”和“协同效应”两部分,认为协同的定义仅限于对隐形资产的使用,是一种发挥资源最大效能的方法。

由此可见,协同是指各子系统具有取得有形和无形利益的潜在机会,通过联合作用,使潜在机会显性化,从而使各子系统原本具有的功能发挥到极致。如:富士胶卷在中国市场上曾一度获得领导者的桂冠,就归功于其采用特许加盟这种典型的品牌联盟而取得协同效益;只要符合基本条件,任何店铺都可以申请加盟“富士彩扩冲印点”,由富士公司负责统一配置设备、供应相纸和装修店面，从而取得了惊人的扩张速度。

2. 协同的效用分析

借助一些简单的数学符号，我们可以了解协同的效应[48]。如果每种产品与市场的组合都对公司的整体赢利水平有影响，我们假设一种产品可带来 S 元的年销售收入，为生产这种产品而发生的人工、材料、日常费用、管理费用和折旧等方面的费用成本为 O 元，而在产品开发、工具、设备、厂房和存货等方面的投资为 I 元。这样，产品 P_1 的年投资收益率 ROI 就可以用下式表达：

$$(ROI)_1 = \frac{S_1 - O_1}{I_1} \tag{1-1}$$

对其他产品 $P_2, P_3, \cdots, P_n$ 我们也可以得到相同的表达式。

如果各种产品之间不存在任何相关性，那么公司的整体销售收入可以写成：

$$S_{\mathrm{T}} = S_1 + S_2 + \cdots + S_n$$

同样，整体运营成本和投资可以表达为：

$$O_{\mathrm{T}} = O_1 + O_2 + \cdots + O_n$$

$$I_{\mathrm{T}} = I_1 + I_2 + \cdots + I_n$$

这样公司整体的投资收益率就为：

$$(ROI)_{\mathrm{T}} = \frac{S_{\mathrm{T}} - O_{\mathrm{T}}}{I_{\mathrm{T}}} \tag{1-2}$$

只要各种产品的销售收入、运营成本和投资之间互不相关，上面这些关系就成立，其各自总体的数值可以通过简单加总的方式求得。但是大多数公司中都存在着规模效益，对一个销售收入与若干小企业的总和相同的大公司，其运营成本可能会低于这些小企业运营成本的总和，或者其总投资小于这些小企业的总和。用公式表达就是：

$$O_{\mathrm{A}} \leqslant O_{\mathrm{T}} \text{ 或 } I_{\mathrm{A}} \leqslant I_{\mathrm{T}}$$

其中下标 A 代表公司整体，下标 T 代表一个由若干独立的小企业组成的集合体。由此可以得出，当销售收入相同时，公司整体的投资收益率高于独立企业集合体的投资收益率，亦即：

$$(ROI)_{\mathrm{A}} > (ROI)_{\mathrm{T}} \tag{1-3}$$

这种使公司的整体效益大于各独立组成部分总和的效应，经常被表述为“1 + 1 > 2”，我们称这种效应为协同。

3. 计算机支持的协同工作

1984 年，美国 MIT 的 Irene Greif 和 DEC 的 Paul Cachman 提出了计算机支持协同工作（CSCW）的概念，迅速引起人们广泛的注意和重视，经过多年的研究，Jonathan 和 James 等人对 CSCW 提出了进一步的定义，指出 CSCW 是地域分散的一个群体借助计算机及其网络技术，共同协调与协作来完成一项任务的系统方法，它包括群体工作方式研究和支持群体工作的相关技术研究、应用系统的开发等，通过建立协同工作环境，改善人们进行信息交流的方式，消除或减少人们在时间和空间上的相互分隔的障碍，从而节省了工作人员的时间和精力，提高群体工作质量和效率[49-50]。从协同学到 CSCW 是信息时代的必然产物，它以人们群体协作为背景，以计算机技术与通信技术的发展融合为基础，在应用领域广泛的前提条件下发展而自然形成的。

CSCW 是一个多学科交叉的研究领域，它将计算机技术、网络通信技术、多媒体技术以及各种社会科学紧密的结合起来，探讨人类群体工作的特性和信息技术对群体工作的支持，向人们提供了一个全新的交流方式。目前计算机协同工作已被普遍认为是 21 世纪的人类工作方式，逐渐渗透到社会的各个领域。清华大学教授史美林[51]指出：凡是具有协同工作特征，涉及共享信息和群体协同工作的应用领域都有 CSCW 的用武之地。

CSCW 的目标是利用计算机技术和网络技术的最新研究成果来满足人类工作中对群体性、协作性的要求，从而尽最大可能提高人类的工作效率和工作质量。根据 CSCW 系统的交互和协作控制中信息和数据共享、群体协作关系的紧密程度，群体协同工作自下而上表示为五个不同的层次和深度[52]：

(1)数据通信(Communicating)：指数据的传送与交换，它是协作赖以完成的基础，但难以直接体现协作个体之间的协作关系。

(2)信息通信(Informing)：指通过各种媒体或本地资源以匿名方式进行信息交流与共享，但信息的提供者与接受者之间不存在显式的、强制的或有明确目标的协作关系，只不过信息已使数据具有了特定的含义。因此，严格地说，数据通信和信息通信并不是协作，而是协作体之间实施协作的基础。

(3)协调(Coordinating)：协作成员之间有某种认识，但不一定有共同的工作目标，但因有共同的利益或组织关系而需要共享信息或资源，由此导致个体动作之间的互相影响。协调作为协作的一个进程或过程出现，主要表现在一个个体的行动或动作会影响其他个体的行动或动作，协调的主要目的是保证个体动作之间的同步及其与整个协作过程之间的一致。

(4)合作(Collaborating)：指多个独立的协作成员由于某种工作关系，在一起参与同一过程、执行某种行动，合作是否成功取决于成员的共同理解和共享知识与资源，合作结果归属于协作全体而非某个特定个体，尽管个体可有其自己的目标。协作机制要体现这种特点。

(5)协同(Cooperating)：是最高级别或层次的协作，在这一层次上，协作体的共同目标完全取代个体目标，协作体是以整体而不是以个体核定的，协作成员之间的竞争是最少的；协同过程中往往需要共享知识与资源，以达成共识，做出具有高可信度与高可靠性的共同决策(Co-Decision)。协作机制要根据应用的需求充分体现出进行协同的这种特点。

与协同密切相关的概念还包括协商[53]。协商(Negotiation)是指通过结构化地交换相关信息而改进有关共同观点或共同计划的过程，也即协商是协作双方为达成共识而减少不一致性或不确定性的过程。协商是实现协调和解决冲突的一种方法，人们通过协商来消除干扰协作行为的一些冲突。

4. 协同系统中的实用协作方法

下面对于广泛应用的一些协作方法的基本思想进行总结和阐述。

(1)合同网(Contract Net)方法

在所有的协作方法中，合同网是最著名且应用最广泛的一种协作方法。合同网方法由 Smith 于 1980 年提出，其思想源于人们在商务过程中用于管理商品和服务的合同机制[54]。在合同网方法中，所有主体分为管理者(Manager)和工作者(Worker)两种角色。

管理者的职责包括:①对每一待求解任务建立任务通知书(Task Announcement),将任务通知书发送给有关的工作者主体;②接收并评估来自工作者的投标(Bid);③与最合适的投标者签订合同;④监督任务的完成,并综合结果。工作者的职责包括:①接收相关任务通知书;②对自身资格进行评价;③选择子任务进行投标;④如果投标被接收,按合同执行分配给自己的子任务;⑤向管理者报告求解过程。合同网方法的基本工作过程如图 1-1 所示。

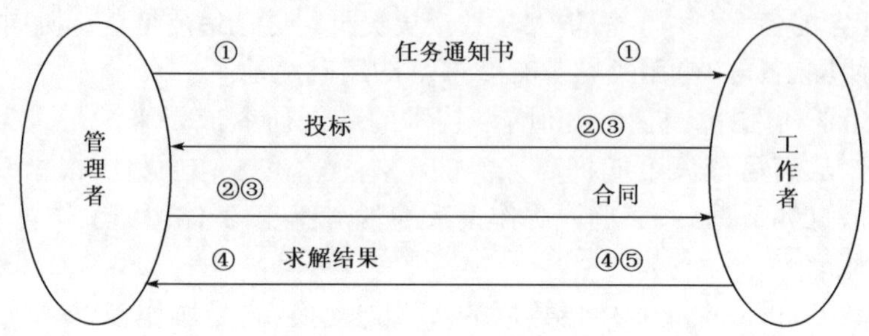

图 1-1 合同网方法的基本工作过程示意图[54]

在合同网协作方法中,不需要预先规定主体的角色,任何主体通过发布任务通知书而成为管理者,任何主体通过应答任务通知书而成为工作者。这一灵活性使任务能够被层层分解、分配。系统中的每一待求解任务,由承担该任务的主体负责完成,当该主体无法独立完成该任务时,它就将任务进行分解,并履行管理者职责,为每一子任务发送任务通知书,然后,从返回的投标中选定“最合适”的工作者主体,将子任务分配给这一主体,建立相应的合同。按合同执行子任务的工作者主体若不能独立完成任务,就需扮演管理者角色,将子任务继续分解,并按合同网方式实行分配。如此进行下去,直到所有任务都能独立完成。

(2)黑板模型

黑板的概念最早由 Newell 提出,黑板模型的基本思想如下:多个专家协同求解一个问题,黑板是一个共享的问题求解工作空间,多个专家都能“看到”黑板。当问题和初始数据记录到黑板上,求解开始。所有专家通过“看”黑板利用其他专家经验知识寻找求解问题的机会。当一个专家发现黑板上的信息足以支持他进一步求解问题时,它就将求解结果记录在黑板上。新增加的信息有可能使其他专家继续求解。重复这一过程直到问题彻底解决,获得最终结果。

黑板模型主要由知识源、黑板和监控机制三个基本部分组成:

①知识源(KS)。根据求解问题知识的不同将专家知识划分成若干相互独立的领域,这些专家称为知识源(即主体),每一知识源独立完成一种特定的任务或特定领域的任务。

②黑板。黑板即为共享的问题求解工作空间,一般是以层次结构的方式组织,主要存放知识源所需要的信息和求解过程中的解状态数据,如初始数据、部分解、替换解、最终解等,有时也存放控制数据。在问题求解过程中,知识源不断地修改黑板,知识源之间的通讯和交互只能通过黑板进行。

③监控机制。根据黑板上的问题求解状态和各知识源的求解机能,依据某种控制策略,动态地选择和激活合适的知识源,使知识源能适时响应黑板变化。

(3)结果共享模型

结果共享的协作问题求解模型最早由 Smith 等于 1980 年提出[54]。在原始的结果共享模型协作问题求解模型中，任务的分解与分配是静态的，在问题求解之前进行。各主体都不能独立完成任务，通过交换结果实现问题的协作求解，逐步获得最终的结果。图1-2是结果共享模型的协作求解示意图。

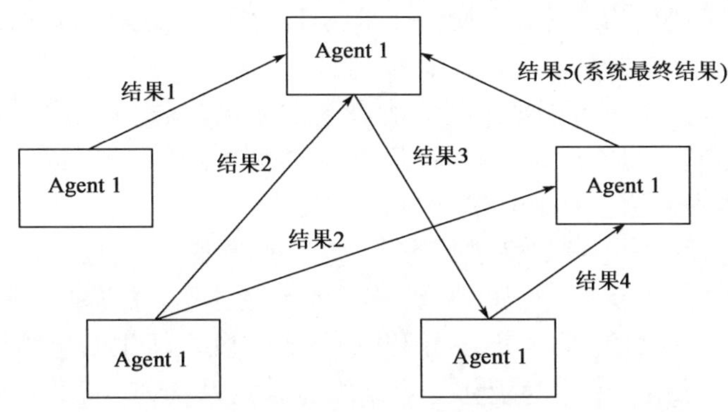

图1-2 结果共享模型的协作求解示意图[56]

当一个主体求得某一子问题的结果时，它就根据协作知识判断哪些主体可能需要这一结果，并将结果传送给相应的主体。收到结果的主体可通过不同方式利用该结果，如将收到的结果集成到本地的问题求解中以产生一个更为完整的求解结果，并传送给其他的主体；用于证实或证否局部的问题求解结果；作为启发式信息用于引导局部的问题求解等。

事实上，一个任务的完成依赖于主体的当前状态。对于同一个任务，不同的主体可能由于知识、技能和当前获得的信息的不同而求得不同的结果。因此，通过共享结果协作求解能够以不同的形式改善群体求解性能[55]。

①增加可信度：同一任务交给不同的主体独立求解，通过结果之间的相互证实，能够增加正确结果的可信度。

②获得求解的完整性：每一求解结果由于主体自身知识、能力的限制，可能是不完整的，通过不同主体求解结果的综合能够获得更完整的解。

③使求解结果更精确：在协同问题求解中，主体能够通过了解其他主体的求解结果或其他信息，使自己的求解结果更精确。

④提高求解效率：来自其他主体的求解结果能够作为启发式信息，引导局部的问题求解。

⑤用于节省资源：一个主体的求解结果能够提供给多个主体使用，从而能够提高资源利用率。

⑥通过并行性加快求解速度：有时虽然主体能够独自完成任务，但通过多个主体并行完成任务，综合形成结果，能够加快求解速度。

(4)功能精确的协同方法

功能精确的协同方法(Functionally Accurate,Cooperative FA/C)从本质上说也是一种结果共享的协同问题求解方法，该方法最早由Lesser、Corkill等人提出[56]。该方法提供了不确定环境下多主体之间连续动态协作求解的一种方式，适合于内在具有分布特性的协作问题求解，如分布式解释问题和分布式诊断问题。

功能精确的协同方法的基本思想是：通过多个主体求解过程中不断互换实验性中间结果来消除求解可能出现的错误和汇集问题的最终解，从而克服局部解之间可能存在的不一致性。

FA/C 方法自底向上进行问题求解，各主体自主地求解内在具有分布特征的问题，允许主体求解之间存在不一致性和冲突，然后通过互换部分实验性结果，消除矛盾逐步建造系统整体解。

但 FA/C 方法的有效实现还存在着以下一些难点[55]：

①需要结构化局部问题求解过程，以使协作求解能最大限度地利用有用信息，如来自其他主体的中间实验结果、原始数据等。

②主体能够对来自其他主体的实验性中间结果充分理解，既非全部接受也非完全否定，而是能够从中抽取出可能蕴含的各种约束关系，并能将这些约束关系加入到本体的求解中。理解和抽取有用信息的过程显然是一个非常复杂的推理过程。

③主体需对求解过程中的不确定性进行表示（包括证据表示）、识别和推理。

④主体除了具有逻辑推理能力外，还应具有比较、判断、选择和协商等非逻辑的知识处理能力。

本书针对复杂性工程项目管理中存在的问题进行子系统之间界面协同管理的相应研究，属于“协同科学”范畴，当然，其中作为项目管理组织这个大系统，其中关于协同的特征，也必然符合协同学理论的一般规律。协同学和协同科学的上述相关研究有很多思想、理念和经验对工程项目尤其是复杂性工程项目的协同管理研究和实践提供了很好的借鉴，也是本论文研究的重要基础。

二、工程项目管理相关概念和基础理论

1. 项目管理研究范式的演替

项目管理是 20 世纪五六十年代发展起来的一门新的管理技术。1965 年，国际项目管理协会（International Project Management Association，简称 IPMA）成立，随后在 1969 年，项目管理协会（Project Management Institute，简称 PMI）在美国成立，这两个国际性组织的出现极大的推动了项目管理的发展，由其所发展出的项目管理理论可称为狭义的项目管理，它强调在管理层面从技术方法的角度进一步完善和发展现代项目管理，属于管理技术范式。

从 20 世纪 90 年代开始，现代项目管理进入了理论分化阶段，即现代项目管理理论的研究进入了多种范式并行、共同发展的新局面。在重新定义项目内涵的基础上，欧洲最早提出了项目治理[57]，侧重对项目管理的制度基础进行探究。理论上对治理的研究应优先于对管理的研究[58]。工程项目的管理技术范式与治理范式的区别相应体现在对项目本质、项目价值的认识、研究视角、研究方法等方面，见表 1-2。

工程项目管理技术范式与治理范式的比较 表 1-2

研究范式	现代项目管理	
	项目管理技术范式	项目治理范式
项目本质	一次性任务	临时性契约组织
项目价值	以项目为核心的项目的时间、成本和质量	以项目的临时性契约组织为核心的项目利益相关方各自价值的集合体
研究视角	项目管理的具体行为的执行及优化	对项目管理行为的规制，即项目管理的制度基础
研究的理论方法	项目 9 大领域的管理、项目集管理、项目组合管理	委托代理理论、交易费用理论、风险分担、社会资本理论等

2. 项目管理技术层面的相关概念和研究范围

不同的机构和学者对项目、项目管理、工程项目管理的定义虽有不同的表述，但其基本内涵还是一致的，下面对其定义及范围分别进行举例。

(1)项目的定义

PMI 的 PMBOK2000 版把项目定义为[59]："项目是为创造某个独特产品或服务所做的暂时性努力。"所谓暂时性是指每一个项目都有明确的开端和明确的结束，所谓独特是指该产品或服务与同类产品或服务相比在某些方面有显著的不同。

ISO10006(International Organization for Standardization，国际标准化组织，简称 ISO)把项目定义为："具有独特的过程，有开始和结束日期，由一系列相互协调和受控的活动组成。过程的实施是为了达到规定的目标包括满足时间、费用和资源等约束条件。"[15]

"项目是一项为了创造某一唯一的产品或服务的时限性工作"。所谓时限性是指每一个项目都具有明确的开端和明确的结束，当项目的目标都已经达到时，该项目就结束了；或是当已经可以确定项目的目标不可能达到时，该项目就会被中止了。[60-61]

(2)项目管理及工程项目管理的定义

PMI 的 PMBOK2000 版把项目管理定位为："项目管理就是应用各种知识、技能、手段和技术，对项目及其资源进行计划、组织、协调、控制，以实现项目的特定目标。"[59]

"项目管理就是组织实施对实现项目目标所必需的一切活动的计划、安排与控制。"[62]

"项目管理就是为了满足甚至超越项目涉及人员对项目的需求和期望而将理论、知识、技能、工具和技巧应用到项目的活动中去"。[61]

工程项目是最为常见也最为典型的项目类型，是项目管理的重点[15]。工程项目管理是项目管理的一大类，是指项目管理者为了使项目取得成功即实现所要求的功能和质量、所规定的时限、所批准的费用预算，用系统的观念、理论和方法进行有序、全面、科学、目标明确地管理工程项目，发挥计划职能、组织职能、控制职能、协调职能、监督职能的作用。其管理对象是各类工程项目，既可以是工程项目管理，又可以是设计项目管理和施工项目管理等。[63]

(3)狭义项目管理的内容

项目管理知识体系的知识范畴主要包括 3 大部分，即项目管理所特有的知识、一般管理知识和项目相关应用领域的知识。《项目管理知识体系指南》(*PMBOK*，*Project Management Body Knowledge*)(1996)[64]中系统归纳了项目管理的九大知识领域：即范围管理、时间管理、成本管理、人力资源管理、风险管理、质量管理、采购管理、沟通管理和综合管理，如图 1-3 所示。

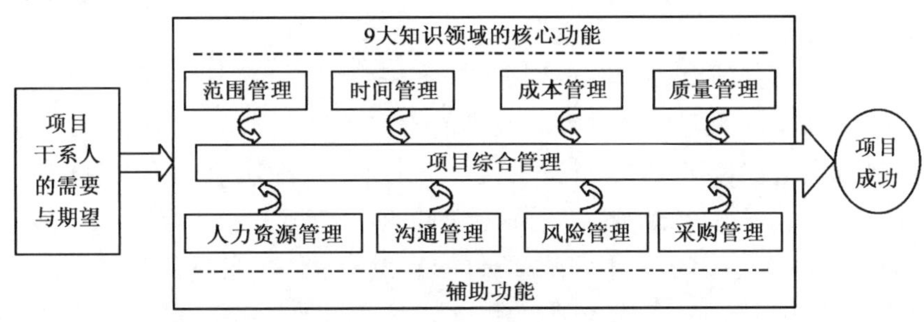

图 1-3　项目管理知识体系[67]

美国项目管理协会颁布了PMBOK2000版,沿用了96版的九大知识领域,但增加了项目管理办公室作用的说明,进一步解释了挣值管理(Earned Value Management,EVM)方法,扩展了风险管理的内容,简要介绍了约束理论,增加了如项目管理软件、质量成本技术、质量功能配置(QFD)等一些管理技术和工具。

由于项目管理学者的不断研究探索,整个项目管理知识体系一共包含九大领域的44个子专题。据G. Themistocleous和S. H. Wearne[65]针对国际上项目管理领域各个专题中发表的文章和各个文章所属专题研究频率的统计表明,研究主要集中在项目结构、项目计划管理、风险管理、沟通管理等几大领域。

(4)广义项目管理的内容

当前,项目管理研究的范围已极大扩展,具体包括[66]:①单个项目的项目管理的研究;②企业间项目的研究;③多项目的研究;④项目生态的研究,即从社会学和经济地理学等角度研究项目。

3. 项目治理的相关概念和理论

研究表明,项目治理理论能够有效地解决复杂情景下传统的项目管理理论所不能解决的制度层面的问题,治理水平的提高能有效改善项目管理绩效[67]。对项目本质的认识,已经从项目是"临时性一次性任务"过渡到组织视角下的"临时性契约组织"[68]和"临时性社会网络组织"[69]。现对项目治理的基本概念和研究范围等进行概括。

(1)项目治理的研究范围

项目治理的研究一定程度上契合了项目研究领域的扩展过程,呈现出二维发展趋向:①从强调一方主导的项目治理到多方制衡的项目治理;②从单个项目治理到项目型组织的治理(属于公司治理的范畴),如图1-4所示[70]。

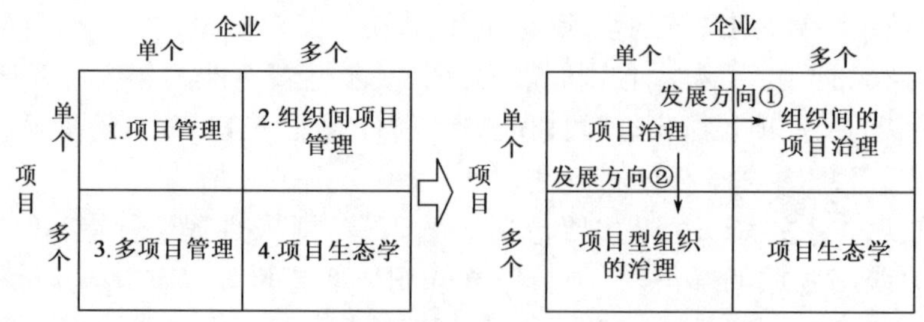

图1-4 项目管理及项目治理研究领域的分析框架[70]

(2)项目治理的概念

不同学者或组织机构(协会)从不同的研究角度来定义项目治理,研究背景、定义主体、项目数量、所采用的基础理论的差异都导致对项目治理有不同的理解。项目治理具有较广泛的内涵,既可用于项目型组织也可用于项目本身。英国项目管理协会(APM,2004)[71]关注公司治理中与项目活动相联系的特殊领域,即公司治理与项目管理重叠的领域,认为项目管理的治理的三个主要目标:选择正确的项目,实现项目的有效交付,确保项目及其产出的可持续性。美国项目管理协会(PMI,2008)[72]认为项目治理是为控制项目和确保项目成功的方法,该方法应记录于项目管理计划中,而且必须适应项目集或项目发起组织的大环境,并提出了项目集治理作为项目治理的补充。

Turner[73]以项目型组织为背景,借鉴经济合作与发展组织(OECD)定义的治理,以“项目”替代“公司”来定义项目治理,认为项目治理提供确立项目目标,并确定实现项目目标以及监督项目绩效的方法的一种结构。Bekker&Steyn[67]以大型工程项目为背景,把项目治理界定为一整套的管理系统、规则、协议、关系和结构,为项目开发和实施提供了决策框架,从而达到预期的商业和战略目的;认为项目治理应该有通用的模型,但也要为项目的特殊性留有发展空间。在项目层面,项目治理的涵义基本都涵盖了三个要素:一是以项目为中心、围绕项目展开;二是强调利益相关者;三是权责利的制度安排[74]。

(3)组织间项目治理理论

大型复杂工程项目客观上需要多组织参与,形成了临时性的契约组织。学者们通常将此类项目的治理视为一种制度安排,主要包含两层含义:一是项目中存在委托代理的经济关系;二是项目治理的功能是配置利益相关方的责权利。在企业间项目治理理论范畴内,治理结构和治理机制是最为关键的核心内容,规定了项目契约组织的构成以及各利益相关者之间的关系[75]。项目治理结构是治理机制运行的载体。与治理结构相比,治理机制不仅涉及项目内部的权利分配和制衡关系,而且涉及到市场环境和交易体制,因而是更广、更深层次的研究范畴,并且在特定的工程项目中可以根据需要进行调整,具有相对灵活性。

从治理结构的角度来看,工程项目治理是垂直治理与水平治理的集合体[76]:垂直治理反映了“政府委托人—项目管理方—项目承包方”的委托代理关系,应以交易成本和委托代理的解释逻辑为主;水平治理反映了项目各参与方之间的合作关系,应以合作竞争的解释逻辑为主。相应地,垂直治理更强调正式的契约治理,旨在防止机会主义行为,解决代理问题;水平治理更强调非正式的关系治理,旨在创造和谐的合作氛围并建立良好的合作关系。

(4)契约治理和关系治理的相关概念

将契约定位于所有正式的行为规则,则契约治理可分为狭义和广义两个层次。狭义的契约治理即合同治理,以最优的合同安排合理地界定和配置各主体之间的权利与责任。从广义上讲,契约治理不能局限于合同这一载体,交易过程中所有正式化的制度安排都应纳入其中。[74]

关系治理(Relational Governance)的研究始于 Macneil(1980) 提出的关系契约理论,他把契约放到社会和关系的背景中来考察,强调社会关系对于契约乃至契约法的影响作用。Macneil 同时指出,关系契约的治理不仅依赖于对交易结构的事前规定和理性规划,还依赖于一些社会过程和关系规范[77]。关系契约中可以契约化的部分由正式契约来治理,而超出正式契约的、不可规定、不可程序化的部分被命名为关系治理,其本质是嵌入性,是非正式制度[78]。关系治理是介于市场与科层之间的一种混合治理模式,是一种基于合作的治理模式。

4.界面管理相关基础知识

(1)界面(Interface)和界面管理 IM(Interface Management)的概念

从目前国内外界面管理的研究来看,对界面和界面管理仍然没有形成一个统一的、共识性的定义。

①界面与接口的区别。界面与接口在计算机领域具有相同的内涵,都用 Interface 表示,当将界面概念应用到两个组织之间的交互时,界面就不仅仅表示组织间的接口问题,而应该包含

更丰富的内涵,如人机界面,表示了人与机器之间的交互关系,反映了一种人机协作的关系,而不同信息系统之间的连接,往往是通过接口来实现,接口实质上就是一段程序,以此来实现不同信息系统的信息交换,因而界面管理在国内外先被广泛的应用到R&D的跨职能的交流和整合问题研究,现已大量用于工程项目的绩效改善问题研究,取得了大量的研究成果。综上,与接口相比,界面更重视事物之间的关系和事物之间联系的机制,相对是一个抽象的概念,而接口更重视的是实现事物之间连接的技术,是一个具体的概念。

②静界面。官建成等(1995)[79]认为,企业经济学上的界面主要涉及为完成或解决某一问题,企业各部门、各成员之间在信息、物资、财务等要素交流方面的相互作用,并将产生冲突的区域称为界面。吴涛等(2003)[80]认为界面是相关单元之间的交互,是相关单元之间接触方式和机制的总和。

从界面静态性角度出发的定义,把界面看作是两个不同系统或单元之间的区域,发生交互作用的双边交界处。强调界面作为中间媒介的作用,充当物质流、信息流、资金流等在界面间流动的渠道、介质、载体。

③动界面。界面管理应该是一个过程,应该随着界面矛盾的产生而产生、随着界面矛盾的性质、方向的变化而变化的。基于这种认识,界面管理就应该突出其动态性。界面动态性的定义从组织边界的动态性、渗透性、模糊性的特点出发,强调不同系统、单元之间相互作用的关系。李维安(2003)认为:结点和网络组织中存在着对其他结点和组织影响的效应——“场”,当两个或两个以上不同的结点或组织靠近、交互时,场会产生叠加效应,产生不同的、多样性的结果,可以把这种场与场之间的叠加效应理解为界面。

④界面管理。界面管理是在项目管理中系统思想影响下的产物[22]。现有文献中对IM有着不同的定义。Meredith&Mantel (1989)[81]将其定义为:处理发生在不同人、不同部门、不同学科之间的问题,而不是处理项目团队内部之间的问题。Archibald(2003)[82]认为IM的基本概念是:项目经理计划、安排并且控制项目关键的界面环节,而负责各个功能型项目的人完成界面事件之间的任务或者工作。Weng Tat(2005)[24]使用的是怀德曼比较项目管理术语词汇表(2003)里推荐的定义:IM是管理两个相互依存的组织、进程或者实体部门之间跨越平常界限的沟通、协调以及责任分配。这个定义全面涵盖了在与IM相关的文献里所讨论的一般问题,即子系统之间的沟通、协调和责任分配。它指出了一个界面的两个基本要素:界限和跨越界限的相互依存。本书对界面也将使用这一解释。

(2)界面的分类

对于工程项目界面的划分,目前尚无太统一的认识。基于研究视角和研究侧重点,对于界面的划分略有差异。对一些代表性的既有文献对界面的分类,见表1-3。

工程项目界面的类型和划分 表1-3

作　者	界面的类型
Morris(1983)[22]	静界面、动界面
Stuckenbruck(1983)[83]	个人界面、组织界面和系统界面
Patrick(1997)[20]	时间界面、地理界面、技术界面以及社会界面
Archibald(2003)[82]	生产界面和项目界面

续上表

作　者	界面的类型
Pavitt&Gibb (2003)[84]	物理界面、合同界面和组织界面
David K. H. (2006)[85]	时间界面、地理界面、技术界面、组织界面
Qian Chen(2008)[13]	人和组织界面、方法和过程界面、资源界面、资料界面、项目管理界面、环境界面
Qian Chen(2010)[10]	物理界面、功能界面、合同和组织界面、资源界面
Fellows(2012)[86]	时间,空间,水平,垂直的断裂和分离(Fragmentation)
Siao(2012)[8]	外部、内部界面
Tian X. L. (2013)[87]	时间界面、关系界面、信息界面和环境界面

Thompson (1967)对与界面相关的一个概念相依性进行了界定和分类。有三种相依性,不同的相依性需要不同类型的协调管理方法,具体见表1-4。

相依性(Interdependence)的类型[25]　　表1-4

相依类型	界　定	协调管理方法	示意图
并列式相依(Pooled Interdependence)	最简单的一种相依性,每一个个体并不直接依赖于其他人,均独立的贡献于整体功能	个体只需要遵从特定的规则或标准	A B C
顺序相依(Sequential Interdependence)	不同个体间存在序列关系,一个的输出结果是另一个的输入	各方遵循一定的先后次序,通过时间进度计划协调	A B C
互惠式相互依赖(Reciprocal Interdependence)	个体间相互渗透、相互作用	通过承诺、共同目标、相互适应等方法和工具协调	A B C

本书根据第二章对工程项目系统的结构,将界面分为目标界面、过程界面、组织界面和信息界面,形成组织界面的各参与方之间具有互惠式相依关系。

(3)界面管理的思路及规则

解决系统内部界面矛盾与冲突的基本前提有两个:一是对界面矛盾的形成原因进行分析;二是对界面矛盾运动规律的探索。前者影响解决界面矛盾与冲突的策略制定,后者制约解决界面矛盾与冲突的战略取向[88]。

Morris(1983)指出项目界面管理可以按照两种思路进行:一是保持静界面的清楚界限;二是协调与处理具有相互依存关系的动界面[22]。田也壮等(2000)[89]从系统理论的角度研究了组织边界的塑性机理,探讨了组织边界壁垒、组织膜及组织边界渗透的相关问题。吴秋明(2004)[90]提出了界面设计的"凹凸槽原理",即通过某种组织结构设计和制度安排,增加界面之间的接触面积,通过形成"互嵌式"的相互关系,提高交融度,减少协调成本,实现整合增效的目标。

罗珉(2006)提出应建立组织间的界面规则,这是组织间关系研究中的重点课题,它关系组织间合作网络中每个成员企业的绩效和命运[91]。网络关系的界面规则,简单地说,就是处理网络关系的各结点关系,解决界面各方在专业分工与协作需要之间的矛盾,实现网络关系整体控制、协作与沟通,提高网络关系效能的制度性规则[92]。

Patrick[20]构建了界面管理的流程:

①识别界面:在同意Morris观点的基础上,Patrick提出实施界面管理的第一个步骤是识别界限和相互依存关系(界面)。

②简化界面:随着子系统数量的增加,界面的数量可能会呈指数级递增,造成“细节的海洋”,因此有必要在任何可能的地方对界面进行简化。

③选择优先界面。

④匹配界面。

Morris(1983)还界定了界面管理特别有用时的条件:

①一个企业的战略和战术目标需要不同团队紧密工作在一起。

②环境复杂或快速多变。

③技术具有不确定性或复杂性。

④企业是快速变革的。

⑤企业具有组织复杂性。

这些思路和原则为研究界面障碍、寻求项目绩效的改善研究具有重要和直接的指导意义。

(4)界面管理结果的评价、表征

对界面管理结果的表征,有不同的术语出现,现将其总结至表1-5,本书均用界面管理绩效来表征。

界面管理结果的表征术语 表1-5

文　献	术　语	应用背景	评价指标或方法
Morris(1983)	界面大小	项目管理	子系统的差异程度(Degree of Differentiation)表示。差异度的典型测量包括:组织结构;人际定位;时间维度;长期和短期目标。
	界面集成度(The Amount of Integration)	项目管理	大小取决于界面的差异度大小以及组成界面的子系统合作(Pulling Together)的深度
官建成等(2000)[93]	界面管理集成度	R&D-营销	具区间数的灰色聚类方法
刘新梅、徐丰伟(2005)[94]	界面有效性	企业创新	基于和谐矩阵的测度模型:界面要素构成、界面要素组织、界面环境和界面敏捷
党兴华等(2006)[95]	界面有效性	企业合作技术创新	信息沟通、文化因素、组织结构、绩效指标
吴晓波等(2006)[96]	界面有效性	R&D-营销	信息推动、组织激励和环境驱动三类提高界面有效性的驱动因素
黄辉等(2007)[97]	界面管理能力	制造业供应链	合作双方之间的信息共享水平、物流合作层次、技术协作的深度、风险分担水平、组织文化的一致性

续上表

文　献	术　语	应用背景	评价指标或方法
谈飞等(2008)[98]	界面整合度	大型建设项目业主方	非正式交流机制、创新组织结构模式以及守信激励和失信惩罚机制
杜漪等(2008)[99]	界面管理绩效	一般供应链	合作意愿和组织协调能力 绩效 = 意愿 × 能力
刘兰剑等(2008)[100]	界面稳定性	企业合作技术创新	合适的激励参数,采用产权保护机制,预期收益比较稳定
王斌(2010)[101]	界面管理稳定性	知识联盟	表现形式为价值溢出性和关系风险性

5. 项目管理绩效

项目管理绩效的概念界定没有形成统一的观点,与工程项目管理相关的绩效概念具有似是而非的多种表述,如项目绩效(Project Performance)、项目管理绩效(Project Management Performance)、项目成功(Project Success)及项目管理成功(Project Management Success)等等。

(1)项目成功与项目管理成功

项目成功与项目管理成功所关注的项目生命周期的时间范围及其支持的项目目标层级具有明显的差异。De Wit 较早对项目成功与项目管理成功进行了区分,他认为项目成功即实现了项目的所有目标,而项目管理成功则主要指实现了项目在成本、质量以及进度等方面的目标[102]。Cooke-Davies 也认为项目成功不同于项目管理成功,项目成功应该全面衡量项目目标的实现,而项目管理成功通常衡量的是项目的传统绩效,如预期的时间与成本,满足项目范围与质量要求等[103]。有学者进一步研究指出,项目成功与项目管理成功还可以从判断时点[104]以及实现项目目标的层次[105]来进行区分。项目管理主要涵盖项目计划、实施与移交阶段,其是否成功的标准主要基于项目是否在预定的成本约束下按时交付合格的项目产品,因此体现了项目开发与交付过程中的短期表现[106];而项目成功则关注项目最初的设想是否得以顺利实现的问题[107],更加关注项目交付物在整个生命周期的表现,具有明显的长期性。

(2)项目管理绩效与项目绩效

在为数不多的探讨项目管理绩效与项目绩效的研究中,以尹贻林教授为代表的天津理工大学公共项目与工程造价研究所(IPPCE)近年来深入剖析了公共项目管理绩效与项目绩效的内涵,围绕项目管理绩效改善开展了大量的理论研究工作,具体概念界定见表 1-6。

IPPCE 系列论文之绩效观　　表 1-6

作　者	绩效界定	备　注
柯洪(2007)[106]	绩效应是“绩”与“效”之合成,即成绩与效率,是建设成果的综合反映,“绩”是指项目是否达到预先设定的目标,侧重于量上的成果反映,“效”则是指任务完成的效率,重于反映质上的建设成果	该团队对于项目管理绩效的研究亦体现出从“结果论”到“综合论”的脉络
范道津(2007)[108]	把公共项目管理绩效界定为“过程 + 结果”,反映了一种综合绩效论。他指出公共项目管理绩效的评估不仅着眼于项目的静态结果,更应动态地追踪项目管理的过程行为	

续上表

作　者	绩效界定	备　注
杜亚灵(2009)[109]	概括了4种绩效观,并总结了公共项目管理绩效内涵扩展的基本历程:从最初把公共项目管理绩效界定为"结果",逐步发展为"过程(行为)+结果",并随着PPP项目"物有所值"(Value for Money)概念的推广,公共项目管理绩效的内涵已经开始更加关注未来	该团队对于项目管理绩效的研究亦体现出从"结果论"到"综合论"的脉络
白俊峰(2010)[110]	在借鉴企业生产系统的过程绩效评价基本原理的基础上,结合代建制项目管理的实践把代建项目管理绩效界定为"以5E标准为前提的过程+结果,即综合考虑代建项目的经济(Economy)、效率(Efficiency)、效果(Effectiveness)、公平(Equity)、环境(Environment)的前提下,代建项目实施的前期阶段、建设阶段、竣工阶段的管理过程绩效与管理结果绩效"	
赵华(2012)[111]	梳理了项目管理绩效与项目绩效的概念内涵及其相互关系,继续沿用综合论的绩效观	

项目管理绩效与项目绩效所涵盖的项目生命周期的阶段不同、所实现的项目目标具有差异。项目管理活动的产出即项目管理绩效则主要关注项目管理活动的行为与结果,而项目整个生命周期的产出效果即项目绩效则更关注长远的、宏观的目标,旨在衡量其对于组织战略的支持程度 Adma Clollins 和 David Baccrarini 的实证研究结果表明:62.4%的经验丰富的项目经理认为,当项目管理成功时,项目一般都会成功[112];但项目管理绩效之于项目绩效的贡献并不必然存在这种正向作用,如果将一个决策失误的项目管理得很好,也是一场灾难[106]。因此,项目管理绩效与项目绩效的概念内涵及其相互关系可以概括如下[111]:

①项目管理绩效与项目绩效的研究目的分别在于实现项目管理成功与项目成功,二者分别是项目管理成功与项目成功重要的中间变量。

②项目管理绩效关注项目计划、实施与移交等阶段的管理过程与管理结果,旨在实现项目的短期目标,即"在约束成本范围内,按时移交合格的项目产品";而项目绩效则关注项目整个生命周期的建设过程与成果,旨在实现"项目最初的目标与设想",达成组织的战略目标,支撑其长期利益的实现。

③项目管理绩效通常为项目管理团队所关注,在工程项目专业分工日益深化的背景下,执行者更多为总承包商或项目管理服务公司;而项目绩效则被投资者或最终用户所重点关注,其良好的项目绩效表现是投资者实施项目的根本动因。

④项目管理绩效往往对项目绩效,进而项目成功具有正向促进作用,但良好的项目管理并不必然促成项目绩效的提高或项目成功。

柯洪在总结 Munns 和 Bjerimi 等人研究的基础上,进一步对项目成功、项目管理成功及项目绩效与项目管理绩效之间关系进行区分[106],如图1-5所示。

6. 利益相关者理论

利益相关者(Stakeholder)术语最初出现在1708年,是"赌注"或"押金"的意思。而利益相关者理论(Stakeholder Theroy)的萌芽可追溯到1932年哈佛法学院学者多德(E. Merrick Dodd)在驳斥伯利(Adolf Berle)时所发表的一篇论文,书中指出"公司董事必须成为真正的受托人,他们不仅要代表股东的利益,而且要代表其他利益主体,如员工、消费者,特别是社区整体利益”。1963 年由斯坦福研究所(SRI, Stanford Research Institute)将利益相关者作为一个明确的理论概念正式提出。而利益相关者观点形成一个独立的理论分支则得益于瑞安曼(Eric Rhenman)和安索夫(IgorAnsoff)的开创性研究,经弗里曼(Freeman)、布莱尔(Blair)、多纳德逊(Donaldson)、米切尔(Mitchell)、克拉克森(Clarksen)等学者的共同努力,使利益相关者理论形成了比较完善的理论框架,并在实际应用中取得了很好的效果,自此利益相关者理论开始引人关注。基于利益相关者理论,从利益相关者利益诉求出发,以最优的资源配置,最大程度满足项目利益相关者的需求是实现项目功能和价值的关键。

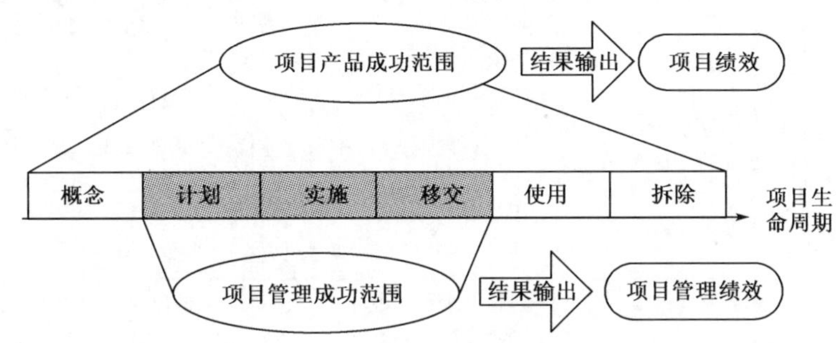

图 1-5 项目成功、项目管理成功与项目绩效、项目管理绩效相互关系

(1)利益相关者概念

纵观国内外学者对利益相关者定义的研究,可谓仁者见仁,智者见智。美国米切尔和伍德(Mitchell&Wood,1997)[113]详细研究了利益相关者理论产生和发展的历史,总结了自 1963 年斯坦福研究院涉足利益相关者问题开始,一直到 90 年代中期为止前后共 30 多年时间里,西方学者所给出的 27 种有代表性的利益相关者定义,这一研究成果集中反应了公司治理界关于利益相关者分类的研究脉络。狭义而言,利益相关者是那些组织为实现其目标必须依赖的人。广义上讲,利益相关者能够影响一个组织目标的实现,或者他们自身受一个组织实现其目标的过程的影响。

(2)利益相关者分类

不同的利益相关者对组织活动的影响力或受组织活动的结果的影响程度是不同的,因此需要对利益相关者进行分类识别以实施不同的管理策略,有针对性地运用组织资源去应对不同的利益相关者的需求,这对于组织目标的实现和组织绩效的改善都是至关重要的。已有的相关文献中对利益相关者的分类可用表 1-7 简单概述。

利益相关者的几种分类方式比较 表 1-7

分类学者	分类标准	分类结果
Ckarkham 1992	与企业是否存在交易性合同关系	契约型利益相关者(Contractual Stakeholders):股东、雇员、顾客等; 公众型利益相关者(Commnunity Stakeholders):政府、媒体、社区等
Clatkason 1995	与企业联系的紧密程度	主要利益相关者:若没有,企业将无法生存。如股东、雇员、供应商等; 次要利益相关者:间接影响企业动作或受间接影响。如媒体等

续上表

分类学者	分类标准	分类结果
Wheeler 1998	社会维度的紧密型差别	一级社会利益相关者:指与企业直接相关,如顾客、投资者、雇员、供应商等; 二级社会利益相关者:与企业有间接关系,如居民、相关团体等; 一级非社会利益相关者:对企业有直接关系但不与具体的人发生联系,如自然环境、人类后代等; 二级非社会利益相关者:对企业有间接关系同时也不与人相联系,如人类物种等
Carroll 1996	①与公司关系的正式性	直接利益相关者:由于契约和其他法律承认的利益而能直接提出索取权的人或团体,是优先考虑的对象; 间接利益相关者:基于非正式关系的利益团体,对公司的影响是次要的
	②对企业存在的影响程度	核心利益相关者:指对企业存在生死攸关的人或团体; 战略利益相关者:指企业面对特定威胁或机会时才显得重要的人或团体; 环境利益相关者:指企业存在的外部环境
Mitchell 1997	三个维度: 影响力(Power); 合法性(Legitimacy); 紧迫性(Urgency)	必须至少满足其中一条即可成为企业的利益相关者,其中: ①潜在的利益相关者:仅具备其中一个维度条件; ②预期型利益相关者:具备其中两个维度条件; ③确定型利益相关者:同时具有三个维度条件

国内学者借鉴国外学者分析思路,从利益相关者的主动性、利益相关者的重要性和利益相关者要求的紧急性三个维度对所识别出的利益相关者进行分类,以评分的方法将项目利益相关者分为核心利益相关者、蛰伏利益相关者、边缘利益相关者。

(3)利益相关者诉求分析

根据利益相关者的分析和分类结果,依据规定的分析流程确定项目利益相关者的诉求。诉求分析的主要工作目的是确定利益相关者对项目的诉求内容。

①理解利益相关者诉求阶段。理解利益相关者诉求阶段主要从项目的利益相关者中获取信息,以便理解利益相关者的真实诉求,同时使得项目团队成员更加清晰的理解项目。

②诉求定义阶段。在诉求定义阶段,主要目的是统一项目团队对项目诉求的认识;对所有收集到的利益相关者诉求进行分析。

③诉求范围管理阶段。在完成诉求定义阶段后,转入诉求范围管理阶段。在本阶段要确定项目诉求实现的优先级;定义出代表核心功能的诉求集;并对项目诉求属性进行定义和跟踪。

④诉求改进阶段。完成诉求范围管理阶段后,需对项目诉求进行改进。在本阶段将进一步对项目诉求进行补充和约束;并结合项目实际实施情况,详细说明项目诉求的补充规约。

第三节　工程项目界面协同管理相关研究综述

针对工程项目管理中存在的种种问题,国内外学者纷纷从不同角度进行了一些有益的研究和探索,并取得了很多有价值的成果,比如对工程项目参与方之间的关系、合作管理、战略联盟、并行工程、集成管理等方面的研究,这些研究都不同程度上体现了界面协同的思想❶。同时由于现代信息技术的迅猛发展和在工程项目管理中应用的深入,也出现了大量关于工程项目信息技术如 BIM 技术的工程项目协同管理方面的研究,下面分别进行总结和阐述。

一、界面管理中存在的问题

界面的存在,将可能使集成单元由于目标差异导致行为的不一致,集成单元之间的信息粘滞导致相互之间的信息不对称,以及集成单元之间的文化冲突,从而导致集成系统运作的非和谐性,影响集成系统目标的实现[90]。为了有效的项目管理,有必要识别和控制有关的界面事件和问题[23],界面管理旨在通过强调界面绩效来确保项目成功[11-12]。

Chan (2005)提出了一个针对中国 BOT 项目的界面管理框架,通过实证对 BOT 项目的过程界面及影响因素进行了分析[24],Chen(2008)[13]使用多视角的方法系统阐释导致不同界面问题的复杂原因,Tian(2013)[87]运用 DEMATEL(Decision Making Trial and Evaluation Laboratory)方法研究了影响界面管理的因素和原因。

二、目标界面协同管理方法

对工程项目目标管理的研究有了很大发展。工程项目管理的初期,具有代表性的管理计划、控制技术是 CPM 关键路径法和 PERT 计划评审方法,这两项技术直接导致了项目管理的产生和发展,在当时成为控制项目工期和费用的重要手段,CPM 侧重于费用控制,PERT 偏重于时间控制。很多学者在此基础上深入研究了工程项目费用目标和时间目标的协同问题,并使用了很多数学的理论模型,如将线性规划理论、模糊数学理论等应用于工程项目成本费用、工期和质量三大目标协同问题的研究[114-118],如 William J. Rasdorf 提出了工程项目成本控制和工期控制可以进行协同,并且给出了采集工程项目工期和成本数据的模型方法,A. J. G Babu 提出了工程项目三大目标协同优化的模型,Do Ba Khang 对这个模型在实际工程项目管理中的应用做了案例分析。陈光、成虎等[119]对工程项目全生命周期的目标体系进行了综合研究。尹贻林等[120]对项目成功的标准提出了新的视角,即基于利益相关者的核心价值进行研究。

三、过程界面协同管理方法

Morris(1983)比较全面地介绍了项目界面管理:项目是一个开放的社会系统,项目由许多相互作用的子系统构成,这些子系统之间的相互作用以及项目与外部环境的交互作用构成了项目的界面系统,通过界面控制能够实现项目整体集成;同时认为认为动态界面是项目管理里面最重要的,管理动态界面的方法和技巧取决于管理水平层次和项目所处的阶段。下面就工程项目各个阶段和阶段间的动态界面管理和协同管理研究内容进行梳理。

1. 单阶段的界面协同管理研究

一些文献对项目设计、招投标、施工等不同阶段的界面展开研究,如 France(1993)[121]认

---

❶如前所述,工程项目管理中发生的大多数问题都发生在界面处,工程项目协同管理的功效主要是为了解决界面障碍,很多文献虽然没有提到项目界面的术语,但根据前述界面关于关联关系的界定,因此本书将工程项目协同管理的相关文献都纳入界面管理的相关研究中。

为,组织在项目设计、生产、施工过程之间的相互协作,接口管理在很多领域都是必需的,包括技术设计、总体详细设计、采购、计划和材料设备供应等。识别和管理这些接口对项目的成功具有十分重要的意义。在项目实施工程中,如果不能正确地识别接口的存在,可能导致很多问题的产生,最终促使成本增加。A. F. Griffith(2001)[122]指出项目规划对于项目成功非常重要,而在项目规划过程中,各方的协同是项目规划成功的关键因素,他还提出了在项目规划阶段的10个需要特别关注的协同事项。Stuart D. Anderson 等[123]专门研究集成理论在工程建设设计阶段的应用。Chua(2003)[124]提出了过程—参数—界面模型,试图建立设计管理事项,提高设计过程时间安排和有效的协作。Senthilkumar(2010)[125]提出了基于网络的设计界面管理模型,毛春丽(2009)[126]针对招投标过程中的界面管理流程和方法进行探讨。

研究者们也提出了多种方法和技术来支持界面管理。比如,应用 WBS 矩阵来提高界面管理效果[85]、采用了 IDEF0 模型进行过程界面的识别和管理并建立了类似 PDCA 循环的动态界面管理模型[24]、运用创新的多层次界面矩阵方法提高施工阶段界面管理绩效[8]。

2. 过程间的界面协同管理研究

Flager F. 从流程协同的角度,指出应建立高效的流程协同机制使其能够覆盖工程项目设计、施工、交付全过程[127]。Ahcom(2002)[128]围绕大型建筑工程项目设计和施工过程中存在的界面不协调性问题进行了研究。Mitchell (2011)[129]开发了一个设计和施工过程间界面的概念框架。另外 Chimay J. Anumba[130]对工程项目全生命周期集成化管理(LCIM)进行了研究,C. J. Anumba 等对工程项目总承包模式下全生命周期的协同沟通进行了研究[131]。国内很多学者也从不同角度对工程项目管理中的集成化管理、项目信息化等问题进行了研究,集成充分体现了协同的思想。有学者对工程项目全生命周期价值链管理进行了研究[132]、工程项目集成化管理方法及全生命周期集成化模式与方法的研究[133-136]、对超大型工程的集成管理问题研究[9]、工程项目集成管理的绩效评价研究[137]等。

正确选取采购模式,能够实现工程项目过程界面数量的减少和管理难度的降低。关于工程项目采购管理的问题,专家学者们纷纷提出一些新的采购模式。很多工程建设合同管理领域的专家学者,对传统的工程建设招标、投标与合同管理的问题进行了深入研究,并提出了很多适应国际工程建设市场需要的新型合同模式,如 DB、EPC、CM、PMC、BOT,还有合作伙伴模式等,并对这些合同模式进行了对比分析[138]。Feniosky Pena-Mora[139]指出不同的项目采购模式对他提出的协作谈判方法的影响不同,进而对项目采购模式对项目协同程度的影响做了定量研究,指出设计/建造模式是项目参与方潜在冲突最少的一种采购模式;David C. Brown 等[3]提出了一个考虑协同因素的新的项目采购模式。有关国际权威机构专门出版了相关合同模式所使用的合同条件[140-141]。张水波等[142]对 DB 模式的国际动态化发展、丁士昭[143]对国际工程的承发包模式进行了研究。

3. 多领域结合的过程界面协同管理研究

有很多学者借鉴其他领域先进的管理思想和理念成功地应用于工程项目管理领域,如由精益生产理念而产生的精益施工[144]、精益设计[145]等。一些学者将并行工程的理念应用于工程工程项目管理过程中,对工程项目运营各个阶段之间协同问题进行研究[60][146-150],其中 PED Love 指出仅仅简单的把合作管理的思想强加给项目参与方而不进行具体方法的实施是不能解决工程项目已经存在的不协同问题的,他提出了将工业工程中使用的并行工程方法运用到工程项目采购中来，并对这种应用可以获得的改善进行了研究，Neil N. Eldin 通过对并行工程应用于工程项目管理的案例研究表明在不增加项目成本的情况下，并行工程的应用可以使工期缩短的幅度达到25%，并提出了并行工程应用的成功因素和障碍因素，以及从案例实施中获得的经验；A. Jaafari 提出了并行建造（Concurrent Construction）的概念，并给出了在项目管理中实施并行建造的框架和实施方法。有学者将过程重组的概念引入工程项目管理[151]。也有从集成管理角度来观察界面问题的，有将界面管理与供应链管理、流程再造等领域相结合进行研究的。例如，Omera Khan（2009）[152]等研究了产品设计和供应链之间的界面，并通过实例研究说明如何在集成扩展的供应链基础上设计中心业务的发展路线。

另外对项目的风险管理也进行了很多研究[19][153]，对工程项目风险提出了动态分析方法[154]，以系统论和全面风险管理为基础进行了集成化风险管理研究[155]以及工程项目界面风险管理模型框架建立[156]。还有不少学者对多项目的协同管理进行了研究[157-159]。所有这些研究成果都为工程项目过程协同提供了很好的思路和可借鉴的成果。

四、组织界面协同管理方法

鉴于关系管理是成功实施工程供应链管理的关键因素，其共识是从长远目标考虑建立一种改善主要项目界面（Key Project Interfaces）的协调运作机制[160]，因此下文将各参与方组织关系方面的研究进展归入组织界面研究中。

（1）组织界面障碍原因分析

Al-Hammad（2000）[161]认为项目相关的参与方之间出现界面问题将会对项目的完成与质量产生负面影响，通过在建设方、设计方、总承包商、分包商等各方之间进行问卷调查的方法，将各组织方界面问题分为4个类别：财务问题、不适当的合同和规范、环境问题以及其他问题，同时还分析了这4类问题严重程度与各参与方的联系程度。对参与方之间的关系，Cynthia M. Ruff[162]指出对于环境治理项目来说，由于不确定性比一般项目更大，所以比一般项目更容易引起项目参与方的不协调导致的项目延期、成本超预算和争端等问题，他分析了这类项目的参与方之间的关系，并给出了项目管理中需要注意的问题。Jimmie Hinze[163]从分包商的角度来研究总承包商和分包商之间的关系，并指出总承包商的一些做法会给行业带来损害，Michael S. Puddicombe[164]分析了设计咨询公司和承包商之间矛盾和冲突的根源，并指出这两方对立程度的减少将有利于提高项目的表现。曹英（2004）[165]分析了供应链界面管理❶的主要障碍因素有：专业化、信息粘滞、目标差异、文化冲突。专业化催生了界面管理，他们是一对矛盾，专业化是界面管理基础性障碍因素，信息粘滞增大了界面管理的难度。

（2）基于技术和管理层面的解决对策

基于技术和管理层面的研究相对比较成熟，如基于JIT、TQM等先进管理方法强化物料采购各方之间的伙伴关系，通过TQM实现工程供应链中的供需界面协调[166]基于因特网环境和信息技术搭建供应链协调平台[167-168]，以及运用精益思想和方法提高工程供应链的协同和绩效水平[169]。组织界面中运用具体的OBS工具进行界面协调的案例研究[170]，并针对风险型CM项目组织界面运用Partnering模式进行管理流程的确定[171]。更有文献指出供应链系统中

❶此文献虽非工程供应链方面的研究，但形成障碍的原因大都是相同的，因此引入进行梳理。

结点企业连接而形成的界面，正越来越多地相互渗透，以至于难以确定界面的属性，应用模糊论的思想进行分类、判断和控制是有效的方法。

(3)基于合同视角的解决对策

一些学者认识到合同的完备性对工程供应链的协同产生很大影响[169]，并依据不同的合同治理要素展开研究，既有定性的分析，如总承包契约中风险分担和收益激励问题的研究[172]，组织界面要素中责、权、利的明确[173]和加强非正式交流机制、创新组织结构模式以及守信激励和失信惩罚机制对策建议的提及[98]；也有基于博弈论展开的激励机制研究，如项目公司与承包商之间的多目标协调均衡收益激励模型[174]、工程供应链合作的演化博弈分析[175]、总承包工程供应链利润分配模型[176]等。同时不同的合同支付方式对项目协同的影响不同[177-178]，J Rodney Turner 提出了一个四个维度的合同计价方式选择方法，并评价了不同的计价方式对于项目运营效率的影响。这些合同管理模式的实施有利于使项目各方尤其是业主和主要承包商之间建立长期的合作伙伴关系[179]。

(4)基于关系治理视角的解决对策

Meng(2012)[180]认为工程项目供应链关系的恶化是项目绩效不佳的主要原因[36]，而 Manu(2011)[181]乐观地认为建筑行业传统的对抗关系已逐渐发生转变，更多地发展和运用了合作性的承发包关系。但不管怎样，关系治理与项目绩效均有着直接的联系。隐含关系治理理论和思想的研究渐渐涌现，如基于关系治理理论的集成化工程供应链管理框架的构建[182-184]。

对工程项目管理中合作管理(Partnering)❶的研究：Walid Belassi[185]在对项目成功的因素进行了总结的基础上结合工程行业现状提出了一个新的评价项目成功因素的体系，其中非常重要的一个因素就是有效的合作和沟通；Eddie W. L. Cheng[186]总结了合作管理的一般过程和这个过程中每个步骤的相关成功因素，为合作管理的成功实施指明了方向；Black[187]认为相互信任、有效的沟通、高级管理层的承诺、与目标相关的行为、富于奉献精神的团队、改变的灵活性和持续改进的承诺都是项目伙伴关系成功的关键因素。系列关于影响工程供应链关系和 Partnering 关系的研究出现，如影响工程供应链关系和 Partnering 的关系规范因素识别(包含了相互信任、承诺、沟通、共同目标等)[188-191]，合作绩效基本决定要素的识别(信任、沟通、冲突)[192]以及影响工程供应链关系的因素识别(通过文献梳理得到频率较高的依次为信任、目标、团队工作、风险、持续改进、沟通等)[193]，并将共同目标、收益分成、信任、不抱怨的文化、联合工作、沟通、问题解决、风险分担、绩效度量和持续改进作为工程供应链关系水平的度量指标[180]。另外 George T. Dasher[194]研究了工程的管理者和系统工程师之间的界面管理，并且认为二者之间良好的沟通是非常重要的，Anneloes M. L. Raes 等[195]研究了高层管理团队和中级管理者之间的界面问题，并且分析了二者之间的界面结构、相互影响，最终建立了界面管理的模型。

对冲突的解决，也出现了一些研究成果。Sai-On Cheung[196]运用层次分析法对解决争端的 ADR(Alternative Dispute Resolution)方法的关键因素做了分析，指出在使用 ADR 过程中只要注意这些关键因素将会使得争端解决更有效率。对参与方之间的谈判和沟通问题上，

---

❶Stephen Pryke(2009)在 *Construction supply chain management: concepts and case studies* 一书中认为研究 CSC 不可避免要涉及 Partnering，因为是 CSCM 引起 Partnering 或者相反是尚未解开的谜。

Fenioskv Pena-Mora[197]提出了一个谈判机制来指导工程项目运营中由于争端原因引起的谈判，Stephen R. Thomas[198]通过对工程项目沟通问题的研究提出了影响项目参与方沟通效率的6类因素，并提出了一个沟通改善方法。Douglas D. Gransberg 等对一些解决方案的效果进行了定量分析[199]。

(5)组织结构的选择

贾广社等[200]对大型工程项目管理组织模式进行了研究。有的学者对工程项目的组织结构优化问题进行了研究[201-203]，比如 Min-Yuan Cheng 提出了一个评价项目内部协同程度的模型，并根据这个模型来评价项目的组织结构的效率从而指导项目组织结构的优化选择；A. F. Griffith 对工程项目实施前的计划过程中项目组织的协同工作问题进行了研究[204]。另外，Christopher P. Holland 对组织间的信息交流对供应链管理的影响进行了研究[205]。Ali Jaafari[206]提出了全生命周期业主方(运营方)管理组织设计的理念。

五、基于多技术支持的工程项目信息协同管理研究

1. 基于 CSCW 的传统信息技术支持在工程项目协同管理应用中的研究

20 世纪 90 年代和 21 世纪初的研究主要集中在计算机支持的协同工作(Computer Supported Collaborative Work，CSCW)上。利用计算机技术和网络技术，对组织内的信息进行集成共享，并支持组织内和组织之间的协同工作，是下一代项目管理的方向[207]。美国 MIT 的 Feniosky Pena-More 等人研究了基于现代计算机技术的工程项目管理的多设备协同工作实施分析系统[208]，Aalst W. M. P 提出建立基于互联网的工作流机制来保证项目内建立高效的协同工作流[209]。Victor E. Sanvido[210]提出了将工业制造业中的计算机集成制造系统的概念移植到建筑工程行业中，用计算机来完成工程项目信息的集成和管理；C. M. Tam 和 Dany Hajjar 对信息技术在工程建设行业、企业、多项目和单个项目层面的支持进行了研究[211-212]；有研究集中在如何开发工程项目管理信息系统、工程项目网站的建立及其运行机制[213-216]，Gijsbertus 和 Leen S. Kang 提出了一个“开放式的”、“高层次的”和“计算机解释的”信息系统来实现项目参与者的高效率沟通和信息数据的存储和使用。Heloisa Martins Shib[217]提出应用工作流技术来协助项目管理；Fenios Pena-Mora 提出了一个名为 CAIRO 的协同会议系统原型，用来协助地域分散的项目不同参与方的协作[218]，还提出了一个用于工程项目实时管理和辅助计算的系统框架，用来帮助项目管理者实现快速、高效的项目管理。C. J. Anumba[131]提出了将 Telepresence 概念应用于项目的设计建造中。Tarek Hegazy 对信息技术对设计阶段的支持[219]、Peter Brandon 对设计和施工协同化支持[220]、J. M. Kamara 等对项目业主方的影响[221]等进行了研究。A. P. Hameri 等还专门研究数据库技术在工程项目管理中的应用[222]。陈勇强等[223]工程项目集成管理系统的开发研究、李蔚等的信息集成模式与实现机制[224]、马智亮等[225]面向对象的建模技术等工程项目信息管理研究都曾促进了工程项目的信息协同管理。

基于信息协同建立界面管理模型和技术。Qian Chen 和 Georg Reichard(2010)[10]认为建筑工程界面非常复杂，不同的界面信息在不同的程度上是松散的，这种信息的松散在信息交换过程中降低了界面信息的准确性、完整性和有效性。为了提高界面管理的有效性，运用 IT 技术是有效的和重要的手段，并介绍了一个界面对象(Object)建模技术，提出界面对象模型框架，这个框架致力于系统界定数据结构和建模所需界面信息的依赖性。Lin (2013)[226]致力于

界面管理在建筑、机械、电子工程项目中的应用，提出了一个基于网络的建筑工程界面管理系统（CNIM）。

2. 基于 BIM 的信息协同

BIM 作为一种全新的理念和技术，不同类型的建筑项目都可以在 BIM 平台找到自己亟待解决问题的办法。建筑信息模型 BIM（ Building Information Modeling）的概念是由美国乔治亚技术学院的查克·伊斯曼教授于30 多年前提出的，它以三维数字技术为基础并集成建筑工程项目各种相关信息的工程基础数据模型，是对工程项目相关信息详尽的数字化表达。之后 McGraw-Hill 建筑信息公司等都对其概念进行了定义，目前相对较完整的是美国国家 BIM 标准（National Building Information Modeling Standard，NBIMS）的定义："BIM 是设施物理和功能特性的数字表达；BIM 是一个共享的知识资源，是一个分享有关这个设施的信息，为该设施从概念到拆除的全生命周期中的所有决策提供可靠依据的过程；在项目不同阶段，不同利益相关方通过在 BIM 中插入、提取、更新和修改信息，以支持和反映各自职责的协同工作"[227]。

BIM 技术作为一种有效的建筑建模工具和建筑信息集成工具，引领了全球建筑信息化的快速发展，在欧美国家，BIM 项目的数量已超过传统项目[228]。自 BIM 技术进入我国建筑行业以来也对我国建筑业信息化的发展起到了积极的推动作用[229]，而且我国 BIM 项目的数量也在逐年增长[230]，尤其适用于复杂项目[231]。现将有关 BIM 的有关研究和应用情况梳理如下。

（1）BIM 在项目管理模式选择和组织构建方面的应用。

徐韫玺（2011）[232]提出以 BIM 技术为基础的一种新的建设项目综合交付方法（Integrated Project Delivery，简称 IPD），将带来新的建设项目管理模式变更，最大程度的促进建筑专业人员整合，实现信息共享及跨职能团队的高效协作。张德凯（2013）总结了基于 BIM 技术的不同项目管理模式选择应该考虑的因素，如 EPC/代表/IPD 等[233]。徐友全（2013）[234]将已广泛应用于建设项目中的扁平化组织结构与 BIM 技术相结合，并对两者在项目建设过程中相互之间的影响、作用进行分析，得出扁平化组织结构与 BIM 技术的结合能够互相促进，加快数字化项目管理在我国推广的结论。许俊青（2011）[235]提出了将 BIM 应用于建筑供应链信息流管理的设想，并设计了基于 BIM 的建筑供应链的信息流模型基本架构，研究了如何解决建筑供应链参与方的不同数据接口间的信息交换问题。

（2）BIM 在工程造价方面的应用

刘尚阳（2013）[236]指出 BIM 对承包商的成本预测、成本计划、成本控制、成本核算、成本分析和成本考核等成本管理的 6 个环节产生显著影响，可有效提高承包商的成本管理能力和国际工程承包市场竞争力。王英（2012）[237]在全生命周期造价管理的思想、理论、方法基础上，建立以 BIM 为技术核心，以 C/S + B/S 为网络架构的造价管理信息系统。

据不完全统计[238]，由于建设行业的粗放式管理，施工阶段的利润很低，大概在工程总造价的0.1 ~0.5%，预计实施 BIM 技术后利润能提升至2.3% 左右。而在设计阶段，设计院部分使用 BIM 技术，预估成本将增加 10%，能解决设计中 70% ~80% 的问题，全过程使用 BIM 技术，成本增加 30% ~50%，能解决全部设计问题。由于设计阶段估算利润较复杂，在此只计算在项目建造过程中由于设计引起的问题。国外统计过 10 个实行 BIM 的工程，其带来的投资回报分析见表 1-8。

BIM 的投资回报分析[239] 表 1-8

时间(年)	总成本($ M)	项 目	BIM 的范围	BIM 成本($)	BIM 直接节余($)	BIM 净节余($)	BIM ROI(%)
2005	30	阿什利写字楼	P/PC/CD	5000	135000	130000	2600
2006	54	尖端数据中心	F/CD/FM	120000	395000	232000	140
2006	47	罗利酒店	P/PC/VA	4288	500000	495712	11560
2006	16	佐治亚州立大学图书馆	P/PC/CD	10000	74120	64120	640
2006	88	桃树大厦	P/CD	1440	15000	6850	940
2007	47	水族馆酒店	F/D/PC/CD	90000	800000	710000	780
2007	58	1515 温库普写字楼	P/D/VA	3800	200000	196200	5160
2007	82	惠普数据中心	F/D/CD	20000	67500	47500	240
2007	14	萨凡纳大厦	F/D/PC/VA/CD	5000	2000000	1995000	39900
2007	32	北亚利桑那大学科学实验室	P/CD	1000	330000	329000	32900
所有类型项目				260528	4516620	4256092	1633%
不考虑规划和价值分析的所有项目				247440	1816620	1569180	634%

注:D:设计;CD:施工文件;F:可研分析;FM:设施管理;P:规划;PC:施工前分析;VA:价值分析。

(3)BIM 在各阶段的应用

当前 BIM 技术在我国主要应用于设计阶段,在施工及后续运营阶段运用较少。即使在设计阶段,“绿色设计”、“规范检查”、“造价管理”三个环节仍出现了“孤岛现象”[231]。除设计阶段外,BIM 的精髓在于将信息贯穿项目的整个寿命期,对项目的建造以及后期运营管理综合集成意义重大[240]。如何通过 BIM 及工作流技术将 3D 设计与基于 BIM 的施工管理无缝紧密结合起来,是能否为 IPD 在我国的应用提供重要技术支撑的关键[232]。在《2011—2025 建筑业信息化发展纲要》中,BIM 技术被列为“十二五”期间在建筑业推广应用的重要信息技术,并特别强调在施工阶段开展 BIM 技术的研究与应用,推进 BIM 技术从设计阶段向施工阶段的应用延伸,降低信息传递过程中的衰减,研究基于 BIM 技术的 4D 项目管理信息系统在大型复杂工程施工过程中的应用,实现对建筑工程有效的可视化管理。清华大学开发了“基于 BIM 的工程项目 4D 施工动态管理系统”(4D-GCPSU2009)的子系统,该系统实现了基于 BIM 和网络的施工进度、人力、材料、设备、成本、安全、质量和场地布置的 4D 动态集成管理以及施工过程的 4D 可视化模拟,并成功应用于国家体育场、青岛海湾大桥、广州西塔、等多个大型工程项目[241]。张建平(2012)[242]在该系统基础上,针对工程项目管理对 BIM 应用的实际需求,提出了一个新的 BIM 工程项目管理整体实施方案和系统架构,通过开发基于 Web 的项目综合管理系统,将其与基于 BIM 的 4D 施工管理系统无缝集成,建立管理数据与 BIM 模型双向链接,实现了基于

BIM 和 Web 的工程项目管理。同期,张建平(2012)[243]还提出了面向建筑全生命周期的集成 BIM 构建框架,通过研究集成 BIM 基本结构、建模流程、应用架构以及建模关键技术,开发了 BIM 数据集成与服务平台 BIMDISP (BIM Data Integration and Server Platform) 的原型系统,并通过实际工程的应用,验证了 BIMDISP 的可行性和适用性。

何清华[231]通过对 32 款软件的交互性分析,得出项目运营阶段 BIM 技术并未得到充分应用、运营阶段在建设项目的全生命周期内处于"孤立"状态的结论。

(4)基于 BIM 的非结构化信息处理

国内外已经对 BIM 集成各种非结构化信息,如文本、图像、进度计划等的挖掘开展了初步的研究。Lucio Soibelman[244]等分别从项目文档文本挖掘、基于本体的在线 A/E/C 产品信息搜索的文本挖掘、为搜集的工地现场图片进行图像推理以及施工项目进度数据分析 4 个方面对建设领域非结构化数据的管理进行了研究;Carlos H. Caldas 等[245]提出了一个非结构化数据集成系统(UDIS),以研究项目文档在基于模型的信息系统中的集成方法;Ken-Yu Lin 等[246]提出了将领域知识和信息检索技术合并,用于开发建筑/工程/施工在线产品搜索引擎;杨兰静[247]提出给 CAD 建筑图的各部分附加相关的建设文档,用于建设项目各个参与方进行检索信息;宋菲[248]提出将非结构化(半结构化)的文档数据形式转换成结构化的,然后运用文本分类、聚类、关联分析、分布分析和趋势预测等方法提取有用的知识;张洋[240]开发了 BIM 信息集成平台,以实现结构化的 IFC 模型数据和非结构化文档数据的读取、保存、检索、扩展等功能;李倩[249]提出将基于本体的文档管理系统与 BIM 进行集成,以用于知识重用和信息检索;姜韶华(2013)[250]提出了一个系统化的建设领域非结构化文本信息的管理体系框架,先将文本信息结构化处理,以非结构化的文本信息为研究对象,采用文本挖掘的方法,将文本进行结构化处理,按 IFC 标准进行分类,并与建筑模型实体相关联,实现文本信息与建筑信息模型的集成。

(5)BIM 在中国运用的障碍和对策分析

研究者大都运用案例分析、问卷调查等方法对 BIM 在国内实施的障碍因素及对策进行研究。赵源煜(2012)[251]通过问卷调查,识别出 42 项中国建筑业 BIM 发展的阻碍因素(简称阻碍因素)。对阻碍因素进一步分析,识别出 15 项关键阻碍因素,包括"没有充分的外部动机"、"国内缺乏 BIM 标准合同示范文本"、"不适应思维模式的变化"、"对于分享数据资源持有消极态度"以及"使用 BIM 技术带来的经济效益不明显"等。何清华(2012)[231]通过分析国内典型工程实施 BIM 过程中尚存在的不足和对国内外主流 BIM 软件的功能和信息交互性,探讨 BIM 在建筑业中的主要应用障碍并提出促进 BIM 实施的建议。张连营(2013)[229]通过文献分析加问卷调查的方法,总结分析了 BIM 在我国得出了 BIM 技术在我国建筑行业发展所面临的主要障碍因素,根据主成分分析的结果提出相应的解决措施实施。何清华根据中国 BIM 门户网站[EB/OL]和 Building SMART 国际组织网站[EB/OL],总结了我国近年来 BIM 典型应用案例中的成效与问题,见表 1-9,突出表现为运营阶段基本未得到应用。根据多篇文献研究,总结主要的障碍及对策见表 1-10。Randy Deutsch 指出,BIM 是 10% 的技术问题加上 90% 的社会文化问题,而目前已有研究中 90% 是技术问题。这一现象说明,BIM 的实现问题并非技术问题,而更多的是统筹管理问题。如何统筹管理、实现 BIM 在各阶段、各专业间的协同应用,是未来 BIM 研究的关键[231]。

我国近年来 BIM 典型应用案例 表 1-9

项目名称	项目典型特征	BIM 主要应用阶段	主要参与方	成 效	存在问题
北京奥运会水立方	大型场馆、结构复杂	钢结构设计	CCDI	实现设计内容协同一致;充分有效利用项目信息;缩短建设周期	需制定统一的工作标准及保持良好沟通
万科金色里程	大量采用预制混凝土构件	3D 模型墙体设计、建筑综合设计	上海中森建筑与工程设计顾问有限公司	墙体之间的关系一目了然;与甲方交流直观高效;③缩短建筑周期	BIM 软件的线下服务、使用交流支持服务需完善
上海中心大厦	超高层建筑,各专业间协调量大	设计阶段,计划在全寿命周期推行 BIM	美国 Gensler 设计公司,同济大学建筑设计研究院	3D 模型有利于设计深化的推进;促使协同工作方式、精细化分工	模型的标准问题;数据的流通问题;不同阶段 BIM 软件的并行、兼容问题
天津港国际邮轮码头	异形、造型复杂,进度紧、安全要求高,涉及专业多	设计前期功能分析,设计阶段异形设计	CCDI	9 天完成建筑、结构、机电全专业的建模及各专业间交互碰撞分析;两个月完成所有施工图;得到甲方肯定	未能组织从设计到施工到运营管理的完整工作流程
西溪会馆	建筑群组合复杂、高低错落、角度考究	应用与方案设计	齐欣建筑事务所	3D 模型直观地呈现建筑形态;实现有效团队沟通	未能在更深层次上使用 BIM 推动方案概念设计和项目管理
上海世博会德国国家馆	建筑造型和空间关系复杂,体量大,进度紧	深化设计阶段	上海现代建筑设计集团	不到半年完成所有深化设计;得到德方肯定	BIM 模型中的信息未能在建设运营阶段继续得到应用
上海世博会奥地利国家馆	曲面形式多样、空间关系复杂,专业协调量大,进度紧	设计阶段	上海现代建筑设计集团	设计师"所见即所得":大大缩短因设计变更的修改时间	各专业配合协同问题
上海世博会上汽通用企业馆	建筑造型和空间关系复杂、体量大、进度紧	辅助设计、建筑性能分析	上海现代建筑设计集团	拓展设计方面得到有效应用;为后期提供参考数据	多专业数据协调与整合问题各参与方的协作问题
苏州星海生活广场工程	结构复杂、涉及工序多、立体交互作业多	深化设计,BIM 模拟流程施工	上海安装专业设计集团	减少信息请求、大大节约人力、物力;减少专业协调,提高施工精度	未注意后期运营管理问题

续上表

项目名称	项目典型特征	BIM 主要应用阶段	主要参与方	成　效	存在问题
中央音乐学院音乐厅	内部空间关系变化繁复,精细化要求高	空间、结构设计、声学分析	华通国际 BIM 建筑研究中心	完善声学效果;实现资源共享	未作施工及运营管理工作
沈阳祥运热力办公楼	进度紧、空间形态复杂	设计阶段	沈阳市建筑设计院	直观实现空间设计	未作施工及运营管理工作
银川火车站工程	空间形体复杂,钢桁架形式多样	3D 建模、结构设计	设计方	可视化空间实体建模	未作施工及运营管理工作
广州珠江城大厦	超高层建筑、结构复杂	建筑设计、结构设计	美国 SOM 公司、广州市设计院	提前再现建筑物样貌;完全符合要求创建所有的钢结构;保证图纸的准确率,实现自动化加工	软件间兼容问题;相关工作的协调问题
上海迪士尼乐园(预建)	迪士尼经典的故事和卡通形象,城堡、花园与湖泊等异形建筑多	业主要求全寿命周期应用 BIM 技术	上海申迪(集团)有限公司	减少工程造价、节约建设成本;提前为业实现以运营管理为导向的理念;提供运营管理需要的有效信息;打造乐园独特魅力	实现各个参与者协同工作问题;项目管理方式选择问题

注:案例来源于 Building S MART 国际组织网站及中国 BIM 官方论坛。

建筑业 BIM 发展的普遍障碍因素及对策[229][231][251-252]　　表 1-10

障碍因素		原　因	对　策
维度	子因素		
操作	没有充分的外部动机	在 BIM 发展过程中,与政府、业主以及建筑业的团体或者组织有密切关系的阻碍因素较其他国家多	政府制定并发布 BIM 标准和指南,扩大政府和民营企业的 BIM 项目适用范围
	没有政策部门和行业主管部门颁发的 BIM 标准和指南		
	项目运作缺少统筹管理,BIM 应用遭遇“协同”困境。BIM 应用过程中缺少协同设计,尤其在国内项目运作中,项目不同阶段、不同专业及参与方信息缺少统筹管理		

续上表

<table>
<tr><th colspan="3">障碍因素</th><th rowspan="2">原因</th><th rowspan="2">对策</th></tr>
<tr><th>维度</th><th colspan="2">子因素</th></tr>
<tr><td rowspan="6">法律</td><td colspan="2">国内缺乏适用于 BIM 标准合同示范文本</td><td rowspan="6">与法律相关的因素对于中国建筑业 BIM 发展的影响力比较大</td><td rowspan="6">完善 BIM 项目争议处理机制，制定保护 BIM 模型的知识产权的法律</td></tr>
<tr><td colspan="2">基于 BIM 的工作流程尚未建立</td></tr>
<tr><td colspan="2">BIM 项目中的争议处理机制尚未成熟</td></tr>
<tr><td colspan="2">缺乏能够保护 BIM 模型的知识产权的法律</td></tr>
<tr><td colspan="2">缺乏适用于 BIM 的保险法律条款</td></tr>
<tr><td colspan="2">现有的建筑行业体制不统一，缺乏较完善的 BIM 应用标准，加之业界对于 BIM 的法律责任界限不明，导致建筑行业推广 BIM 应用大环境不够成熟</td></tr>
<tr><td rowspan="7">技术</td><td rowspan="3">技术认知</td><td>不适应思维模式的变化</td><td rowspan="3">从业人员的心理和思维方式对 BIM 在中国建筑业发展产生的阻力比较突出</td><td rowspan="3">个人减少对 BIM 技术的抵触心理，适应 BIM 的 3D 思维模式；注重全面培养，提高 BIM 技术人员的专业素质</td></tr>
<tr><td>对于分享数据资源持有消极态度</td></tr>
<tr><td>反抗新技术的抵触心理</td></tr>
<tr><td rowspan="4">技术环境</td><td>缺乏国产的 BIM 产品</td><td rowspan="4">中国建筑业重视研究和开发本国的 BIM 软件。但是目前国产软件缺乏的现状，严重阻碍 BIM 在中国的发展</td><td rowspan="4">软件开发商提供完善 BIM 软件，开发国产软件和数据交换标准；政府、企业、个人：交流并共享 BIM 研究成果</td></tr>
<tr><td>国内缺乏对 BIM 技术的研究</td></tr>
<tr><td>对于 BIM 软件的错误，缺乏技术性的对策</td></tr>
<tr><td>建立 BIM 模型所需输入的数据源不足</td></tr>
<tr><td rowspan="6">经济</td><td colspan="2">使用 BIM 技术带来的经济效益不明显</td><td rowspan="6">在经济阻碍因素方面，中国更重视对于 BIM 带来的经济效益问题，而国外更关注软件购买和硬件升级的费用</td><td rowspan="6">政府应严格管制软件盗版市场；企业承担培训和软件购买和软件升级以及增加的设计费用</td></tr>
<tr><td colspan="2">聘用 BIM 专家和咨询的费用条款和措施</td></tr>
<tr><td colspan="2">购买 BIM 软件的费用</td></tr>
<tr><td colspan="2">设计费用的增加</td></tr>
<tr><td colspan="2">硬件升级所需的成本</td></tr>
<tr><td colspan="2">培训员工的费用和时间成本较高</td></tr>
</table>

六、实体界面

在城市轨道交通领域的界面问题研究主要是技术接口❶或物理接口的研究，如：董向阳(2003)[253]提出了广义技术接口定义，并通过技术接口在地铁建设各个阶段的具体内容介绍了接口矩阵表和接口说明表。刘永谦(2006)[254]结合地铁消防控制流程的特点，对地铁 FAS、

❶当仅用来指技术界面时，Interface 大都翻译成接口。技术界面一般都是静态界面，只要划分清晰界限，较动态界面更易于管理。本书在后续几章不再探讨此类界面。

BAS系统的设计进行分析,提出了FAS与BAS的集成方案,结果表明系统运行在安全、运营方面效率都得到提高,在投资成本上得以减少。赵勤等人(2007)[255]从供电系统出发,介绍城市轨道交通工程中的接口管理。杨立新、毕湘利(2009)[256]结合工程实际应用中典型接口问题的实例分析,研究城市轨道交通系统总体技术接口问题及接口管理和协调方法。Wideman和Nooteboom[257]认为,界面管理可以通过管理工程中不同实体间的边界来处理工程中多种界面问题。

综上所述,国内外理论界在工程项目界面协同管理相关方面已经取得了很多有意义的研究成果,但是已有的研究多是针对某一类界面展开,缺乏系统角度的整体界面关系呈现。本书的选题就是在上述背景下产生,希望能基于复杂系统理论和涌现理论的高度,针对一类特定的复杂性工程项目,寻求界面协同管理的理论基础,展开全面深入的相关协同方法和技术的探索和研究;对有些定量协同问题如多目标协同优化,在方法上进一步拓展和创新。

第四节　复杂科学研究综述

一、复杂性科学研究的兴起

随着科学技术的发展和进步,系统科学从20世纪30年代开始兴起,人们逐渐认识到系统大于其组成部分之和;系统具有层次结构和功能结构;系统处于不断地发展变化之中;系统经常与其环境(外界)有着物质、能量和信息的交换;系统在远离平衡的状态下也可以稳定(自组织),确定性的系统有其内在的随机性(混沌),而随机性的系统却又有其内在的确定性(突现),这些新的发现不断地冲击着经典科学的传统观念。系统论、信息论、控制论、相变论(主要研究平衡结构的形成与演化)、耗散结构论(主要研究非平衡相变与自组织)、突变论(主要研究连续过程引起的不连续结果)、协同论(主要研究系统演化与自组织)、混沌论(主要研究确定性系统的内在随机性)、超循环论(主要研究在生命系统演化行为基础上的自组织理论)等新科学理论也相继诞生,这种趋势使许多科学家感到困惑,也促使一些有远见的科学家开始思考并探索新的研究思路,复杂系统和系统的复杂性这两个科学概念就是在这样的背景下提出的。复杂科学是国外在20世纪80年代提出的范畴,主要是研究复杂性和复杂系统的科学,它目前虽还处于萌芽状态,但已被有些科学家誉为"21世纪的科学"。[31][258-260]

二、系统的复杂性及复杂系统

1.复杂性的定义

《科学美国人》的高级撰稿人John Horgan曾发文"复杂性研究的发展趋势:从复杂性到困惑"[261],其中提到对于复杂性的定义至少有31种之多(1994年以前)。根据约翰·霍甘[262]提供的消息,塞思·劳埃德共收集了45种复杂性定义,还不包括钱学森的复杂性观点。本书参照成思危、苗东升的观点,把系统复杂性主要表现总结如下:[30][263]

(1)系统各单元之间的联系广泛而紧密,构成一个网络。因此每一单元的变化都会受到其他单元变化的影响,并会引起其他单元的变化。

(2)系统具有多层次、多功能的结构,每一层次均成为构筑其上一层次的单元,同时也有助于系统的某一功能的实现。

(3)系统是开放的,它与环境有密切的联系,能与环境相互作用,并能不断向更好地适应环境的方向发展变化。

(4)系统是动态的,它不断处于发展变化之中,而且系统本身对未来的发展变化有一定的预测能力。

(5)系统在发展过程中能够不断地学习并对其层次结构与功能结构进行重组及完善。

2. 复杂系统的定义

复杂系统涵盖面极其广泛,几乎涉及所有学科,包括动物、植物、人体、生命、生态、社会、经济、政治和物理、化学、天文、气象等方面的系统。关于复杂系统的定义有很多种,不同学者从不同角度提出了种种定义。据乔治·梅森大学(Geoge Mason University)的沃菲尔德(John warfie1d)教授的介绍,目前对于复杂系统的研究仅在美国就已形成了5个学派[30],他们分别为:系统动力学派、适应性系统学派、混沌学派、结构基础学派、暧昧学派。还有学者认为具有复杂性的系统就是复杂系统。复杂系统理论到目前为止还不是一种完整的、严格的科学理论,而只是一系列思想的集合。这里本书仅列举有代表性的几种观点。

成思危认为复杂系统最本质的特征是其组分具有某种程度的智能,即具有了解其所处的环境预测其变化并按预定目标采取行动的能力[264],这也就是生物进化、技术革新、经济发展、社会进步的内在原因。美国的圣菲研究所(简称SFI)认为复杂系统是由许多的相互作用的组元组成的,组元的相互作用可以使系统作为一个整体产生自发性的自组织行为。

三、复杂适应系统理论

在复杂系统及复杂性的大量研究工作的基础上,复杂性科学的研究获得了很大的进展,但是尚未形成一个统一的理论体系,没有提出一个明确的研究框架。在复杂性产生机理的研究方面,圣菲研究所(SFI)的 Holland 教授做出了重大贡献。他在复杂系统的研究中,发现了一大类系统都是由一系列具有适应性的个体组成的,他把这类系统叫做复杂适应系统(Complex Adaptive System,CAS),并给出了 CAS 的统一描述框架及研究方法,同时 SFI 开发了用于支持 CAS 研究的计算机软件平台 Swarm。CAS 系统理论标志着现代系统思想进入到了以生物系统与社会系统为主要研究对象的阶段。

1. 复杂适应系统的基本概念[265]

CAS 理论基本的概念是具有适应能力的主体,简称主体。它不同于早期系统科学的部分、元素、子系统等概念。部分或元素完全是被动的,其存在是为了实现系统所交给的某一项任务或功能,没有自身的目标或取向,即使与环境有所交流,也只能按照某种固定方式做出固定的反应,不能在与环境交互中“成长”或“进化”。而 CAS 理论则强调其成员主体随着时间而不断进化,主体是具有自身目的性与主动性,有活力(Active)和适应性(Adaptive)的个体。主体可以在持续不断地与环境以及其他主体的交互作用中“学习”和“积累经验”,并且根据学到的“经验”改变自身的结构和行为方式,正是这种主动性及主体与环境的、其他主体的相互作用,不断改变着它们自身,同时也改变着环境,才是系统发展和进化的基本动因。整个系统的演变或进化,包括新层次的产生、分化和多样性的出现,新的聚合而成的、更大的主体的出现等,都是在这个基础上派生出来的。CAS 理论的基本思想就是适应性造就复杂性。[266-267]

CAS 的提出为人们认识、理解、控制和管理复杂系统提供了新的思路。CAS 理论包括微观和宏观两方面,在微观方面研究的是主体,在宏观方面研究的是系统。[268]

2. CAS 理论的 7 个基本点[30][265]

适应性主体和 CAS 理论涉及到 7 个基本点,它们包括 4 个特性和 3 个机制。在这 7 个要素中,聚集、非线性、流、多样性是 CAS 的特性,而标识、内部模型、构件则构成 CAS 的机制。

(1)聚集(Aggregation):主要是指个体通过"黏着"形成较大的所谓的多主体的聚集体,从而导致层次的出现。新聚集体在一定条件下互相接受对方时,组成一个新的聚集体,在系统中可以像单一个体般进行运动。如在经济社会中,若干属性的个人可形成不同收入条件和消费习惯的多个群体,但并不是任意两个主体都可以聚集在一起,只有那些为了完成共同功能的主体才存在这种聚集关系。聚集不是简单的合并,也不是消灭个体的吞并,而是新的类型的、更高层次上的个体的出现,原来的个体不仅没有消失,而是在新的更适宜自己生存的环境中得到发展。[269-270]

(2)非线性(Non-Linearity):指个体以及它们的属性在发生变化时,并非遵从简单的线性关系。特别是在与系统的反复交互作用中,这一点更为明显。CAS 理论认为个体之间相互影响不是简单的、被动的、单向的因果关系,而是主动的适应关系,以往"历史"会留下痕迹,以往的"经验"会影响将来的行为,实际上是各种反馈相互影响、相互缠绕的复杂关系。可以说,非线性是还原论之所以失效的根本原因。

(3)流(Flows):在个体与环境之间存在有物质资、能量和信息流,这些流的渠道是否通畅、周转迅速到什么程度,都直接影响系统的演化过程。系统越是复杂,信息、能量和物质交换就越发频繁,各种流也就越发错综复杂。另外,流可以看成是一种资源,是有方向的,可以导致沿着该方向的一方资源价值的增值。

(4)多样性(Diversity):在适应过程中,由于种种原因,个体之间的差别会发展与扩大,最终形成分化,这是 CAS 的一个显著特点。由于主体之间、层次之间及主体与环境之间的相互作用关系是非线性的,而且由这种关系导致的结构有可能是不稳定的,因此一个复杂适应系统必须是稳定的,有一种说法是"稳定者生存",而稳定性必须由多样性来保证。复杂适应系统是一个功能耦合网,因此任一主体在这个网中占据什么样的"生态位"完全由它与其他主体之间的相互作用即在这个网中它能行使的功能来决定。一个物种迁走或灭绝必然会暂时对生态系统产生一定程度的扰动,但多样性能保证有足够多的物种来争夺这个空缺的生态位从而在一番适应之后产生一个新的物种。新物种或许在细节上与旧物种有所不同,但在生态功能耦合网中所行使的功能却是相似的。这就是所谓的"趋同现象"。

(5)标识(Tagging):并非所有的主体都可以聚集在一起,只有那些为了完成共同功能的主体之间才存在这种聚集关系,这共同的功能需要赋予一种可以辨认的形式,该形式即是标识。标识如同战场上将自己的军队聚集在旗帜下的军旗,它是实行信息交流的关键,能够实现识别和选择的行为。为了相互识别和选择,个体的标识在个体与环境的相互作用中是非常重要的,因而无论在建模中,还是实际系统中,标识的功能与效率是必须认真考虑的因素。

(6)内部模型(Internal model):在 CAS 中不同层次的个体都有预期未来的能力,每个个体都是有复杂的内部机制的,对于整个系统来说,这就统称为内部模型。主体要适应环境就必须对外在的刺激做出适当的反应,而反应的方式由内在模式所决定。

内部模型，盖尔曼和皮亚杰均称之为 Schema（译为图式或格局），它实际上代表了主体对外在刺激的反应能力。皮亚杰[271-272]把传统的刺激→反应（S→R）公式改进为 S（A）R，其中 A 是刺激向某个反应格局的同化，他认为同化才是引起反应的根源。首先，主体把刺激纳入原有的格局（Schema）中并将其同化，由于同化作用，主体于是能对刺激做出反应。但是，同化不能使格局改变或创新，只有自我调节才能起这种作用。调节是指主体受到刺激或环境的作用而引起和促进原有模型的变化和创新以适应外界环境的过程。通过适应，同化和调节这两种活动达到相对平衡。但平衡状态又不是绝对静止的，一个较低水平的平衡状态，通过主体和环境之间的相互作用，就过渡到一个较高水平的平衡状态。平衡的这种连续不断的发展，实际上就是内部模型的发展和演替过程。霍兰在实际的建模过程中所遵循的思想方法与皮亚杰基本上保持了一致。

（7）积木块（Building block）：复杂系统常常是相对简单的一些部分通过改变组合方式而形成的。因此，事实上的复杂性往往不在于块的多少和大小，而在于原有构筑块的重新组合。在很多情况下，旧的内在模式常常扮演砖块的角色，通过重新组合而生成新的内在模式。比如一项新技术的发明并不是无中生有的，而常常是多项已有技术的重新组合。组合能否成功的关键是旧技术的功能能否实现耦合。霍兰认为，如果一个基因群有足够的统一性和稳定性，那么这个基因群通常就可作为更大的基因群的构筑块。

Holland 指出："同时具有这 7 种性质的，没有哪个系统不是复杂适应系统"。

3. 复杂适应系统的特性[268]

复杂适应系统不同于一般复杂系统的特点，也是它吸引大量研究者进行研究的原因是：

（1）系统具有明显的层次性，层与层间具有相对的独立性。层与层之间的直接关联作用少，各层的个体主要是与同一层次的个体进行交互。

（2）个体具有智能性、适应性、主动性：系统中的个体可以自动调整自身的状态、参数以适应环境，或与其他个体进行合作或竞争，争取最大的生存机会或利益，这种自发的协作和竞争正是自然界生物"适者生存、不适者淘汰"的根源。这同时也反映出 CAS 是一个基于个体的、不断演化 发展的演化系统，在这个演化过程中，个体的性能参数在变，个体的功能、属性在变，整个系统的功能、结构也产生了相应的变化。

（3）个体具有并发性：系统中的个体并行地对环境中的各种刺激做出反应，进行演化；个体与环境（包括个体之间）的相互影响，相互作用，是系统演变和进化的主要动力。以往的建模方法往往把个体本身的内部属性放在主要位置，而没有对于个体之间，以及个体与环境之间的相互作用给予足够的重视。这个特点使得 CAS 方法能够运用于个体本身属性极不相同，但是相互关系却有许多共同点的不同领域。

（4）在复杂适应系统的模型里还可引进随机因素的作用，使它具有更强的描述和表达能力。

以上这些特点使得 CAS 具有了许多与其他系统不同的功能和特点。目前，复杂适应系统理论被用于观察和研究各种不同领域的复杂系统，成为研究当代社会、经济、金融等复杂系统的一个有效手段。现实生活中，复杂适应系统是一类很常见、很普遍的复杂系统，许多系统都具有复杂适应系统的特点，特别是有人（适应能力主体）参与的系统，更是一种典型的复杂适应性系统。CAS 理论对于宏观与微观之间的联系，给出了新的认识角度——涌现。涌现是在微观主体进化的基础上,宏观系统在性能和结构上的突变。这种突变在以往的观念中是难以认识和控制的,也不是用统计等传统方法所能完全说明的,对于认识和解释经济、社会、生态、生物的许多现象和问题本质以启发,也为本书的研究提供了新思路。因此,要对这类具有人的智能性、主动性和适应性的复杂系统进行有效的研究,采用传统的方法显然已经不能真正反映事物的本质特性,所以说,复杂适应系统理论的提出对于解决社会、经济等复杂现象,具有重要的意义。[265][273]

第五节　涌现理论研究综述

一、历史回顾

涌现现象历来给人以神秘感,导致它长期被排除于科学研究的视野之外。贝塔朗菲最先冲破这一禁忌,把涌现概念引入系统科学,把描述涌现现象作为基本的系统问题。在 20 世纪五六十年代,系统理论的重要推动者布丁(K. E. Bouling)、克勒(W. Kōhler)等对涌现问题的工作主要是关于层级结构和次序的研究。其中特别值得注意的是人工科学的开拓者西蒙的工作,他于 1962 年发表的《复杂性的构造》[274]一文,多次使用了"涌现"一词,把它同复杂性、层次、系统演化联系起来,断言复杂结构是从进化中涌现出来的。对还原论与整体论的分析比较,对涌现与信息的关系的讨论,关于"整体大于部分之和"命题的阐述,西蒙都有相当深入的论述,超过同期大多数系统科学家。贝塔朗菲在代表作《一般系统论》一书中总结了这些人的工作,把一般系统论明确界定为关于整体性的科学,把整体性界定为一种"涌现的(Emergent)"性质,使涌现概念自此正式成为系统科学的术语,给出涌现性的基本表述。70 年代关于涌现问题的探索取得新的成果,切克兰德在他的著作中使用了涌现概念、涌现理论、涌现原则等术语,指出"系统思想建立在两组概念上,它们是涌现与等级体、通讯与控制"[275]。切克兰德的工作代表对涌现性的探索进入一个新水平。不过,同贝塔朗菲一样,切克兰德对涌现的论述仍然限于系统思想和方法论的讨论,没有可操作性内容。这个时期的术语"涌现"仍然没有上升为一个科学概念。客观世界广泛存在的自组织现象只能是系统演化中涌现出来的结果。所以 20 世纪七八十年代在欧洲勃兴的各种自组织理论,特别是普利高律的耗散结构论、哈肯的协同学和艾根的超循环论,尽管他们的代表性著作中没有明确使用"涌现"一词,但以涌现论取代还原论的方法论思想体现得十分明显。[276]

当前在涌现现象研究中高举大旗的是美国的圣菲(SFI)学派。可以说,这个研究所是为探讨涌现现象而建立的。进入 90 年代,他们旗帜鲜明地把涌现作为"圣菲主题"或"圣菲观点"之一加以强调[277]。把涌现与自组织、复杂性明确联系起来。1998 年涌现论的第一本专著《涌现——从混沌到有序》出版,1999 年又推出网上杂志《涌现》,标志着系统科学发展到一个新阶段。《涌现》一书系统总结了科学界几十年来关于涌现的研究成果,讨论了一类系统中涌现现象的科学描述,分三步(涌现——下几步,涌现——远景,涌现——更远的远景)对未来的研究做出规划。最重要的是,SFI 学者试图给涌现现象制定可操作的描述方法,建立符合现代科学规范的涌现理论,终于使涌现成为一个科学概念。

在国内,中国系统科学界对涌现的认识和研究较之国外还是有一定差距。钱学森较早的注意到了圣菲研究所的一些研究成果,较早理解涌现概念重要性的还有谭跃进等人,他们认为:“系统科学的产生与解释系统整体性的神秘直接相关”。基于对“涌现性”研究,系统科学提出认识系统整体性的关键,就是研究涌现现象和涌现性质,并提出围绕“涌现性”这个主题[278]来阐述系统学这个很有价值的设想。

二、涌现性及其特征[276][279]

在客观世界的各个领域,特别是生命、社会、思维领域,普遍存在这样一类现象:诸多部分一旦按照某种方式形成系统,就会产生出系统整体具有而部分或部分总和所不具有的属性、特征、行为、功能等,一旦把整体还原为互不相干的各部分,这些属性、特征、行为、功能便不复存在。系统科学把这种整体具有而部分不具有的东西,称为涌现性(Emergent Property)。从层次结构的角度看,涌现性是指那些高层次具有而还原到低层次就不复存在的属性、特征、行为、功能。当然,新质的涌现不一定都伴随层次的提升,同一层次上一种新结构取代原结构的演化也会伴随不同质的整体涌现性的兴替,但层次的提升必定伴随原层次所没有的新质的涌现。

非正式地说,有两种表述涌现性的基本方式。把对象系统看作既定的,考察它的整体与部分的关系和异同,给出的是构成论的表述。贝塔朗菲借用亚里士多德的著名命题“整体大于部分之和”来表述涌现性,就是一种构成沦的表述,得到学界普遍认同。从系统演化的观点考察涌现现象,得到的是涌现性的生成论表述。最简单的是霍兰的命题“涌现——多来自少”[280],复杂性科学家喜用命题“复杂来自简单”来表述,相信复杂性是随着事物的演化从简单性中涌现出来的。实际上,老子的著名命题“有生于无”,是对涌现性最古老也最深刻的生成论表述:整体或高层次具有的新性质产生于原本没有这种性质的低层次或部分。

上述界定的涌现概念基本属于系统论范畴,还不是系统学的定义。事实上,给涌现性以精确的甚至数学的定义是非常困难的,但不同系统中涌现现象是有共同特征的,对这些特征总结如下:

(1)涌现最为本质的特征是由小到大、由简入繁[273]。众多复杂事物都是从小而简单的事物中发展而来的,从而具有比原先简单事物更为复杂的特征:“复杂的行为并非出自复杂的基本结构,极为有趣的复杂行为是从极为简单的元素群中涌现出来的。”

(2)涌现现象的产生是由适应性主体在某种或多种毫不相关的简单规则的支配下产生的。这种简单规则在某种情况下会相当复杂,但我们完全可以将它简化为一种或多种的规则,这样使得我们在认识涌现现象时变得容易一些。

(3)整体大于部分之和。涌现是一种具有耦合性的前后关联的相互作用,是适应主体相互作用的结构。因此,整体行为远比各部分行为的总和更为复杂。主体间的相互作用是主体适应学习规则的表现,这种相互作用更多地充满了非线性作用,很难用简单的线性关系来表达。贝塔朗菲指出整体的那些只需把部分特性累加起来即可得到的特性不是涌现性,只有那些依赖于部分之间特定关系的特征,即所谓构成性特征,才是涌现性。

(4)霍兰提出[280]:“可识别的特征和模式是研究涌现的关键。只有那些可识别的和重复出现的现象,我才称其为涌现的。"为建立关于涌现的科学,他强调的正是涌现现象的可识别性和可重复性。整体的涌现性质无法从部分及其相互作用规则中预测出来,但只要条件具备涌现就应当发生,并且是可以识别的。

(5)涌现具有层次性。在所生成的既有结构的基础上,可以生成具有更多组织层次的生成结构。也就是说,一种相对简单的涌现可以生成更高层次的涌现[281],而且对更高层次涌现的认识会比相对简单或基础的涌现要容易一些。另一方面,涌现是复杂系统层级结构间整体宏观动态现象,特别是这样的现象在高层次具有的属性、特征、行为和功能一旦被还原到低层次就不复存在。

三、涌现性的来源

一切涌现现象归根结底是结构效应、组织效应,即系统的组成部分相互作用造成的效应[276]。

组分的相互作用有线性和非线性两种。线性相互作用产生的是低水平的、简单的、弱的涌现性,平庸的涌现性,很难引人注意。线性系统并非没有任何非加和的整体性,并不违背涌现论的基本原则:即使线性系统,它的整体功能也不是部分功能的简单相加,一般都有质的提升,至少整体功能在数量上不等于部分功能之和。但线性系统产生的涌现性太简单,以至于无需求助于涌现论就可以描述。这就是以研究线性系统为主的控制理论和运筹学用不上涌现概念的原因。非线性,特别是强非线性、本质非线性,是产生一切非平庸的涌现性的基本根源。霍兰甚至认为[280]:"只要考虑非线性相互作用,我们就能够把整体行为合法地还原为其部分的行为。"涌现现象本质上是非线性特性,只有用非线性相互作用才能给以深刻的说明。系统科学家之所以重视非线性科学,就是因为从非线性研究中可以获得深入理解涌现性的启示,能够从非线性科学中提炼涌现论的原理和概念。

自组织理论的一个基本结论说,动力学系统在演化到一定的分岔点时,面对彼此对称的多个可能前途,系统自身无法打破这种对称性,对称破缺选择要靠环境中的诱导者或偶然因素来实现。这种诱导者或偶然因素无疑也是系统涌现性的来源。

一个系统的整体涌现性还与它的外部环境有很大关系。环境提供形成整体涌现性必需的资源和约束条件,系统只有涌现出能够有效利用环境资源、适应环境约束的结构和属性,才能实际上产生出来并生存下去。

历史上富于系统观点和演化观点的科学家,从玻尔兹曼、维纳、西蒙到自组织理论家普利高津和哈肯,都坚持把涌现现象与信息联系起来思考。涌现不可能使世界的物质和能量有所增减,由于信息可以共享,可以增殖,因此涌现必定与信息有关。涌现现象给予人们的"神秘性"感觉,正是来源于信息的这种奇异特性。我们说世界是由简单到复杂不断演化的,复杂性的增加并不意味着物质、能量的增减,而是组织复杂性的变化,归根结底是信息的变化和增减。

以上是对涌现理论的一些基本综述。霍兰认为,涌现论的目标是建立一种概念框架,以便能够预测何时、何处出现涌现,出现什么样的涌现。苗东升认为系统思维就是遵循涌现论识物想事的思维方式[279]。因此,涌现论也为本书研究复杂性工程项目管理提供了一种全新的思路和范式,具有很强的理论指导意义。

第二章 基于涌现机理的工程项目界面协同管理框架

本书研究的工程项目系统是一个开放、动态的系统,其体系结构具有高复杂和高维度的特性,系统内部各种要素和单元表现出结构和层次的复杂性,它们相互之间以及与外界环境之间不断进行着物质、能量和信息的交换;另外,系统中的主体——各参与方是具有认知能力的适应性主体,系统的整体行为符合复杂系统的特性和机制,因此,复杂系统理论在工程项目及管理研究方面具有广阔的应用前景。本章根据系统科学的基本理论思想和特点,对工程项目系统以及工程项目系统的复杂适应性进行分析,并根据涌现机理建立一种协同的概念框架,以便能让系统的宏观整体行为由下而上、自然而然地涌现出来。

第一节 工程项目系统分析

一、系统相关概念描述

系统的概念来源于人类长期的社会实践,20 世纪 40 年代以后,人们的研究逐步具体化,虽然到目前为止还没有一个权威的统一定义,但通过对众多学者的观点归纳可以对系统做如下定义:系统是由某些相互联系的部件集合而成,这些部件可以是具体的物质,也可以是抽象的组织。它们在系统内彼此相互影响而构成系统的特征。由这些部件集合而成的系统的运行是有一定目标的。系统中部件及其结构的变化都可能影响和改变系统的特性。另外,系统一般具有整体性、相关性、结构性、动态性、目的性和环境适应性 6 个基本特征。[282-284]

任何一个系统都必须具备三个基本要素:系统结构(系统的诸部件及其属性)、系统的环境及其界限、系统的输入和输出(系统行为)。

1. 系统结构

系统结构是指构成系统的具有一定功能的元素(或子系统)及其相互关系的总称。元素和子系统是相应系统分解的结果,以元素还是子系统作为研究对象,需视系统结构的复杂程度及分析要求而定。元素与子系统的划分过程在结构分析中是一个不断反复进行的局部与整体关系的认识与调控过程,这一过程往往还应结合系统的环境分析进行。在以子系统及其相互关系作为研究对象时,子系统范围的确定必须遵循功能一致性原则,即子系统中的所有元素应从属于子系统功能,不从属于子系统功能的元素应排除于该子系统之外。

关系是元素(或子系统)之间的物质、能量、信息交换关系的总称,但这三种流不完全是相互独立的。例如,信息流就具有相应的物质流、能量流的派生性质。

2. 系统环境及界限

系统环境是存在于系统之外的可与系统发生直接或间接关系的所有系统的总称。所有系统都是在一定的外界环境条件下运行的，一般来说，环境影响系统的行为和目标，反过来，系统对环境也会产生反作用力。对于物质系统来说，划分系统与环境的界限很自然地可以由基本系统结构和系统的目标来有形的确定。在一定意义上，抽象系统界限的划分和确定主要取决于分析人员或决策者，因为不同的决策者或分析人员可能会采取不同的界限来划分系统的环境。

3. 系统行为

系统行为是系统的内在运行机理及其与环境进行物质、能量、信息交换的方式和规模，包括输入、转换、输出的全过程。系统行为能力可以用系统的输入、输出能力评价分析，这种分析首先建立在对系统构成进行完整描述的前提下，在此基础上做出系统的目的性研究，再经过分析比较后确定出系统在指定时空中的具体目标。一个理想的系统在目标或要求确定以后，系统的部件就可以通过一系列高效的转换和处理，得到系统所期望的输出。

如果用概念和符号构成一个抽象系统，则系统结构可用如图 2-1 所示的示意图表示。f 为外界扰动，ε 为误差信号。

二、系统基本概念的数学描述[285]

[定义 2.1] 系统 $Z(n)$ 是指由 n 个存在关联的部分 $e(1),\cdots,e(i),\cdots,e(n)$ 构成的整体，记为：

$$Z(n) = \{E(n), R_z^*\} \tag{2-1}$$

其中，$E(n) = \{e(i) \mid i = 1,2,\cdots,n; n \geqslant 2\}$，$R_z^*$ 表示部分 $e(1),\cdots,e(i),\cdots,e(n)$ 间存在的关联的集合，又称系统的软部。

对于系统 $Z(n)$：

(1) 行为 H_z 是指系统 $Z(n)$ 的某种外部活动或表现，所以 H_z 是系统内部状态 S_{in} 和系统输入 R 的函数，即：

$$H_z = \Psi_h(R, S_{in}) \tag{2-2}$$

(2) 系统状态 S_z 是指能够表征系统存在的状态，所以有：

$$S_z = \Psi_s(S, R, S_{in}) \tag{2-3}$$

其中，S 表示系统环境的状态。

[定义 2.2] 关系 $R_{ij}(t)$ 是指在时刻部分 $e(i)$ 对 $e(j)$ 的作用因子，部分 $e(i)$ 通过该作用因子对部分 $e(j)$ 产生作用，使得部分 $e(i)$ 和 $e(j)$ 产生一定的关联，如图 2-2 所示。因此，有在如下关系方程：

$$f[s_i(t), R_{ij}(t), s_j(t)] = 0 \tag{2-4}$$

其中，$s_i(t)$、$s_j(t)$ 分别表示在 t 时刻部分 $e(i)$ 和 $e(j)$ 的状态。

[定义 2.3] 设系统 $Z(n)$ 在 t 时刻具有如图 2-3 所示的 k 个关系

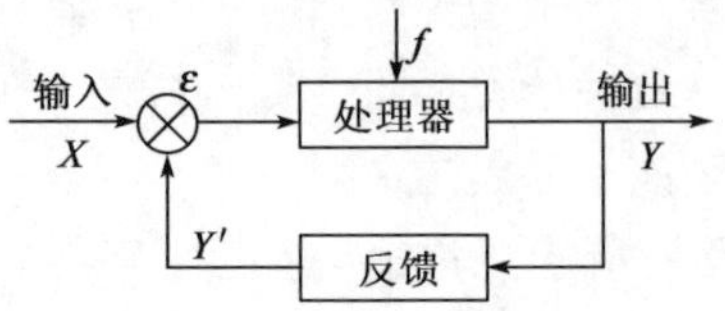

图 2-1 系统结构示意图[282]

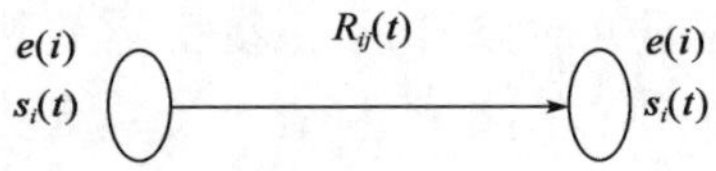

图 2-2 关系 $R_{ij}(t)$[285]

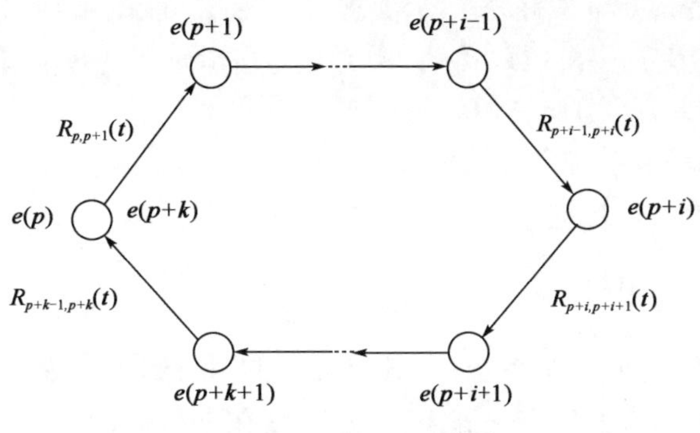

图 2-3　关系环 $Y(t)$[285]

$R_{p+i-1,p+i}(t)[i=1,2,\cdots,k,k\geqslant 2;e(p+k)\equiv e(p)]$，那么，关系 $R_{p+i-1,p+i}(t)[i=1,2,\cdots,k,k\geqslant 2;e(p+k)\equiv e(p)]$ 的集合称为关系环，记为：

$$Y(t)=\{E_0(k),R_0(t)\}$$

$$E_0(k)=\{e(i)\mid i=1,2,\cdots,k,k\geqslant 2;e(p+k)\equiv e(p)\}R(t)$$

$$=R_{p+i-1,p+i}(t)\mid f_{p+i-1,p+i}[s_{p+i-1}(t),R_{p+i-1,p+i}(t),s_{p+i}(t)]=0$$

$$i=1,2,\cdots,k,k\geqslant 2;e(p+k)\equiv e(p)$$

设系统 $Z(n)$ 在 t 时刻具有 θ 个不同的关系环 $Y_1(t),\cdots,Y_i(t),\cdots,Y_j(t),\cdots,Y_\theta(t)(Y_i\neq Y_j;i\neq j)$，那么，我们把 θ 称为系统 $Z(n)$的关系环数。

[定义 2.4]系统环境 $E(S)$是指与系统 $Z(n)$间存在关系的系统外部部分的集合。其中，$S\in B$，S 和 B 分别表示系统环境 $E(S)$的状态和状态空间。

根据系统环境 $E(S)$的定义，系统环境 $E(S)$与系统 $Z(n)$的“边界”是相对的。当扩大系统边界时，可以把部分环境包含在系统之中，成为系统的组成部分，甚至可以把系统边界扩大到把整个环境都包含在系统 $Z(n)$之中。这时，环境 $E(S)$为空集$\varnothing$。相反地，当缩小系统边界时，可以把系统的部分组成部分包含在环境之中，成为环境 $E(S)$的一部分。然而，在实际系统研究中，适当地确定系统边界具有重要意义，因为适当地确定系统边界可以简化系统问题，从而更有效地研究系统的运动及规律。一个基本原则是：划定系统边界使得只有环境 $E(S)$与系统 $Z(n)$间存在关系而系统 $Z(n)$与环境 $E(S)$间不存在关系或者系统 $Z(n)$与环境 $E(S)$间存在的关系可以忽略，如图 2-4 所示。其中，$R(t)$指系统环境 $E(S)$与系统 $Z(n)$间的关系。

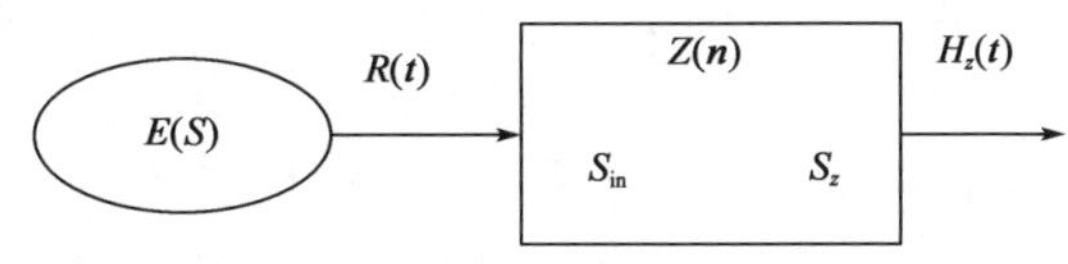

图 2-4　系统环境 $E(S)$与系统 $Z(n)$间的关系[285]

[定义 2.5]设在环境 $E(S)$中，系统 $Z(n)$在 t 时刻具有关系 $R_{ij}(t)(1\leqslant i,j\leqslant n;n\geqslant 2)$，那么，所有关系 $R_{ij}(t)(1\leqslant i,j\leqslant n;n\geqslant 2)$的集合称为系统结构，记为：

$$R_z(t)=\{R_{ij}(t)\mid f_{ij}[s_i(t),R_{ij}(t),s_j(t)]=0;1\leqslant i,j\leqslant n;n\geqslant 2\}\quad(2\text{-}5)$$

这样，我们可以把系统 $Z(n)$记为：

$$Z(n)=\{E(n),R_z(t)\}$$

$$E(n)=\{e(i)\mid i=1,2,\cdots,n;n\geqslant 2\}$$

$$R_z(t)=\{R_{ij}(t)\mid f_{ij}[s_i(t),R_{ij}(t),s_j(t)]=0;1\leqslant i,j\leqslant n;n\geqslant 2\}$$

根据上述系统结构定义可知,如果系统结构具有若干层次,那么,第 i 层次上的系统结构表示为:

$$R_{zi}(t) = R_{z(i-1)}(t) \cup R_{z(i-1)e(1)1}(t) \cup \cdots \cup R_{z(i-1)e(p)1}(t) \cdots \cup R_{z(i-1)e(m)1}(t); i = 1,2,3\cdots$$

$$R_{z(i-1)}(t) \subset R_{zi}(t), i = 1,2,3\cdots$$

其中,$R_{z(i-1)e(p)1}(t)$表示系统 $Z(n)$的第 $i-1$ 层次上的组成部分——子系统 $e(p)$ ($p=1,2,\cdots,m$)的第 l 层次上的子系统结构。

三、工程项目系统及系统分析

任何工程项目都可以看成一个系统,它具有鲜明的系统特征。在项目管理过程中,系统方法也是最重要,也是最基本的思想方法和工作方法,它在项目和项目管理的各个方面都体现出来[15]。本书从系统的角度研究工程项目系统的行为、系统结构和系统环境以及存在的诸界面。

(一)工程项目系统结构

工程项目系统结构是指工程项目系统具有的若干子系统、每个子系统所包含的具有一定功能的要素及其相互关系的总称,即各子系统、各要素之间相互联系、相互作用的方式和秩序,表现在各要素在时间、空间上的作用方式和作用关系。本书对工程项目系统的结构分析主要从两个子系统入手,即过程和行为子系统、组织子系统。

1. 工程项目过程与行为子系统

尽管工程项目的性质、类型和复杂程度可能千差万别,但它们都有相似的周期性,从工程项目构思开始到工程项目报废的全过程称为工程项目的全生命周期[286]。整个工程项目生命周期按包含的工作内容和实施时间又可划分为多个阶段,工程项目阶段的划分不尽相同,本书将工程项目的全生命周期划分为四个阶段,分别为决策阶段、设计与技术阶段、施工阶段和运营阶段。

(1)决策阶段。这一阶段主要进行项目的前期工作,包括项目机会研究、项目可行性研究、项目立项决策、项目融资、项目总体规划、概念设计等。该阶段以业主需求的形成和目标系统的确立为标志。

(2)设计与计划阶段。该阶段主要是依照业主提出的要求进行工程项目的设计,通常设计包括概念设计、设计方选择、基本设计、详细设计、施工合同准备和施工方选择等内容。本阶段是战略决策的具体化,它在很大程度上决定了项目实施成败及能否高效率地达到预期目标,该阶段以工程项目设计文档的完成以及施工组织计划和方案的形成为标志。

(3)施工阶段。施工阶段指的是按设计图纸和施工组织计划进行具体项目实施的阶段,是工程项目的物理实现,形成项目产品的过程,该阶段以工程项目的移交为标志。本阶段包括项目施工方选择、施工实施计划、基础施工、设备安装和竣工验收与试运行等。本阶段在项目全生命周期中工作量最大,投入的人力、物力、财力最多,项目管理的难度也最大。

(4)运营阶段。该阶段指工程项目从投入使用直至拆除的全过程,主要包括项目运营、项目维护与维修、项目后评价和项目拆除等内容。该阶段以项目的物理拆除为标志。

将工程项目周期划分阶段并不意味着这些阶段之间是相互分离的,恰恰相反,工程项目的各个阶段之间有着复杂的相互关系,各个阶段的工作内容存在交叉,各个阶段同属于一个系统,是不可分割的一个整体。

项目的设计、计划和控制不可能以整个笼统的项目为对象,而必须考虑各个部分、各个细节，考虑具体的工程活动。项目是由许多互相联系、互相影响、互相依赖的工程活动组成，这些活动之间存在各种各样的逻辑关系，构成一个有序的动态的工作过程。因此要对工程项目进行系统的结构分析，包括结构分解和界面分析等，相关内容的详细分析将在第三章展开。项目结构分析是一个渐进的过程，它随着项目目标设计、规划、详细设计和计划工作的进展逐渐细化，它是项目管理的基础工作，又是项目管理最得力的工具。

2. 项目组织子系统

项目组织是由项目的行为主体构成的系统。由于社会化大生产和专业化分工，一个项目的参与方可能有几个、几十个、甚至成百上千个，常见的有业主、咨询方、设计单位、施工承包商、专业分包商、监理单位、材料供应商、设备制造商、运营方以及上级主管部门、为项目提供融资的银行和信用机构、为项目提供保险的保险公司等。它们之间通过行政的或合同的关系连接形成一个庞大的组织体系，为了实现共同的项目目标承担着各自的项目任务。项目组织是一个目标明确、开放的、动态的、自我形成的组织系统。

（二）工程项目系统环境

工程项目的环境是指对工程项目有影响的所有外部因素的总和，它们构成项目的边界条件。现代工程项目都处在一个迅速变化的环境中，环境对工程项目有重大影响，它一方面决定着对项目的需求和项目的存在价值，另一方面又决定着项目的技术方案和实施方案，项目的实施过程就是项目与环境之间互相作用的过程。

工程项目系统的环境通常包括以下几个方面[15]：

（1）社会政治环境。包括政治局面的稳定性、政府能对本项目提供的服务以及与项目有关的政策，特别对项目有制约的政策，或向项目倾斜的政策等。

（2）社会经济环境。具体体现在以下几个方面：

①社会的发展状况，该国、当地、该城市处于一个什么样的发展阶段和发展水平。

②国家的财政状况，包括赤字和通货膨胀情况、国民经济计划的安排、国家重点投资发展的项目、领域、地区、国家的工业布局及经济结构等。

③国家及社会建设的资金来源，银行的货币供应能力和条件。

④市场情况，如项目所需材料、设备、劳动力、能源等的物价水平，当地建筑市场情况。

（3）社会的法律环境。工程项目在一定的法律环境中实施和运行，它适用项目所在地的法律，受它的制约和保护。法律环境具体体现在：

①该法律的完备性，法制是否健全，执法的严肃性，投资者能否得到法律的有效保护等。

②与项目有关的各项法律和法规，如合同法、建筑法、劳动保护法、税法、环境保护法外汇管制法等。

③国家的土地政策。

④对与本项目有关的税收、土地政策、货币政策等方面的优惠条件。

（4）自然条件。主要指可以供项目使用的各种自然资源的蕴藏情况、包括地形地貌地质情况等的自然地理状况和气候状况。

（5）项目基础设施、场地周围交通运输、通讯等情况。

（6）其他方面，如项目所在地人的文化素质、价值取向等社会人文方面，项目所需的劳动力和管理人员状况以及技术环境等。

(7)同类工程的资料,如相似工程的工期、成本、效率、存在问题、经验和教训。这对目标设计、可行性研究、计划和设计、控制有很大的作用。

环境对于项目及项目管理具有决定性的影响,因此在项目的决策、设计、计划和实施控制过程中,要充分利用环境条件带来的机会,降低环境风险对项目的干扰,认真研究和把握环境与项目的交互作用。

四、工程项目系统行为

从整个工程项目管理大过程来看,项目目标要求和业主期望为系统的总体输入,项目所需的原材料、设备、资金、劳动力、服务、信息、能源等为具体输入,经过一系列项目管理活动和过程的处理、转换,最终输出令业主满意的产品及其完备的使用功能。业主期望通过转换成一些相关需求问题来描述,经过全面、系统的管理、控制,最终实现工程项目的总体目标,完成产品的增值过程。工程项目的目标系统实质上是工程项目所要达到的最终状态的描述系统,是一系列目标的综合。项目管理采用目标管理方法,所以工程项目具有明确的目标系统,它是项目过程中的一条主线。

通过上述对工程项目系统的分析,可以得到工程项目系统的基本框架,如图2-5所示。

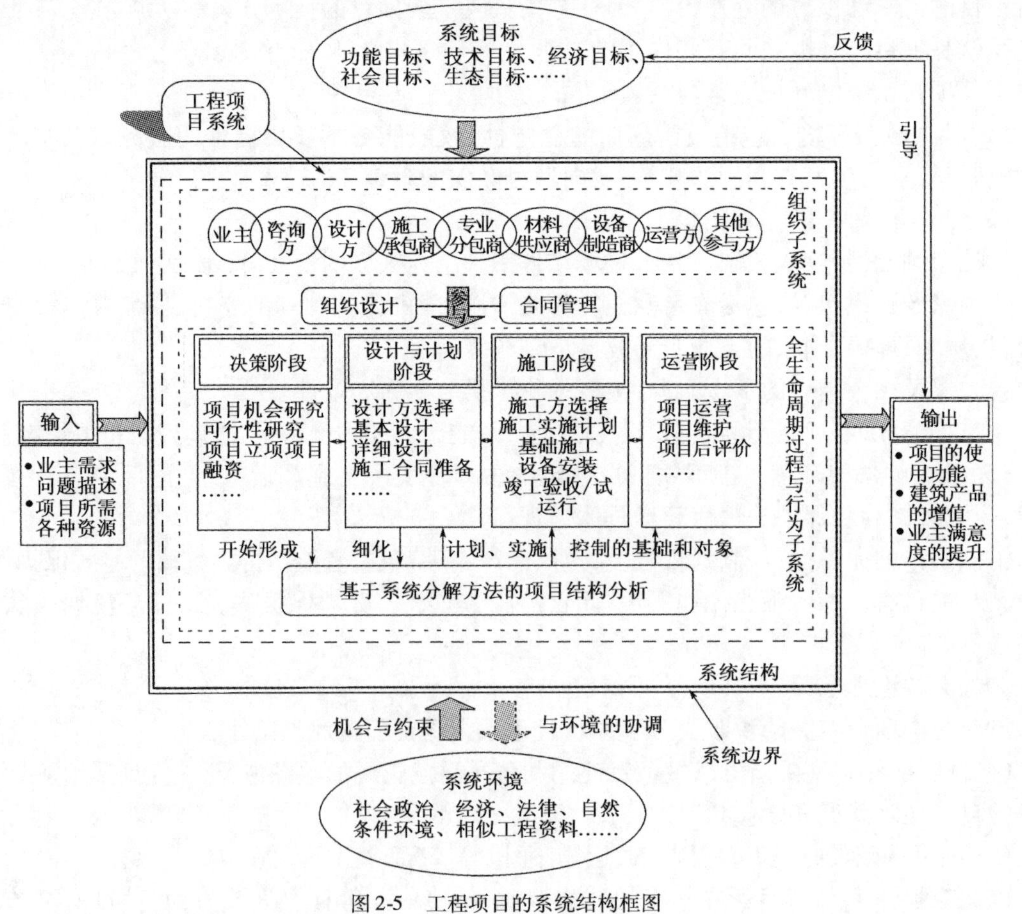

图2-5 工程项目的系统结构框图

第二节　工程项目系统的复杂适应性分析

由前面的分析可知,工程项目系统是一个具有多个子系统、多层次、多目标的社会技术系统。由于本书的研究对象是较一般工程复杂的工程项目,因此除了具备一般系统的特征外,还有其自身的复杂性特征。本节首先对其复杂性根源展开分析,然后运用复杂系统理论对工程项目系统的复杂适应性进行分析研究。

一、工程项目系统的复杂性根源

工程项目的系统复杂性因素可以分为内部和外部两个方面。外部复杂性,包括开放性和动态性,是系统复杂性得以发生的条件;内部复杂性,包括要素和结构复杂、组织关系复杂、信息复杂等构成了整个系统复杂性的根据。

(一)外部复杂性因素

一般来说,封闭的系统没有复杂性,复杂性必定源于开放的系统,因为开放系统与环境有着物质、能量、信息和知识的交换,系统开放的方式和程度,系统与环境相互作用的方式,都直接影响或规定着系统的复杂性。任何工程项目都是在一定的社会历史阶段,一定的时间和空间中存在的。在它的发展和实施过程中一直是作为社会大系统的一个子系统,与社会大系统的其他方面(即环境)有着各种联系,有直接的信息、材料、能源、资金的交换。

由于项目所在地的政治环境、法律环境、经济环境、国家政策、社会文化以及技术发展创新环境、气候等方面具有动态性,这些动态性通过层层关系造成了组织变革系统的不确定性,而不确定性是产生系统复杂性的重要原因。下面对环境的不确定性举例示之。

1. 项目所在地的政治法律环境的动态性

一个国家政治稳定程度对项目的各方面都会造成影响,而这个风险常常是难以估计、难以控制的,直接关系到工程的成败。例如每次海湾战争都给国际工程承包商带来巨大的损失。

2. 社会文化环境的动态性

比如网络社会的崛起对社会文化产生重要的影响,网络社会以一种不同于以往的方式进行着信息、能量、物质的交流,它对项目组织的价值观、世界观等都将产生不可忽视的影响。这些影响中存在的诸多不确定性提高了现代工程项目社会环境的复杂性程度。

3. 技术环境发展的动态性

随着知识经济时代的到来,全球经济中技术贡献率不断地提高,技术变化的日新月异早已成为共识。工程项目所包括或涉及的学科知识和技术种类也越来越多,施工技术和施工工艺要求越来越复杂,项目设备技术含量以及新工艺、新材料、新知识的要求越来越高。

环境是产生风险的根源,环境不确定性的增加导致项目实施过程中不可预见因素增多。在项目实施中,由于环境的不断变化,形成对项目的外部干扰,这些干扰会使项目的目标、项目的成果、项目的实施过程有很大的不确定性,所以风险管理的重点之一就是环境的不确定性和环境变化对项目的影响。

(二)内部复杂性因素

现代工程项目及管理的内部复杂性，主要是由以下因素引起的：

1. 工程项目层次与结构的复杂性

任何工程项目系统是由多个子系统、许多不同要素组合起来的，而各个子系统如组织系统、目标系统等又都可以按结构分解方法进行多级、多层次分解，得到子单元(或要素)，每个子单元需要进行描述和定义。现代工程项目建设工期长，投资规模不断扩大，尤其是基础设施项目的建设，因此其层次、结构更加繁多。一般认为，系统的层次越多，越容易产生复杂性。不同层次和子单元之间互相联系、互相影响，之间具有的各种物流、信息流和知识流的复杂联系，增加了工程项目管理内部的复杂性。整个项目是一个动态的渐进的过程，项目的各个系统在项目过程中都显示出动态特性。

2. 项目组织关系的复杂性

现代工程项目涉及的领域不断增加，不仅仅涉及土建和设备安装，还涉及到融资、自动控制、环境保护等其他专业领域，有成百上千个单位共同协作，由成千上万个在时间和空间上相互影响、制约的活动构成。项目工作要跨越多个组织，而且像高速公路、铁路、能源管道、引水工程等项目实施现场分布地域广阔，在项目生命周期的不同阶段和不同地域位置上可能需要不同的专家和组织，项目组织成员随相关项目任务的开始和结束进入和退出项目。因此项目组织的复杂性主要体现在如何将具有不同经历、来自不同组织的人员有机地协调、组织在一个临时性、一次性的组织内高速有效的工作，降低或消除项目组织的冲突。

项目组织协调大致包括项目组织内部的人际关系协调、项目组织内部的分工与配合关系协调以及项目管理所需的人力、资金、设备、材料、技术、信息等资源的供求关系协调。而且伴随着工程项目国际竞争的加剧以及国际合作项目的增多，参加者来自不同的国度，他们适应不同的社会制度、文化、法律背景，使用不同的语言，也增加了沟通的障碍和项目管理的复杂性。当然在项目管理的不同阶段，项目组织协调的内容和侧重点各不相同。

3. 项目目标要求的复杂性和动态性

现代工程项目的目标向工期、质量、成本、环境、卫生、安全、业主满意度等全方面、多目标的协同优化转变。伴随着全面质量管理在各行业中普遍实行，各行业的业主希望工程项目实施过程中也能采用这种方式以保证工程的质量，同时业主意识到价值并不仅意味着最低的工程价格，而应该是价格、工期和质量等指标的综合反映，是一个全面的度量标准；世界经济一体化增加了竞争的强度，业主需要在更短的时间内拥有工程设施。费用、时间、质量等越来越严格的约束条件间接增加了项目的复杂性。

由于环境不断变化，上层系统和业主对项目的要求也会变化，目标系统也是一个动态发展的过程，项目的目标系统在实施中也会产生变更，例如目标因素的增加、减少，指标水平的调整。这导致设计方案的变化、合同的变更、实施方案的调整。

4. 工程项目管理过程的信息复杂性

工程项目信息来源广泛，来自业主、设计单位、施工单位、材料供应单位及监理组织等内部各个部门，来自可行性研究、设计、施工招标、施工及保修等各个阶段中的各个环节、各个专业，以及质量控制、投资控制、进度控制、合同管理等各个方面。由于现代工程项目规模大、涉及面广、协作关系复杂，使得工程项目管理工作涉及大量的信息，针对某一事件产生的信息量较之以前有了级数的增长，而且信息的发生、加工及其应用在时空上具有不一致性。不同参与方之间、不同过程、环节之间的信息依赖度和相关度增加，直接导致信息需求方收集、分析信息工作的难度增加。

二、工程项目系统的复杂适应性分析

（一）工程项目系统的复杂适应系统特征描述

第一章综述已提及，适应性主体和 CAS 理论涉及到聚集、非线性、流、多样性 4 个特性和标识、内部模型、构件 3 个机制，这里不再详细阐述。并且 Holland 指出："同时具有这 7 种性质的，没有哪个系统不是复杂适应系统"[280]。通过对工程项目的系统分析和复杂性根源探析，已经可以看出本书所探讨的工程项目管理系统所具备的复杂适应系统性质和特征[32]。

1. 聚集

工程项目系统首先由一些具有智能性的主体组成。这些涉及到土建、设备安装、融资等专业领域的主体具有解释其所处的环境、预测其变化、并按预定目标采取行动的能力，它们通过"粘着"形成较大的所谓的多主体的聚集体——供应链组织，新的聚集体在新的更适宜自己生存的环境中得到发展，在系统中可以像单一个体般进行运动。

2. 标识

但并不是任意两个主体都可以聚集在一起，只有那些符合项目招标条件、有利于完成项目总体目标、具有合作文化的主体才存在这种聚集关系，这共同的目标要求、选择的条件和规则赋予一种可以辨认的形式，该形式即是标识。

3. 流和非线性

工程项目系统具有流和非线性特性。工程项目各主体之间、各个过程之间、主体和各层次与环境之间都存在着物质、能量和信息流，而且由于系统的复杂性，流的通畅度和周转的频度也很高。物质、能量和信息流的存在使得与系统的反复交互作用中，个体以及它们的属性发生变化，而且变化并非遵从简单的、被动的、单向的因果关系和线性关系，而是主动的适应关系，以往"历史"会留下痕迹，以往的"经验"会影响将来的行为，实际上是各种反馈相互影响、相互缠绕的复杂关系。

4. 多样性

工程项目系统中的多样性特征是很普遍的，比如项目目标的多样性、信息来源和形式的多样性等。现代工程项目的目标向工期、质量、成本、环境、卫生、安全、业主满意度等全方面、多目标的协同优化转变。由于工程项目信息涉及面广、周期长，其针对某一事件产生的信息量较之以前有了级数的增长，这样就必然加大了该信息的需要方获取信息、分析信息的难度。同时，不同参与方之间、不同过程之间的信息依赖度和相关度增加，也导致信息的复杂性增加。更为主要的是由于系统内部以及与环境之间的非线性作用使得工程项目管理的结果具有多样性和不稳定性。

5. 内在模式

工程项目系统的主体,即众多参与方如业主、咨询方、设计方、各类承包商、供应商、运营商等,都具有预知环境变化、调整自身行为的能力,主体在适应环境、对外在刺激做出反应时都有其独特的内部机制和决策模式,反应的方式由内在模式所决定,对于整个系统来说,这就统称为内部模型。

6. 构件

工程项目尤其是现代工程项目,由成千上万个在时间和空间上相互影响、制约的活动构成,这可以看成是由相对简单的一些部分即积木块通过改变组合方式而形成的。

通过以上分析可以断定:本书所研究的工程项目系统是一个由适应性主体构成的复杂适应系统。这一点也与国外有的学者的研究观点相吻合[287-288]。因此可以运用 CAS 的建模方法和模式对工程项目系统进行管理。

(二)复杂系统的结构建模方法

CAS 建模方法不像以往许多方法那样,把宏观和微观截然分开,而是把它们有机地联系起来。CAS 理论对于宏观与微观之间的联系,给出了新的认识角度——涌现,它通过主体和环境的相互作用,使得个体的变化成为整个系统的变化的基础,统一地加以考察。客观事物以及整个世界的发展趋势是多种多样的,既有从复杂到简单的“分解”趋势,也有从简单到复杂的“涌现”趋势,二者相反相成,此长彼消,构成丰富多彩、变化万千的大千世界,这种新的演化观正在得到越来越多的科学发现和支持。在对工程项目系统涌现的建模研究中,本书采取基于上述逻辑的有创造性的还原分析方法,基本分析过程如下[289]:

(1)分解过程,是基于整体部分关系的“从整体到局部”的分析过程。通常对整体的分解(分析)操作可以明确系统的组成要素及层次关系。这个过程首先是把整个问题域作为一个整体对象,一层一层向下分解,直到满足问题的求解要求为止。每分解出来的一个单元都是被分解单元的一个组成部分,被分解单元则是由分解出来的全部单元组成的整体。这个过程是一边分解、一边建立“整体部分关系”和“层次关系”,最下层将作为系统要素,最上层就是系统整体,中间各层的每个单元将是一个子系统。

(2)列举过程,是以目的关系作为基础的“从局部到整体”的分析过程。这个过程只注意哪些因素与问题有关,并把相关的所有因素列举出来。由于在列举过程中所注意的只是与问题有关的因素,而不考虑它们之间的某种特殊关系,所以得到的所有因素只构成“堆”,而不是系统。

(3)集结过程,也是基于整体部分关系的一种“从局部到整体”的分析过程。它是在列举过程的基础之上所进行的分析,把列举出来的所有因素作为系统要素从局部到整体一层一层向上集结,直到集结成一个整体为止。集结过程与列举过程配合可以得到“整体部分关系”,但不能得到“横向关系”。这个过程正好与分解过程相反。

(4)结构化过程,是基于横向影响关系的“从局部到整体”的分析过程,可以建立要素之间或子系统之间的“横向影响关系”。对分解或列举出来的要素,从局部开始建立要素之间的关系,直到发现所有要素之间的关系为止。这样就得到了一个具有一定结构的系统整体。

(5)扩大过程,是基于横向影响关系的一种“从局部到整体”的分析过程。这个过程从问题域中的任意一个已知要素开始，找出与这个要素具有影响关系的其他所有要素，再针对每一个找出来的要素进一步寻找各自相关的所有要素，依此类推一步步向外扩大直到问题相关的全部要素找出为止。这个过程的特点是一边建立关系，一边从环境中吸取要素扩大系统，过程结束之时既获得全部要素也获得全部关系，因而既明确了问题域的范围，也得到了完整的系统。

(6)分类与抽象过程，是基于相似关系的一种"从个别到一般"的抽象分析过程，它可以产生外延关系和抽象关系。对于分解过程、列举过程和扩大进程得到的所有要素，根据它们的共性进行分类，并加入基本类；进一步根据多个基本类的共性向上抽象，形成抽象类，直到形成一个最终抽象类为止，并同时得到一个统一的类体系结构。在这个体系中最下层的是个体概念，代表客观世界中的实体，上层的所有类代表主观世界中的抽象概念。

(7)分组过程，是基于目的关系的分析过程。在过程中按照各种目的的需要在系统中对要素进行分组，每一组加入一个目的结点代表这个组的目的。对所有目的结点继续进行分组形成高一级目的结点，代表高一层次的目的，直到获得最高层目的结点为止。这个过程可以获得目的体系，它反映解决问题的目的和子目的及其结构关系。

第三节　基于涌现机理的工程项目界面协同管理机制分析

把涌现现象作为关注的中心，有意识地以涌现概念整理思想，揭示和阐释涌现的特征、来源、意义、形成机理、演变规律、利用途径等，力求把握对象的整体涌现性，如此形成的一套新颖独特的理念、思路、方法，称之为涌现论。系统思维就是遵循涌现论识物想事的思维方式。

本书基于涌现机理，力求建立一种概念框架，探求工程项目管理系统整体涌现性的产生机制，以便能够发现、预测涌现性，使项目系统呈现出上层系统、业主等所需要的整体涌现性。

一、涌现机理及作用动因

第一章已经对涌现性的概念及特征进行了综述，本节不再详细阐述，重点对涌现机理及其作用动因进行分析。如前所述，整体涌现性即指整体具有而其组成部分以及部分之总和不具有的特性，一旦把整体还原为它的组分，这些特性便不复存在。事实上，涌现现象并非凭空出现的，它具有可以查寻的客观根源和能够用科学揭示的产生机制。概括而言，系统的整体涌现性来自系统的组分、结构和环境三方面，构材效应、规模效应、结构效应、环境效应四者共同造就系统的整体涌现性。[276-279]

1. 构材效应

既然系统是由元素或组分构成的，系统的整体涌现性归根结底来自它的元素或组分，这是涌现论的唯物主义根基。人们常以化学中的同分异构现象来论证整体涌现性与系统的组分无关，却忘记了在组分给定的情况下，单靠改变结构来产生新的化学性质的可能性极其有限。用氢原子和氧原子可以合成水分子，不能合成盐分子；用氯原子和钠原子可以合成盐分子，不能合成水分子。整体涌现特性必定受到组分特性的规定或制约，并非任意选取的组分都可以造就具有特定整体涌现性的系统，这叫作构材效应。

2. 规模效应

整体涌现性还与系统的规模有关,规模大小不同是造成不同整体涌现性的原因之一,称为规模效应。钱学森把系统划分为小系统、大系统巨系统、复杂巨系统几类,逻辑前提是对规模影响整体涌现性这一命题的确认。特别是从大系统到巨系统的变化,规模不同对整体涌现性的影响十分鲜明。所有复杂性研究家都承认足够的系统规模是产生复杂性的必要条件,组分不够多就无法由简单性涌现出复杂性。

3. 结构效应

组分的基质、材料、特性是产生整体涌现性的实在基础,但也仅仅提供了产生涌现的客观可能性,只有使不同组分相互作用、相互激发相互制约、相互补充,才能够把可能性变为现实性。在组分一定的情况下,组分之间不同方式的相互作用、相互激发、相互制约、相互补充,将产生不同的整体涌现性,这叫做结构效应。不同结构产生不同整体涌现性的事例比比皆是。化学的同分异构现象,物理学的超导现象,是自然界的两类典型事例,组分没有增减,仅仅改变原子或电子的微观组织方式,就呈现出截然不同的宏观整体特性。在具备了一定特征和数量的组分之后,组分之间的作用方式即成为整体涌现性的关键来源。

4. 环境效应

整体涌现性还与系统的环境有关,所谓环境塑造系统,指的就是塑造系统的整体涌现性,而非塑造那些加和整体性。环境提供形成整体涌现性必需的资源和约束条件,系统在跟环境的相互作用中获取资源,开拓生存空间,形成边界,建立同环境交换物质、能量、信息的渠道和方式,适应环境的约束,提高抗干扰能力等等,这些运作的结果都归结为形成系统特有的整体涌现性。系统只有涌现出能够有效利用环境资源、适应环境约束的结构和属性,才能实际上产生出来并生存下去。人们在社会生活中经常感受到,许多资源是个人无法得到的,只有集体或单位能够获取。推及一般系统,环境中的许多资源只有形成某种系统整体才能获取,只有形成适当的系统整体才能承受环境的约束和压力,环境的资源、约束、压力都是系统整体涌现性的重要来源。由于这个缘故,系统的整体涌现性总是带有环境的深刻烙印。

下面本书基于系统描述的数学公式对系统整体涌现性的来源和机理进行推导。如前所述,系统 $Z(n)=\{E(n), R_z^*\}$,$E(n)=\{e(i) \mid i=1,2,\cdots,n; n\geqslant 2\}$ 为 $Z(n)$ 的子系统,R_z^* 表示部分 $e(1),\cdots,e(i),\cdots,e(n)$ 间存在的关联的集合,$e(i)=\{E_i, R_{i(-i)}\}$ 且 e_i 满足 $\bigcup_{i=1}^{n} E_i = E(n)$。

系统的整体涌现性体现在 $\bigcup_{i=1}^{n} e(i) \subset Z(n)$,因此只有 $\bigcup_{i=1}^{n} R_i \subset R_z^*$,而这一点是成立的。

因为:

(1) $\bigcup_{i=1}^{n} R_i \neq R_z^*$。如果 $\bigcup_{i=1}^{n} R_i = R_z^*$,那么只有 $R_z^* = \varnothing, R_i = \varnothing (i=1,2,\cdots)$ 或者 $R_z^* \neq \varnothing$,但 $R_{ij}(e_i, e_j) = 0[e_i, e_j \in E(n), j \neq i]$,即任何两个子系统之间不存在相互关系。但是上述两种情况都与系统 $Z(n)=\{E(n), R_z^*\}$ 的定义相矛盾,由此,一般情况下有:$\bigcup_{i=1}^{n} R_i \neq R_z^*$。

(2)因为 $e(i)(i=1,2,\cdots,n)$ 为系统 $Z(n)$ 的子系统,对于任意子系统 $e(i) \subset Z(n)$ 均适用,所以 $\bigcup_{i=1}^{n} R_i \supset R_z^*$ 不成立。

由此可知，$\bigcup_{i=1}^{n} R_i \subset R_z^*$，进而 $\bigcup_{i=1}^{n} e(i) \subset Z(n)$。

由上述推理过程可知，系统的整体大于部分之和，其中大于部分是系统软部派生的部分之间的结构关系，而涌现现象和信息运动是同一问题的两个不同方面[290]，系统凭借信息运动来决定如何通过整合或组织它的部分以产生涌现，系统组分之间的结构关系代表着信息的类型和数量，因此信息才是涌现最后的根源和机制之所在。涌现的结果总是产生新质的信息，改变事物的信息结构，增加世界的信息总量。

涌现论揭示了整体信息与局部信息的辩证关系：整体信息不等于局部信息之和，而是在整合局部信息的基础上涌现出具有新质的信息，消除那些不合时宜的旧信息；另一方面，整体的新信息一经涌现出来，就会在每个局部中有所反映，使得处于整体中的局部不同于游离于整体之的局部。所以局部必定包含整体的信息，了解局部有助于了解整体。涌现论还认为，所谓部分包含整体信息并非指把整体信息简单分配给部分，整体信息多半是以各个特殊的方式曲折地反映于不同局部的，因而把部分信息加起来不可能得到整体信息。

二、基于涌现机理的协同管理机制分析——界面协同

一切涌现现象归根结底是系统组分相互作用造成的效应[276]。组分的相互作用有线性和非线性两种。线性相互作用产生的是低水平的、简单的、弱的涌现性，平庸的涌现性，很难引人注意，线性系统产生的涌现性太简单，以至于无需求助于涌现论就可以描述。非线性，特别是强非线性、本质非线性，是产生一切非平庸的涌现性的基本根源。霍兰甚至认为[280]："只要考虑非线性相互作用，我们就能够把整体行为合法地还原为其部分的行为。"涌现现象本质上是非线性特性，只有用非线性相互作用才能给以深刻的说明。

1. 协同的功能涌现效应

协同论指出：一个系统从无序向有序转化的关键是，在一定条件下，它的子系统之间通过非线性的相互作用就能够产生协同现象和相干效应，这个系统就能够在宏观上产生时间结构、空间结构或时空结构，形成一定功能的自组织结构，表现出新的有序状态。由于协同的非线性作用机制，因此能够产生系统整体的涌现现象，这点可通过下面的公式体现。

第一节已经对工程项目的系统结构进行了分析，设工程项目系统为 $Z(n)$，F 为经过协同作用后系统的新功能，$X_i, X_j, \cdots, X_n$ 为子系统所具有的功能，那么有：

$$F = \sum_{i=1}^{n} r_i X_i + \sum_{i=1}^{n} \sum_{j=1}^{n} r_{ij} X_i X_j + \sum_{i=1}^{n} \sum_{j=1}^{n} \sum_{k=1}^{n} r_{ijk} X_i X_j X_k + \cdots \tag{2-6}$$

其中，$\sum_{i=1}^{n} r_i X_i$ 表示原有子系统功能的简单叠加，体现了线性作用机制，不属于本书研究的涌现范畴，而 $\sum_{i=1}^{n}\sum_{j=1}^{n} r_{ij} X_i X_j (i \neq j)$，$\sum_{i=1}^{n}\sum_{j=1}^{n}\sum_{k=1}^{n} r_{ijk} X_i X_j X_k (i \neq j \neq k)$，…表示各子系统之间非线性协同作用产生的新功能，这些涌现出的新功能恰恰体现了协同的效应所在。各子系统内部要素之间的协同同样符合上述功能涌现规律。系统要涌现出部分没有而整体具有的新功能新性质，就必须使 $\sum_{i=1}^{n}\sum_{j=1}^{n} r_{ij} X_i X_j (i \neq j)$，$\sum_{i=1}^{n}\sum_{j=1}^{n}\sum_{k=1}^{n} r_{ijk} X_i X_j X_k (i \neq j \neq k)$，…各非线性项不同时为零，即必须进行相关子系统和要素之间的有效整合和协同管理。并且随着 X_i 本身的变化，以及 $\sum_{i=1}^{n}\sum_{j=1}^{n} r_{ij} X_i X_j (i \neq j)$，$\sum_{i=1}^{n}\sum_{j=1}^{n}\sum_{k=1}^{n} r_{ijk} X_i X_j X_k (i \neq j \neq k)$，…各项的变化，协同后系统的功能和性质也在不断

的变化,因此协同管理过程也是一种动态过程。

由公式 2-6 可以看出,F 中涌现功能的大小不仅与参与协同的 X_i、X_j、X_k、…即子系统和要素的数目有关,还与各项非线性相关作用系数 r_{ij}、r_{ijk}、…有关,这两者分别代表了系统要素参与协同的范围和协同的程度大小,因此,由协同导致的系统整体涌现性大小与协同的广度和深度有密切的关系,如图 2-6 所示[291]。

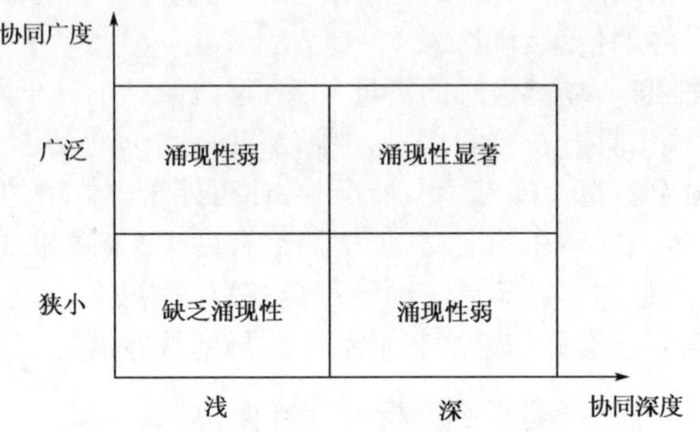

图 2-6　整体涌现性与协同的二维矩阵图

2. 基于涌现机理的工程项目管理系统界面协同模型

如前多次所述,本书所研究的工程项目系统是一类规模较大、复杂性较高的系统,具有多层次、多数量和多特征的项目单元和要素,已经具备了涌现现象发生的构材效应和规模效应,涌现现象发生应源于体现非线性作用的结构效应和环境效应两个方面。界面在工程项目中具有十分广泛的意义,项目的各类子系统,如目标子系统、组织子系统、行为子系统等之间、它们的系统单元之间,以及系统与环境之间都存在复杂的关系,这些复杂的关系即为界面。工程项目协同管理的非线性作用主要体现在这些界面上,因此各界面的协同管理促使了复杂性工程项目系统整体涌现性的产生,而信息增殖的涌现根源说明工程项目界面协同管理的全过程、全方面都必须建立在信息协同的基础上。据此,本书建立了如图 2-7 所示的基于界面协同的工程项目系统涌现模型。

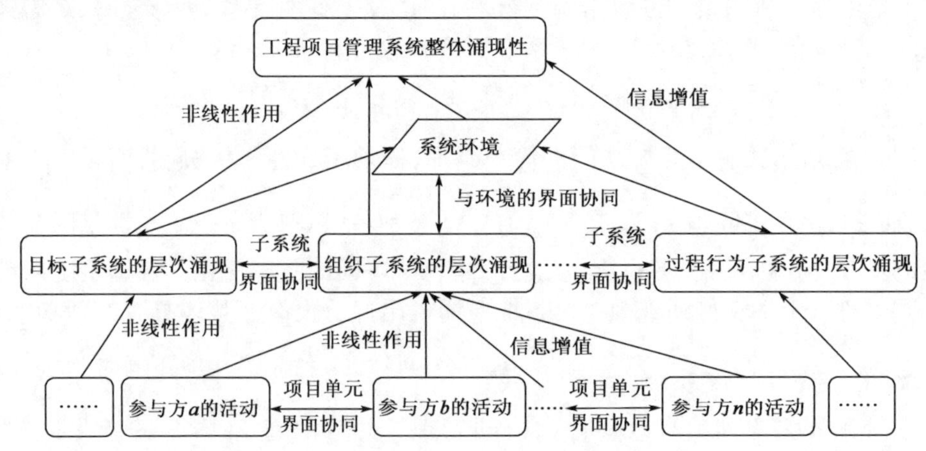

图 2-7　基于涌现机理的工程项目系统界面协同管理模型

工程项目系统的涌现现象是一个很复杂的过程，协同只是涌现机理结构效应中可能存在的多种作用形式中的一种，希望本书对工程项目协同机制的探索和尝试能为相关理论的研究起到抛砖引玉的作用。

第四节 基于涌现机理的工程项目界面协同管理总体思路与概念模型

如上所述可见协同管理是现代工程项目的需求和发展的产物，同时协同也是构造系统的一种理念，是解决复杂系统问题、提升系统整体功能的综合方法。下面首先对复杂性程度比较高的工程项目系统的协同管理总体思路进行分析，然后在此基础上建立工程项目协同管理的概念模型。

一、基于界面协同的工程项目协同管理的总体思路

协同概言之是指多个主体围绕一个共同目标相互作用、彼此协作而产生效益增值的过程。协同管理是一种通过对该系统中各子系统进行时间、空间和功能结构的协同与重组，产生一种远远大于各子系统之和的新的时间、空间和功能结构。本书对工程项目的协同管理以协同理论为主要理论依据，以涌现现象为目标导向，以总体性和抓"主要矛盾"为总体原则，以关键点的管理和界面的协同管理为研究重点。总体性就是指注重工程项目的总体目标、全生命周期、项目组成总体性和项目参与方的总体性。协同过程中的"主要矛盾"则是指影响整个项目实施的瓶颈环节、对项目全局产生较大影响的关键性环节，比如工程项目在实施过程中，由于项目的内外部环境千变万化导致某些环节受到人力、材料、设备、技术等资源的限制或人为的影响而成为主要矛盾。

书中引入"柔性界面"思想对复杂性工程项目系统进行界面协同优化。所谓柔性界面即将硬性界面软性化，增大界面的重叠量。界面协同本书由内到外从三个层面展开，即每个子系统内部的项目单元之间的界面协同、子系统之间的界面协同以及各子系统、各项目单元与系统环境间的界面协同，如图 2-8 所示[291]。

三个层面的协同过程均需要在协同任务和目标的导向下进行，这里的协同目标即为协同过程的主导逻辑。协同目标 O_i 及分解后的子指标通过相应的协同主体 A_i 即某些参与方，作用于工程项目的各工作过程和阶段 P_i 以及相应的子过程 P_{ij} 中；而不论是子系统之间的协同还是子系统内部项目单元之间的协同，都必须建立信息共享的基础上，具备协同的相关技术和工具以及协同的网络环境，实现资源的共享和协同优化。在系统内部要素协同的基础上，还要注意与环境的协调一致，在环境约束条件下充分利用环境蕴含的机会，处理好与环境的界面协同。

在界面协同的同时，还应特别重视对不同子系统内关键项目单元和环节的管理（即协同学中所说的序参量要素），协同好这些环节以及它们与非关键环节的关系，可以为整个项目的需求平衡创造条件，更好的实现项目的整体目标。

二、基于涌现机理的工程项目协同管理系统整体概念模型

上述对工程项目协同管理总体思路的分析表明,一个完整的工程项目协同管理系统应能解释如下问题:实现工程项目协同管理需要哪些条件,怎么样实现项目的协同管理?

本书基于图2-8总体思路所建立的复杂性工程项目协同管理系统(CPSMS, Construction Project Synergic Management System)(图2-9)回答了上述问题。该系统采用全局观念,在做出决策和计划并付诸实施时考虑各方面的联系和影响,把项目的各部分有机地结合在一起,保证一切目标、参与方、过程、活动、资源、信息等结合起来,按照计划形成一个协调运行的综合体,为业主在项目实施期的各项重大问题提供全面的决策信息,有助于项目整体目标的实现。

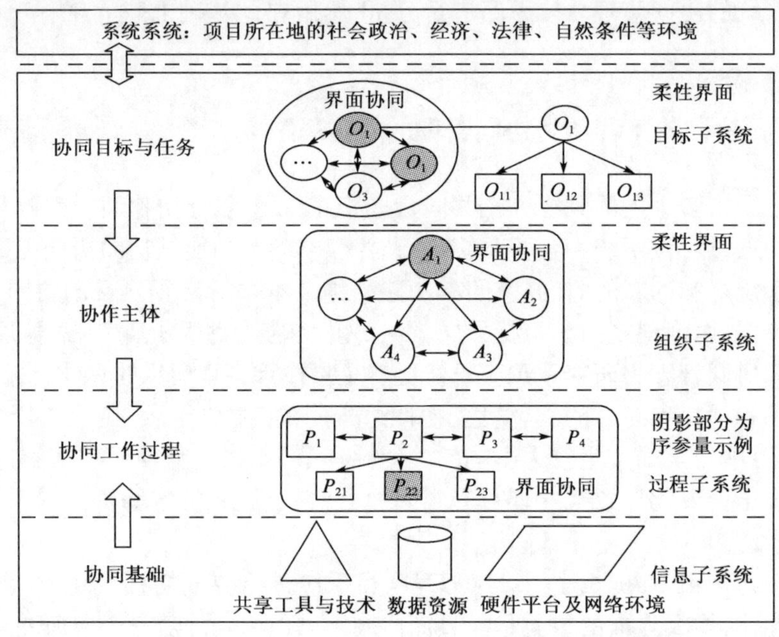

图2-8 基于柔性界面的复杂性工程项目协同管理总体思路

(一)子系统内部的协同管理

1.项目目标协同

项目的目标协同强调项目的总目标和长远目标,而不是局部优化,即从项目全生命周期角度出发,充分考虑项目运营期间的要求和可能存在的问题,实现全生命周期的质量、成本、功能等最优,甚至还包括整个上层系统(如地区、国家等)对项目的目标要求。目标系统的界面表现为目标因素之间在性质上、范围上的互相影响、相互依存,有的目标因素之间甚至存在冲突,目标系统的界面协同就是要处理好这些关系。

项目目标系统包含三个层次:系统目标、子目标和可执行目标。系统目标是对项目总体的概念上的确定,比如项目的功能目标、技术目标、经济目标、社会目标、生态目标等。子目标通常由系统目标导出或分解得到,它仅适用项目某一方面、对某一个子系统的限制。子目标可再分解为可执行的目标,它们决定了项目的详细构成。可执行目标以及更细的目标因素的分解,

一般在可行性研究以及技术设计和计划中形成、扩展、解释、量化，逐渐转变为与设计、实施相关的任务，经常与具体的设计或实施方案相联系。

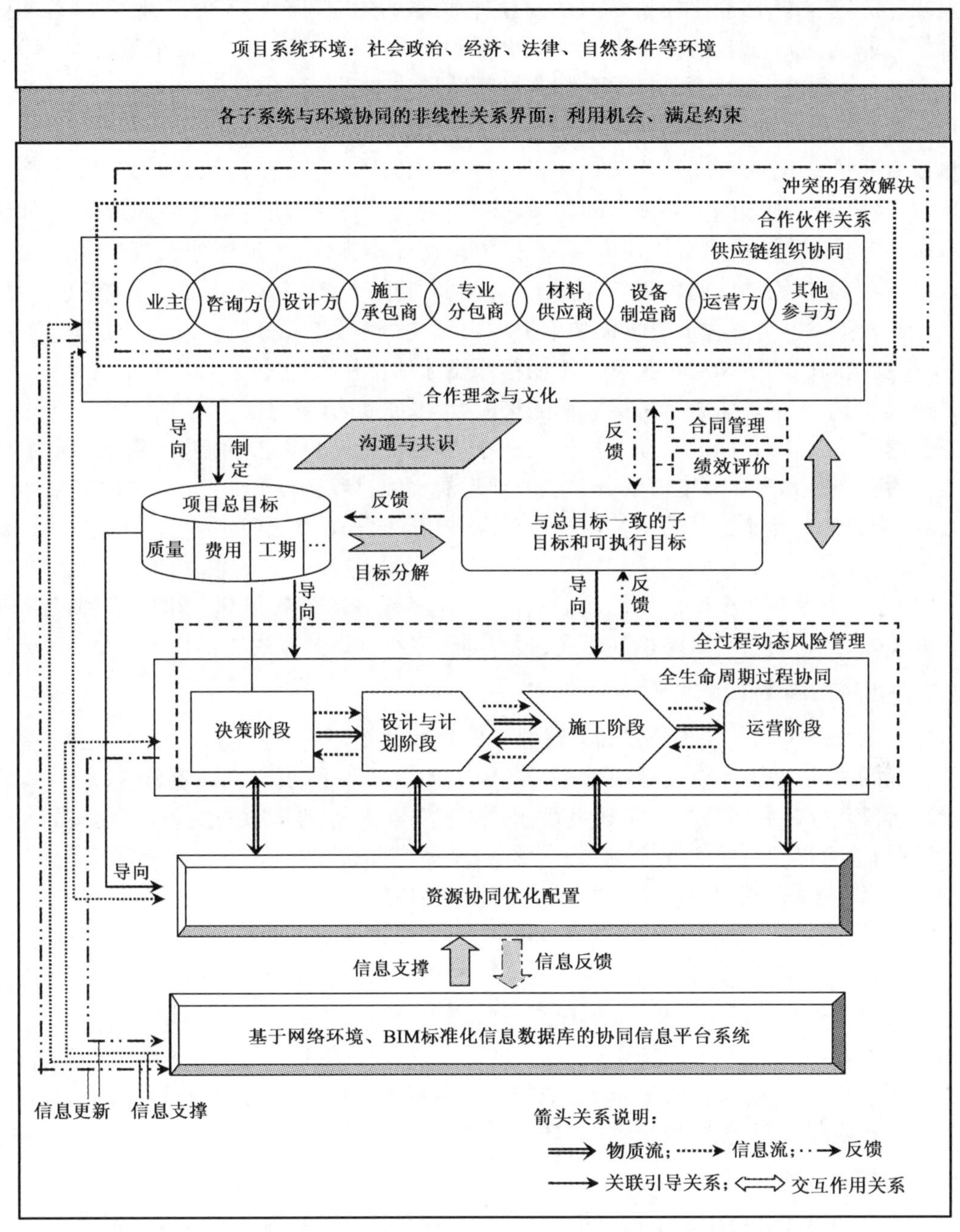

图2-9　促成涌现发生的复杂性工程项目界面协同管理系统（CPSMS）整体概念框架

2. 项目供应链组织协同

不同的参与方组成了工程项目的供应链，不同的参与方都自己的组织，有不同的目标、组织行为和处理问题的风格，它们之间有复杂的工作交往（工作流），信息交流和资源（如材料、设备和服务等）的交往，这些关系就构成了工程项目组织系统的界面。对组织系统的界面协同，应首先建立以联合协调项目组为中心的项目协同组织基础，以使各参与方能够从项目的全局出发相互协调合作，建立合作伙伴关系，而这种关系的建立需要相互信任、信守承诺、相互理解和合作的理念与文化的支持，需要对可能出现的冲突有效的解决。合同的签订实际上也是一种关键性的界面活动，组织责任的互相制衡就通过它来实现。

3. 项目全生命周期协同

将项目的整个生命周期，从决策到项目运行的全过程的各个阶段综合起来，主动地、积极地管理项目设计、计划和施工界面之间的关联和制约关系，形成项目全生命周期的协同管理。在项目阶段的界面上如由可行性研究到设计、由设计到招标、由招标到施工，以及由施工到运行的过渡，存在很多关键性的管理和控制工作，如前所述，处理好这些界面工作有利于系统整体涌现性的发生。这个过程的管理需要借助项目结构分解方法，将项目过程分解成明确的活动，明确相互之间的顺序和逻辑关系。比如错开设计计划和施工过程，加大它们之间界面的重叠量，按它们的相互关系建立有搭接关系的进度计划；加大相关施工活动的界面重叠量，形成相互搭接的施工计划，并通过合理安排施工顺序，使相似活动得以多次重复；简化工作活动，去除价值链活动中的冗余和非增值部分。工程项目的实施过程还需要土建、机械化施工、机电安装、材料供应等各个专业工种的交替进行或配合进行，因此还须处理好各工种的合理衔接，做好调度工作。

同时，在工程项目的全生命周期管理过程中，还要充分考虑项目建设中的各种风险，实行全过程的风险分析和控制，风险控制不当，很容易使系统向坏的涌现方向发展。

（二）内部各子系统间的协同

目标子系统与组织子系统的界面通过合同管理和绩效评价衔接。参与方的选择按照对实现项目目标的贡献，而不是仅用低报价进行各项工程招标和采购；合同的签订应以项目总体目标而不是阶段目标和局部目标的实现为目标。通过各参与方的沟通与共识，将总体目标进行分解，得到与总目标相一致的各参与方子目标和可执行目标、各施工阶段的子目标和可执行目标。项目的目标要求应可衡量，项目参与方都能得到相应的信息。

各参与方通过广泛介入项目各个过程和阶段，实现组织子系统与过程行为子系统的界面结合，比如联合协调项目组各参与方的专家都应参与计划的制定过程，在计划阶段明确项目所需的各种工程服务并指定人员负责；承包商、制造商、供货商的专家都参与设计过程，设计人员也应参加施工方案的制定，考虑施工可行性、施工方法、使用的技术设备等；所有参与方包括设计、施工、制造商和供应商，都明确施工进度安排，确定各进度期间所需的各种资源，在计划阶段即与供应商或制造商接洽，尽量实行 JIT 供应体系，节省大量工程成本。

（三）协同的支撑子系统

工程项目的协同管理体系不是一个孤立的管理体系，它的实施需要各方面的条件配合，需要基于统一信息平台系统的资源协同配置。

工程项目的不同实施阶段，不同参与方组织、单一组织内部的各个部门对资源的需求不同。项目组织内部需求关系协同的目的是解决各种资源的供求平衡和均衡配置问题，而要实现供求平衡和均衡配置，首先应该在项目的总体目标和整体资源约束条件下，编制各种资源的需求计划以及各参与方的供应计划,对各参与方的资源需求进行协同配置。各种资源供应计划既是资源的供应依据,也是供求关系是否平衡的评价标准。要注意资源协同计划在期限上的及时性、规格上的明确性、数量上的准确性、质量上的规定性,以充分发挥计划的指导性。

所有这些工作必须以信息协同为基础,这也是系统整体涌现性的最后根源。项目各阶段和各参与方充分的信息交流是保障工程项目协同管理系统顺利运行的基本条件。本书介绍的基于硬件平台、网络环境和 BIM 标准化数据的协同信息平台能很好的满足工程项目各参与方协同、全生命周期各阶段协同以及资源协同对信息条件的要求:能保证各阶段的工作成果和相关信息在项目全生命周期中保存、传递和共享;能为各参与方提供信息交流的平台,保证在项目生命周期的不同阶段的不同参与方之间的实时的或以电子文档、邮件为手段的间接的信息交流、讨论、决策和合作,从而最终达到降低成本、加快进度、保证质量、控制风险多方共赢的目的。

(四)与环境的协同

工程项目的各类系统(包括系统单元)与外界环境系统之间存在着复杂的界面。从总体上,项目所需要的资源、信息、资金、技术等都是通过界面输入的;项目向外界提供产品、服务、信息等也是通过界面输出的。为了取得项目的成功,项目组织不仅要获得上层系统的授权与支持,还必须与自然环境协调,与当地的交通、能源、水电供应、通信等各方面协调,和谐地融合于大系统中,以把来自环境的外部干扰减至最少。项目能否顺利达到预期的目标就在于项目与系统环境界面的啮合程度。

第三章 工程项目管理的目标协同及其协调度优化模型

项目管理成功关注的是项目控制目标的实现程度;项目成功关注的是整个项目价值的实现。工程项目尤其是复杂性工程项目其目标体系构成具有多指标、多层次性特点。从系统科学角度出发,这些目标组成了整个工程项目的目标系统❶,系统内每个目标子系统之间是相互关联和制约的,追求单一目标的最优会导致各子系统之间协调程度降低而产生负效应,降低目标系统的协调度和有序度。传统的基于质量、成本和时间三大控制已不能准确衡量项目的价值,基于项目利益相关者利益诉求的实现程度来衡量项目的价值\定义项目成功已成为现代项目管理一个新的研究视角[120],即认为项目价值的实现是以最优的资源配置,最大程度满足项目利益相关者利益诉求为基础。

第一节 工程项目协同管理的目标体系

工程项目的目标系统实质上是工程项目所要达到的最终状态的描述。由于项目管理采用目标管理方法,所以工程项目具有明确的目标系统,它是项目过程中的一条主线。

一、工程项目的目标体系

按照目标自身的结构,工程项目的目标体系由三个层次组成,即系统目标、子目标和可操作性目标。任何系统目标都可以分解为若干个子目标,子目标又可分解为可操作目标。

按照目标的层次和思维方式,工程项目尤其是对国民经济影响重大的大型、复杂性的工程项目,其全生命周期的目标体系可分为三大层面,如图 3-1 所示,即现实性思维层面(包括质量、费用、工期、资源等基本目标)、理性思维层面(指各方面满意的目标)和哲学性思维层面(包括与环境协调和可持续发展目标)[119],下面进行简单分析。

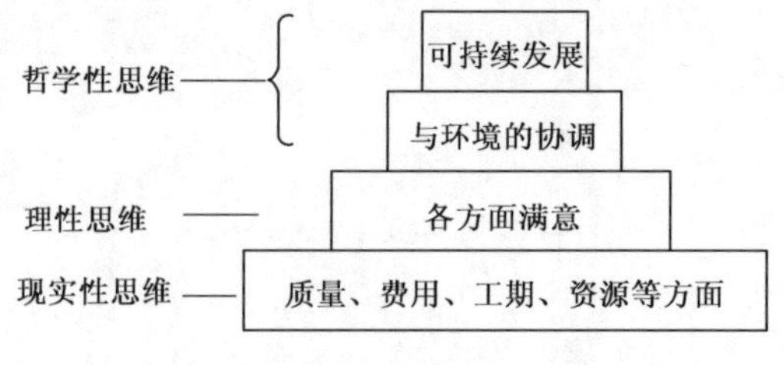

图 3-1 工程项目目标层次和思维方式[119]

❶从整个工程项目系统而言,项目目标系统为其一个子系统。由于本章主要研究工程项目的目标问题,为方便起见,下文暂将其称为目标系统。

(1)质量目标。全生命周期的质量目标追求工作质量、工程质量、最终项目功能、产品或服务质量的统一性,更着眼于工程技术系统的整体功能、技术标准、安全性等。其中设计质量包括设计工作质量、技术标准、可施工性等;工程施工质量包括材料质量、设备质量、施工质量体系、各分部工程质量、工程总体质量等;运营质量包括工程的使用功能、产品或服务质量、运营和服务的可靠性、运营的安全性、可维修性等。

(2)费用目标。全生命周期费用目标应综合考虑工程项目的全生命周期的相关的费用和收益,如建设总投资、运营(服务)成本、维护成本等。

(3)时间目标。对现代工程项目全生命周期管理,时间目标增加了许多新的内容,不仅包括建设期、投资回收期、维修或更新改造的周期等,还要考虑工程的设计寿命和服务寿命。

(4)项目的成功必须经过项目各参与成员的共同努力,没有各方面的满意则不可能有成功的项目。因此项目目标系统应包容各参与方的目标,体现各方面利益的平衡,使各方面满意,这样有利于团结协作,能够营造平等、信任、合作的气氛。如承包商和供应商的目标通常包括对工程价格、工期、企业形象、关系(信誉)等方面的期望。

(5)与环境相协调。与环境的全生命周期协调问题会在本书第四章第四节中有所研究,这里不再赘述。

(6)可持续发展。按照工程项目全生命周期的特殊性,它的自身可持续发展能力应包括如下内容:

①项目产品和服务功能具有稳定性和持续性,不仅能满足目前要求,而且也能符合未来需求。

②工程项目应能低成本地、便利地在功能、结构等方面更新。

③工程项目应能够为地区经济或国民经济发展提供持续的支持。

④具有防灾能力,包括有灾害的监测预报能力、灾害防御能力、灾害应急反应能力等。

二、工程项目多层次目标间的协同

工程项目的目标系统应是一个稳定的、均衡的、完整的目标体系,片面地过分地强调某一个目标(子目标),常常会牺牲或损害另一些目标。工程项目多目标协同的核心是强调整体性和一体化的整合思想,目的是为了最终实现工程项目管理活动的总体效率和效果的提高。具体体现在:

(1)一致性。在目标系统中,按照目标自身的结构,下一层次的目标要服从于上一层次的目标,上一层次的目标优先于下一层次的目标,即系统目标优先于子目标,子目标优先于可操作目标。

(2)完整性。项目目标因素之和应完整地反映上层系统对项目的要求,特别要保证强制性目标因素,所以项目通常是由多目标构成一个完整的系统。目标系统的缺陷会导致工程技术系统的缺陷、计划的失误和实施控制的困难。如前所述,现代复杂性工程项目应进行全生命周期的过程管理,因此其目标体系也应反映全生命周期的要求,不仅包括建设期的目标,也注重项目的运营目标。[15]

(3)均衡性。工程项目的全生命周期目标应达到所有参与方需求的均衡,能为大家接受并达成共识,还要特别注意工期、费用(成本、投资)、质量(功能)之间的平衡。在进行项目多目标协同管理的过程中,还应注意的一个问题是项目目标在项目全生命周期的不同阶段的优先性可能是不同的,如项目在决策阶段质量目标是主要考虑的目标,费用是项目实施阶段主要考虑的目标,而时间往往在项目后期逐渐显示出迫切性。另外,不同类型的项目对项目三个基本目标追求的努力程度也有所不同,特定情况下不得不为了追求某一目标而降低对另一目标的要求。

(4)动态性。目标系统有一个动态的发展过程,它是在项目目标设计、可行性研究、技术设计和计划中逐渐建立起来,并形成一个完整的目标保证体系;由于环境不断变化,上层系统对项目的要求也会变化,项目的目标系统在实施中也会产生变更,例如目标因素的增加、减少,指标水平的调整。这导致设计方案的变化、合同的变更、实施方案的调整。

三、工程项目利益相关者需求分析

CIDB(The Construction Industry Development Board)2008 年年报里指出参与方的满意度当成是建筑行业绩效的一个测量指标。很多文献指出利益相关者的满意对项目成功的重要性,如 Chinny Nzekwe-Excel[292]指出,为了保证业主的满意,需要识别项目其他参与方及他们的诉求。因此基于利益相关者理论,从利益相关者利益诉求出发,使利益相关者分析融入项目全生命周期内各个阶段,以最优的资源配置,最大程度满足项目利益相关者的需求是实现项目功能和价值的关键。分析流程如图 3-2 所示。

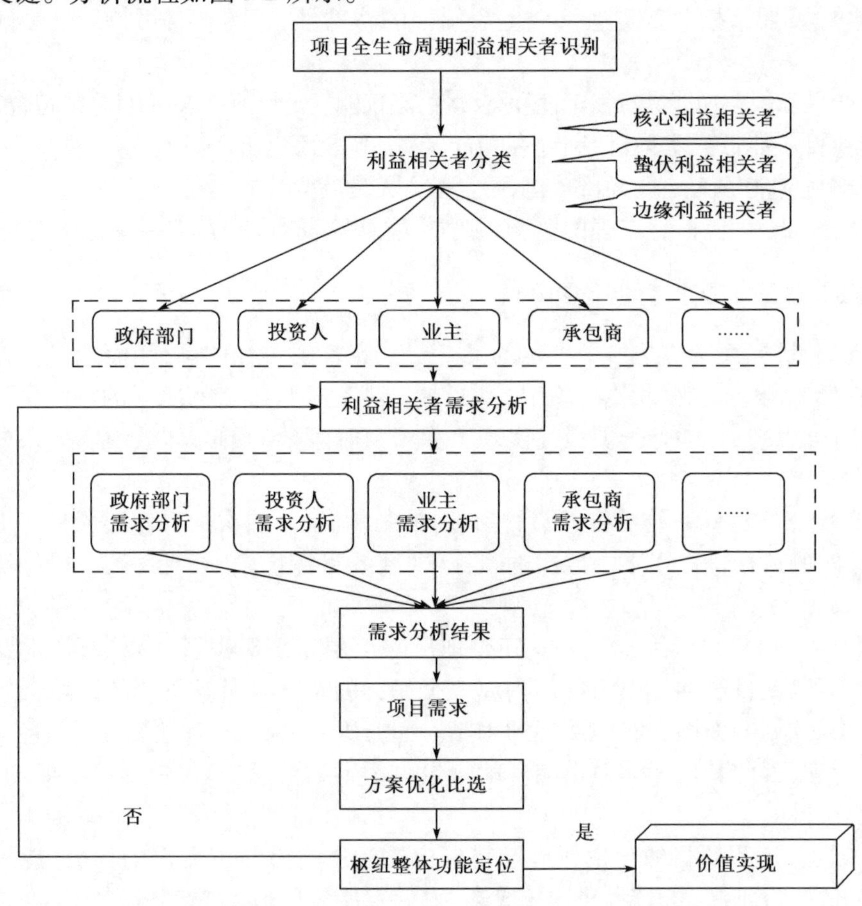

图 3-2　基于利益相关者理论的项目价值实现流程

(1)项目全生命周期阶段利益相关者识别

由于项目建设过程涉及的利益相关者范围广大,周期较长,变化频繁,为了准确确定项目整个生命周期内的所涉及的主要利益相关者,可依据项目全生命周期阶段的划分,确定出不同阶段内的主要利益相关者。

(2)利益相关者分类

不同的利益相关者对组织活动的影响力或受组织活动的结果的影响程度是不同的,因此需要对利益相关者进行分类识别以实施不同的管理策略,有针对性地运用组织资源去应对不同的利益相关者的需求,这对于组织目标的实现和组织绩效的改善都是至关重要的。

从利益相关者的主动性、利益相关者的重要性和利益相关者要求的紧急性三个维度对所识别出的利益相关者进行分类,以评分的方法将项目利益相关者分为核心利益相关者、蛰伏利益相关者、边缘利益相关者。

①核心利益相关者是项目不可或缺的群体,与项目有紧密地利害关系。

②蛰伏利益相关者往往已经与项目形成了较为密切的关系,所付出的专用性投资实际上使得他们承担着一定的风险。

③边缘利益相关者往往被动地受到项目的影响,他们的重要性程度很低,其实现利益要求的紧迫性也不强。

(3)利益相关者需求分析

根据利益相关者的分析和分类结果,依据规定的分析流程确定项目利益相关者的需求。需求分析的主要工作目的是确定利益相关者对项目的利益诉求内容。如何根据利益相关者对项目的利益诉求得出项目功能分析的关键在于利益相关者多利益诉求的均衡和整合,这也是由利益相关者需求分析向项目功能需求转变的关键。具体可参照第六章天津站案例进行分析。

第二节　工程项目多目标协同的协调度模型研究

复杂性工程项目管理的目标有很多,其主要指标如费用、工期、质量、环境、卫生、安全、业主满意度等之间存在协同关系,本节以费用、工期和质量三个主要控制目标和资源目标为主,进行定量的协同优化分析。其中工程项目的费用、工期和质量三大目标之间相互依存、相互制约,形成一个辩证的统一体。由于三者之间的耦合关系,因此这些目标在项目实践中很难达到完全的协调一致。如何使这些目标尽可能达到协调一致,即同时达到较短的工期、较低的费用和较高的质量,而且资源得到尽可能的均衡充分使用,是工程项目多目标优化的理想状态。

为研究工程项目管理的多目标协同优化,本书引入功效系数和协调度概念,根据工程项目各目标子系统的功效系数,建立工程项目目标系统的协调度函数模型。

一、系统的协调度模型

从协同学可知,系统走向有序的机理关键在于系统内部各子系统之间相互关联的“协同作用”,它左右着系统演化的特征和规律。系统协调度正是这种协同作用的度量,它决定了系统之间或系统组成要素之间在发展演化过程中彼此的和谐程度。下面对系统协调度函数进行定义[282][293-294]。

本书界定子系统的功效系数为子系统对系统有序度的贡献程度。考虑子系统 S_i，设其发展过程中的最大序参量变量，即子系统 S_i 的最大目标值为 $\max S_i$，最小序参量变量，即子系统 S_i 的最小目标值为 $\min S_i$，最优序参量变量，即子系统 S_i 的最优目标值为 $\mathrm{opt}S_i$。

[**定义 3.1**]正指标功效系数

子系统序参数变量越大，系统有序程度越高；其取值越小，系统的有序程度越低。$\mathrm{opt}S_i = \max S_i$，则功效系数，也即子系统对系统有序的贡献为：

$$U_{S_i} = \frac{S_i - \min S_i}{\max S_i - \min S_i}$$

显然，子系统 $U_{S_i} \in [0,1]$，S_i 序参数变量为 $\max S_i$ 时，对系统的贡献为 1，为 $\min S_i$ 时，对系统的贡献为 0。

[**定义 3.2**]负指标功效系数

子系统序参数变量越小，系统有序程度越高；其取值越大，系统的有序程度越低。$\mathrm{opt}S_i = \min S_i$，则功效系数，也即子系统对系统有序的贡献为：

$$U_{S_i} = \frac{\max S_i - S_i}{\max S_i - \min S_i}$$

$$U_{S_i} \in [0,1]$$

显然，子系统 S_i 序参数变量为 $\max S_i$ 时，对系统的贡献为 0，为 $\min S_i$ 时，对系统的贡献为 1。

[**定义 3.3**]适度功效系数

子系统序参数变量取一定数值时，系统有序程度最高。$\min S_i < \mathrm{opt}S_i < \max S_i$，功效系数，也即子系统对系统有序的贡献度为：

$$U_{S_i} = \frac{\max S_i - S_i}{\max S_i - \mathrm{opt}S_i}$$

或 $$U_{S_i} = \frac{S_i - \min S_i}{\mathrm{opt}S_i - \min S_i}$$

$$U_{S_i} \in [0,1]$$

显然，子系统 S_i 序参数变量为 $\mathrm{opt}S_i$ 时，对系统的贡献为 1，为 $\min S_i$ 或者 $\min S_i$ 时，对系统的贡献为 0。

[**定义 3.4**]系统整体的协调度

系统总体的协调度 Z 可以通过各子系统的功效系数求线性加权和或者几何平均得到，系统整体协调度的大小反映了系统的有序度水平：

$$Z = \sum_{i=1}^{n} w_i U_{S_i}$$

或者 $$Z = \prod_{i=1}^{n} U_{S_i}^{w_i}$$

其中 $$U_{S_i} \in [0,1], w_i \in [0,1]$$

二、工程项目工期、费用、质量和资源多目标协同的协调度模型

从系统科学角度出发,工程项目的多目标体系可以看成一个系统,系统又由工期子系统、费用子系统、质量子系统和资源控制子系统组成(其相互关系如图3-3所示),而这些子系统具有相对独立性并具有各自的特定功能和运行目标。这些子系统之间是相互作用、相互制约的耦合关系,片面的考虑其中的某一目标必将损害另一些目标,导致各子系统之间协调程度降低而产生负效应,降低系统的整体协调度和有序度水平。因此,项目目标系统协调度的提升是通过多目标协同优化来实现的。

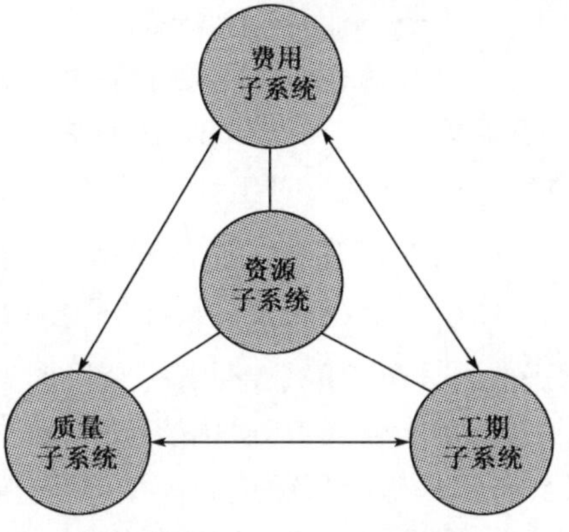

图3-3 工程项目目标子系统的关系示意图

(一)工程项目时间(进度)协同功效系数

工程正常工期为 T_n,看作系统稳定临界点的上限值,即:$T_n = \max T_k$。通过工程项目进度子系统不断优化得到一系列序参数值,将其中的最小值作为系统稳定临界点的下限值,$\mathrm{opt}T = \min T_k$,根据根据系统协调度的设计,工期指标具有负功效,其对系统有序度的功效为:

$$U_T = \frac{\max T_k - T_k}{\max T_k - \min T_k} = \frac{T_n - T_k}{T_n - \min T_k}, U_T \in [0,1]$$

式中:T_n——工程项目正常工期;

T_k——工程项目第 k 步迭代计算工期。

其中,第 k 迭代步骤项目工期 $T_k, T_k \in [\min T_k, \max T_k]$。可见,当 $T_k = \max T_k = T_n$,即优化工期等于原计划正常工期时,$U_T = 0$,此时保持原计划工期,对工程项目多目标优化的贡献为0。当 $T_k = \min T_k$,即优化工期等于优化后的最短极限工期时,$U_T = 1$,此时,进度控制子系统单目标达到最优,对工程项目多目标优化的贡献为1。

(二)工程项目费用协同功效系数

根据根据系统协调度的设计,费用指标也具有负功效,记费用子系统稳定临界点的上限值,即 $\max C_k$,通过工程项目费用子系统不断优化得到一系列序参数值,将其中的最小值作为系统稳定临界点的下限值,$\mathrm{opt}C_k = \min C_k$,则其对系统有序度的功效系数模型为:

$$U_C = \frac{\max C_k - C_k}{\max C_k - \min C_k}, U_C \in [0,1]$$

$$C_k = \sum_{1}^{m} [c_{n,ij} + \beta_{ij}(t_{n,ij} - t_{ij})] + \alpha_1(T_{\mathrm{pla}} - T_k) + \alpha_2 T_k$$

$$t_{c,ij} \leqslant t_{ij} \leqslant t_{n,ij}$$

式中:$c_{n,ij}$——ij 工序正常持续时间下的直接成本;

β_{ij}——ij 工序持续时间压缩时费用增加率;

$t_{n,ij}$——ij 工序的正常持续时间;

t_{ij}——ij 工序的当前持续时间；

$t_{c,ij}$——ij 工序的最短持续时间；

α_1——奖罚系数；

α_2——间接费用系数。

C_k 为第 k 迭代步骤项目费用。可见，当 $C_k = \max C_k$，$U_C = 0$，此时对工程项目多目标优化的贡献为0。当 $C_k = \min C_k$，即费用等于优化后的最小费用时，$U_C = 1$，此时，费用控制子系统单目标达到最优，对工程项目多目标优化的贡献为1。从而可根据上式优化工程项目费用。

（三）工程项目质量协同功效系数

在研究工程质量的量化时，为简便起见，假设单项工作的实际质量是实际持续时间的线性函数，且呈正比关系，即实际持续时间越短，实际质量越低。假定在正常的持续时间条件下，工作的质量能保证，其量化值为1，则小于正常持续时间下的工作质量为小于1大于0的百分数，在此基础上从而建立模型进行研究。

根据根据系统协调度的设计，工程质量指标具有正功效，工程正常工期对应的质量为 Q_n，看作系统稳定临界点的上限值，即：$Q_n = \max Q_k$。通过工程项目进度子系统不断优化得到一系列序参数值，将其中的工期最小值 T_k 对应的质量序参数值作为质量子系统稳定临界点的下限值 $\min Q_k$，则其对系统有序度的功效系数模型为：

$$U_Q = \frac{Q_k - \min Q_k}{\max Q_k - \min Q_k} = \frac{Q_k - \min Q_k}{Q_n - \min Q_k}, U_Q \in [0,1]$$

$$Q_k = \frac{1}{m}\sum_1^m q_{ij} = \frac{1}{m}\sum_1^m [1 - r_{ij}(t_{n,ij} - t_{ij})]$$

$$r_{ij} = \frac{1 - q_{c,ij}}{t_{n,ij} - t_{ij}}$$

式中：r_{ij}——ij 工序赶工质量降低变化率；

q_{ij}——ij 工序的质量；

$q_{c,ij}$——ij 工序最短持续时间的质量；

m——工序数；

$t_{n,ij}$——ij 工序的正常持续时间；

t_{ij}——ij 工序的当前持续时间。

Q_k 为第 k 迭代步骤项目质量。可见，当 $Q_k = \min Q_k$，$U_C = 0$，此时对工程项目多目标优化的贡献为0。当 $Q_k = \max Q_k$，即质量等于正常工期对应的质量对应的工期时，$U_C = 1$，此时，工期控制子系统单目标达到最优，对工程项目多目标优化的贡献为1。

（四）工程项目资源协同功效系数

在研究工程资源协同功效时，为简便起见，只研究一种资源的情形，在此基础上从而建立模型进行研究。

根据系统协调度的设计，工程资源均衡约束指标 σ_k^2 具有负功效，即方差值越低，资源使用的均衡性越好。工程正常工期对应的资源均衡方差为 σ_n^2，看作系统稳定临界点的上限值，即 $\sigma_n^2 = \max\sigma_k^2$。通过工程项目资源子系统不断优化得到一系列序参数值，将其中的最小值作为资源子系统稳定临界点的下限值 $\min\sigma_k^2$，则其对系统有序度的功效系数模型为：

$$U_{\sigma^2} = \frac{\max\sigma_k^2 - \sigma_k^2}{\max\sigma_k^2 - \min\sigma_k^2} = \frac{\sigma_n^2 - \sigma_k^2}{\sigma_n^2 - \min\sigma_k^2},\ U_{\sigma^2} \in [0,1]$$

$$\sigma_k^2 = \frac{1}{T_k}\sum_1^{T_k} R_t^2 - R_m^2$$

式中：R_t^2——t 时刻所需资源总和的平方值；

R_m^2——单位时刻所需平均资源的平方值。

（五）工程项目目标系统的协调度模型

工程项目目标系统的协调度大小与工期、质量、费用和资源子系统的功效系数密切相关，高协调度和有序度建立在这些目标子系统有效协同的基础上[295]，如图 3-4 所示。

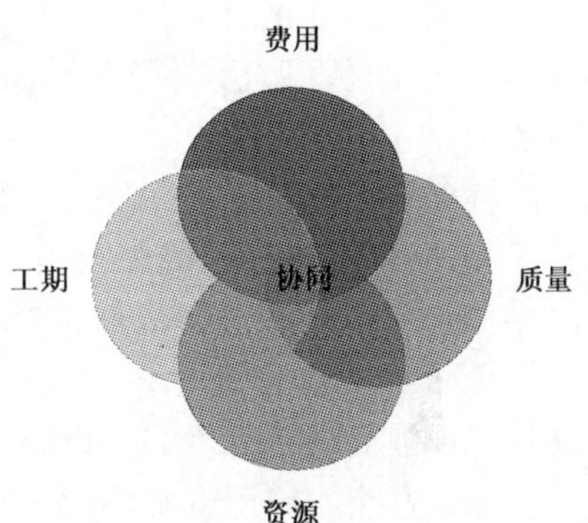

图 3-4　工期、费用、质量和资源多目标协同示意图

设 Z 为项目目标系统的协调度函数，则有如下的多目标规划模型：

$$\max Z = w_T U_T + w_Q U_Q + w_C U_C + w_{\sigma^2} U_{\sigma^2}$$

满足：

$$U_T = \frac{\max T_k - T_k}{\max T_k - \min T_k} = \frac{T_n - T_k}{T_n - \min T_k}$$

$$U_C = \frac{\max C_k - C_k}{\max C_k - \min C_k}$$

$$C_k = \sum_1^m [c_{n,ij} + \beta_{ij}(t_{n,ij} - t_{ij})] + \alpha_1(T_{\text{pla}} - T_k) + \alpha_2 T_k \quad U_{\sigma^2} = \frac{\sigma_n^2 - \sigma_k^2}{\sigma_n^2 - \min\sigma_k^2}$$

$$U_Q = \frac{Q_k - \min Q_k}{Q_n - \min Q_k}$$

$$\sigma_k^2 = \frac{1}{T_k}\sum_1^{T_k} R_t^2 - R_m^2$$

$$Q_k = \frac{1}{m}\sum_1^m q_{ij} = \frac{1}{m}\sum_1^m [1 - r_{ij}(t_{n,ij} - t_{ij})]$$

$$r_{ij} = \frac{1 - q_{c,ij}}{t_{n,ij} - t_{ij}}$$

$$t_{c,ij} \leqslant t_{ij} \leqslant t_{n,ij}$$

$$w_T + w_Q + w_C + w_{\sigma^2} = 1$$

其他参数意义同上。其中，权重系数可根据工程项目的具体情况，由专家打分确定。

第三节　基于微粒群算法的工程项目多目标协调度模型优化

同遗传算法相似，微粒群算法（Particle Swarm Optimization，简称 PSO）也是一种基于迭代的优化工具，与其他演化算法一样，能用于求解大多数优化问题，目前已经以用于多元函数的优化问题、人工神经网络的演化等方面。对工程项目工期、费用、质量等多目标协同优化问题，微粒群算法可以给出很好的解决。

一、微粒群算法概述

PSO是新近出现的一种仿生算法，最早是由Kennedy和Eberhart于1995年提出的，源于对鸟群捕食的行为研究，这些研究可以称为群体智能。通常单个自然生物并不是智能的，但是整个生物群体却表现出处理复杂问题的能力，群体智能就是这些团体行为在人工智能问题中的应用。微粒群优化最初是处理连续优化问题的，目前其应用已扩展到组合优化问题。由于其简单、有效的特点，已经得到了演化计算领域的学者们的广泛关注。以下根据文献[296-300]整理。

微粒群算法作为新近出现的一种仿生优化算法，它首先在优化目标函数的性态上没有特殊要求，甚至可以将传统优化方法无法表达的问题描述为目标函数，使算法应用更具广泛性。其次，由于PSO算法的随机搜索本质，它更不容易落入局部最优，同时，PSO基于适合度概率进化的特征，又保证了算法的快速性。因此，PSO算法对于复杂的、特别是多峰值的优化计算问题具有很强的优越性。另外，微粒群算法具有很强的工程背景。

PSO最直接的应用就是多元函数的优化问题。另外，还有一种更广泛的应用就是简单而有效地演化人工神经网络，不仅用于演化网络的权重，而且包括网络的结构。此外，PSO还在动态问题中得到应用。实际上，PSO与其他演化算法一样，能用于求解大多数优化问题，在这些领域中，最具潜力的有系统设计、多目标优化、分类、模式识别、信号处理、机器人技术应用、决策制定、模拟和证明等。与遗传算法比较，PSO的优势在于简单、容易实现同时又有深刻的智能背景，既适合科学研究，又特别适合工程应用。

（一）微粒群初始算法

Eberhart博士和kennedy博士最早模拟社会行为，受鸟群捕食行为的启发，提出了PSO初始算法版本。基本的PSO算法是在连续域中搜索一个数值函数的最小值的有力工具。

设想：一群鸟在随机搜索食物，在这个区域里只有一块食物。所有的鸟都不知道食物在那里，但是他们知道当前的位置离食物还有多远。那么找到食物的最优策略是什么呢？最简单有效的就是搜寻目前离食物最近的鸟的周围区域。PSO从这种模型中得到启示并用于解决优化问题。在PSO中，每个优化问题的解都是搜索空间中的一只鸟，我们称之为粒子。所有的微粒都有一个由被优化的函数决定的适应值（Fitness Value），每个粒子还有一个速度决定他们飞翔的方向和距离。然后粒子们就追随当前的最优粒子在解空间中搜索。PSO初始化为一群随机粒子（随机解）。然后通过迭代找到最优解。在每一次迭代中，粒子通过跟踪两个“极值”来更新自己，一个极值是粒子本身所找到的最优解，这个解叫做个体极值p_{best}；另一个极值是整个种群目前找到的最优解，这个极值是全局极值g_{best}。

PSO算法首先假设在一个D维的目标搜索空间中，有m个粒子组成一个群落，其中第i个粒子表示一个D维的向量$\vec{x}_i=(x_{i1},x_{i2},\cdots,x_{iD})$，$i=1,2,\cdots,m$，即第$i$个粒子在$D$维的搜索空间中的位置是$\vec{x}_i$。换言之，每个粒子的位置就是一个潜在的解。将$\vec{x}_i$代入一个目标函数就可以计算出其适应值，根据适应值的大小衡量$\vec{x}_i$的优劣。第i个粒子的飞行速度也是一个D维的向量，记为 $\vec{v}_i=(v_{i1},v_{i2},\cdots,v_{iD})$，$i=1,2,\cdots,m$。记第 i 个粒子迄今为止搜索到的最有位置为 $\vec{p}_i=(p_{i1},p_{i2},\cdots,p_{iD})$，$i=1,2,\cdots,m$，整个微粒群迄今为止搜索到的最有位置为 $\vec{p}_g=(p_{g1},p_{g2},\cdots,p_{gD})$，$i=1,2,\cdots,m$。

Eberhart 博士和 kennedy 博士最早提出的 PSO 算法采用下列公式对粒子操作，也即粒子将根据如下的公式来更新自己的速度和新的位置：

$$v_{iD}=v_{iD}+c_1rand(\quad)(p_{iD}-x_{iD})+c_2Rand(\quad)(p_{gD}-x_{iD}) \tag{3-1}$$

$$x_{iD}=x_{iD}+v_{iD} \tag{3-2}$$

式中： c_1,c_2——加速常数(Acceleration Constants)，通常 $c_1=c_2=2$；

rand( )、Rand( )——随机函数，值域为[0,1]；

v_i——微粒速度，而且 $v_i\leqslant v_{\max}$(设定最大速度，决定粒子在一个循环中最大的移动距离，通常设定为粒子的范围宽度)，如果 $v_{iD}>v_{\max,D}$，则限定 $v_{iD}=v_{\max,D}$。

另外，PSO 中并没有许多需要调节的参数，下面列出了这些参数以及经验设置：粒子数一般取 20～40。其实对于大部分的问题 10 个粒子已经足够可以取得好的结果，不过对于比较难的问题或者特定类别的问题，粒子数可以取到 100 或 200。对于粒子的长度，这是由优化问题决定，就是问题解的长度。而粒子的范围由优化问题决定，每一维度可设定不同的范围。中止条件可以按最大循环数以及最小错误要求确定。

（二）加入惯性权重改进的标准微粒群算法

如前所述，$V_{\max}$作为限定速度，可以控制微粒群的寻优能力。一个较大的速度可以加快全局探索(Global Exploration)，一个较小的速度则促进局部开发(Local Exploitation)。但是，究竟应该确定一个多大的 $V_{\max}$ 却不是一件容易的事。基于此，惯性权重(Inertia Weight)被引入控制开发与探索，从而减少了确定 $V_{\max}$的必要。于是迭代公式变为：

$$v_{iD}=wv_{iD}+c_1rand(\quad)(p_{iD}-x_{iD})+c_2Rand(\quad)(p_{gd}-x_{id}) \tag{3-3}$$

$$x_{iD}=x_{iD}+v_{iD} \tag{3-4}$$

引入惯性权重以后，当 $V_{\max}$增加时，就可以通过减小 w 达到全局和局部搜索能力的平衡，而 w 的减小可使所需要的迭代次数变少。于是，可以将 $V_{\max,D}$固定为每维变量的变化范围，只对 w 进行调节。正如早先研究开发的那样，w 可以设为随时间线性减少，从 0.9 到 0.4 递减。

二、基于微粒群算法的工程项目目标优化

在 MATLAB 环境中，微粒群中粒子及其速度我们都采用实数编码。粒子参数编码格式如图 3-5 所示，其中，*dimsize* 表示参数维度。粒子群编码格式参见图 3-6，其中 *popsize* 表示种群。

$X_1,X_2,X_3,\cdots,X_{dimsize}$	$V_1,V_2,V_3,\cdots,V_{dimsize}$	$F(X)$
粒子位置各维的表示	粒子速度各维的表示	适应度

图 3-5 粒子参数编码格式

$$pop=\begin{bmatrix} x_{11} & x_{12} & x_{13} & \cdots & x_{1,dimsize} & v_{11} & v_{12} & v_{13} & \cdots & v_{1,dimsize} & F(x_1) \\ x_{21} & x_{22} & x_{23} & \cdots & x_{2,dimsize} & v_{21} & v_{22} & v_{23} & \cdots & v_{2,dimsize} & F(x_2) \\ \cdots & \cdots & \cdots & \cdots & \cdots & \cdots & \cdots & \cdots & \cdots & \cdots & \cdots \\ x_{popsize,1} & x_{popsize,2} & x_{popsize,3} & \cdots & x_{popsize,dimsize} & v_{popsize,1} & v_{popsize,2} & v_{popsize,3} & \cdots & v_{popsize,dimsize} & F(x_{popsize}) \end{bmatrix}$$

图 3-6 微粒群编码格式化

对于加入惯性权重的标准 PSO 算法参数，一般给定学习因子 $c_1'=c_2'=0.5$，惯性权重 w 从 0.9 线性减少到 0.4，$v_{\max,D}$ 为第 D 维度粒子最大速度，也即搜索空间的宽度，根据实例确定算法微粒规模数。按照 PSO 流程应用 MATLAB 编程。

三、应用实例

1. 工程概况

为计算简便，本书以某大型水利工程的一子工程示例多目标协调度模型的优化过程。工程如图 3-7 所示，通过前期统计分析，建立了如表 3-1 所示的初始表（表格中 $t_{n,ij}$，$q_{n,ij}$，$t_{c,ij}$，$q_{c,ij}$，β_{ij} 分别表示各个工序的正常持续时间，正常持续时间下的质量，最短持续时间，最短持续时间下的质量，费用增加变化率），总工期与间接费用 C' 见表 3-20 业主要求工程施工单位按照工期、质量、费用、资源均衡协同优化的原则施工，且业主对工期、质量、费用、资源均衡个目标的偏好权重已知，为：$w=[w_T,w_Q,w_C,w_{\sigma^2}]=[0.2,0.3,0.15,0.35]$。求解该工程工期、质量、费用、资源最佳协同优化方案。

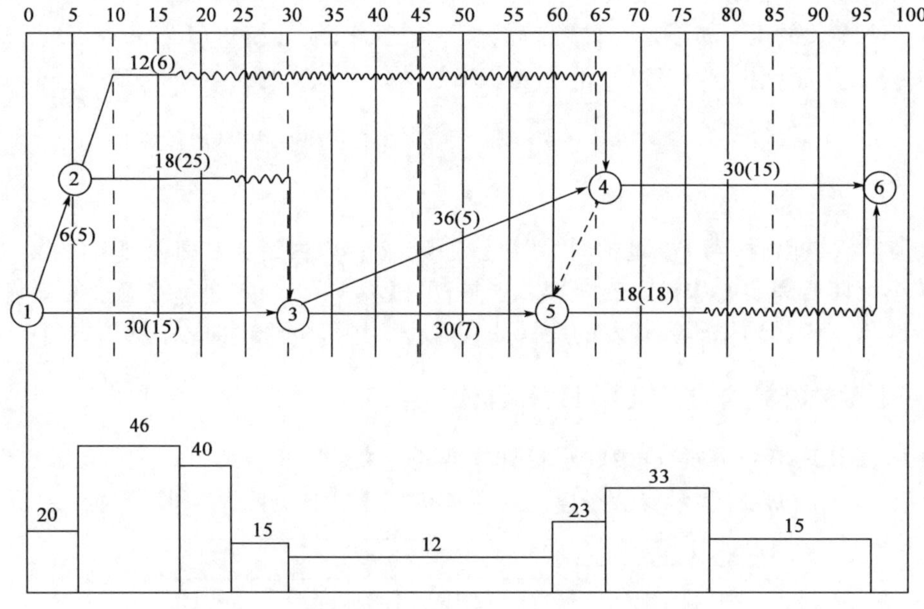

图 3-7 某子工程优化前期网络图

某子工程前期初始数据统计分析表 表3-1

工序		1－2	1－3	2－3	2－4	3－4	3－5	4－6	5－6
历时	$t_{n,ij}$	6	30	18	12	36	30	30	18
	$q_{n,ij}$	1	1	1	1	1	1	1	1
极限历时	$t_{c,ij}$	4	20	10	8	22	18	16	10
	$q_{c,ij}$	0.85	0.9	0.8	0.7	0.9	0.83	0.95	0.9
β_{ij}		250	100	125	125	143	58	57	62.5
资源		5	15	25	6	5	7	15	18
关键线路			*			*		*	

某子工程的总工期与间接费用 C' 表3-2

工期	55	60	65	70	75	80	85	90	95	100
费用	14640	15240	15480	16440	17040	18240	18440	18840	19840	20040

其中：$C_k = \sum_1^m [c_{n,ij} + \beta_{ij}(t_{n,ij} - t_{ij})] + C_k'$。

2.模型建立及优化

下面本书就将利用微粒群算法，求解该子工程多目标的协调度模型优化问题。

首先根据已知条件，由初始网络计划图可知，工程原计划为96d，总费用为73560元，工程原计划质量为1。平均资源需要量为：

$$R_m = \frac{1}{96}(20\times6+46\times12+40\times6+15\times6+12\times30+23\times6+33\times12+15\times18)$$

$$=22.56$$

从而计算得初始网络计划的方差为：

$$\sigma_k^2 = \frac{1}{T_k}\sum_1^{T_k} R_t^2 - R_m^2$$

$$= \frac{1}{96}(20^2\times6+46^2\times12+40^2\times6+15^2\times6+12^2\times30+23^2\times6+33^2\times12+15^2\times18) - 22.56^2 = 150.98$$

另外根据已知条件可知，该工程项目进度最短为极限工期下关键工序(1-3-4-6)持续时间为58d，也即项目进度子系统下限值为58；工程项目总工序在极限工期下对应的平均质量作为工程质量子系统的下限值：

$$Q_c = \frac{1}{8}(0.85+0.9+0.8+0.7+0.9+0.83+0.95+0.9) = 0.854$$

根据以上参数建立多目标的协调度优化模型如下：

$$\max Z = 0.2U_T + 0.3U_Q + 0.15U_C + 0.35U_{\sigma^2}$$

满足

$$U_T = \frac{T_n - T_k}{T_n - \min T_k} = \frac{96 - T_k}{96 - 58}$$

$$U_C = \frac{\max C_k - C_k}{\max C_k - \min C_k}$$

$$U_Q = \frac{Q_k - \min Q_k}{Q_n - \min Q_k} = \frac{Q_k - 0.854}{1 - 0.854}$$

$$U_{\sigma^2} = \frac{\max\sigma_k^2 - \sigma_k^2}{\max\sigma_k^2 - \min\sigma_k^2} = \frac{150.98 - \sigma_k^2}{150.98 - \min\sigma_k^2}$$

$$Q_k = \frac{1}{m}\sum_1^m q_{ij} = \frac{1}{m}\sum_1^m [1 - r_{ij}(t_{n,ij} - t_{ij})]$$

$$\sigma_k^2 = \frac{1}{T_k}\sum_1^{T_k} R_t^2 - R_m^2$$

$$r_{ij} = \frac{1 - q_{c,ij}}{t_{n,ij} - t_{ij}}$$

$$t_{c,ij} \leqslant t_{ij} \leqslant t_{n,ij}$$

式中：C'_k——第 k 步迭代项目间接费用。

其他参数意义同上。

对于 PSO 算法的参数，本实例给定学习因子为 $C_1 = C_2 = 0.5$，惯性权重从 0.9 线性减少到 0.4，$v_{\max}$为搜索空间的宽度，算法微粒规模数为 100。应用 MATLAB 编程初始方案对应的粒子族群为：

$$x_0 = (t_{n,12}, t_{n,13}, t_{n,23}, t_{n,24}, t_{n,34}, t_{n,35}, t_{n,46}, t_{n,56}) = (6,30,18,12,36,30,30,18)$$

$$v_0 = (v_{1,0}, v_{2,0}, v_{3,0}, v_{4,0}, v_{5,0}, v_{6,0}, v_{7,0}, v_{8,0})$$

同时设定各个维度位移的范围满足约束条件。各维度粒子的速度也不能超过各自的最大速度。如果超过最大速度，则设定为最大速度。最大速度是为了保证该粒子（每种投资的权重）不要飞出粒子问题域。同时要根据编程的具体需要来确定其各粒子的速度的最大速度。初始化后，分别计算方案对应的工程工期的功效系数，工程费用的功效系数，工程资源均衡约束功效系数，工程质量的功效系数，计算目标协调度函数值，然后用目标协调度值来评价各例子，得出当前的 $p_{iD}(i = 1, \cdots, 100)$ 与 p_{gD}。接着更新粒子，然后如此重复。直到满足停止条件。停止条件为最大循环次数或者达到最优值的循环次数。

应用 MATLAB 编程，循环 1000 次，求得最优方案为：工程工期为 78d，总费用为 72560 元，工程质量为98.8%，工程资源均衡约束指标 σ_k^2 为139.8，工程工期的功效系数为0.47，工程费用的功效系数为 1.0，工程资源均衡约束功效系数为 0.29，工程质量的功效系数为 0.92，四个子目标协同度为 0.76，工程项目多目标协同程度较好。方案的时标网络及资源调整如图 3-8 所示。

表 3-3 为微粒群算法求解多目标协同过程中的几个方案，通过方案对比可以看出，本项目最优方案 3，工程工期的功效系数为 0.47，方案 6 的工期功效系数为 1，方案 5 的工期功效系数也为 0.89，都远大于方案 1；方案 3 的工程资源均衡约束功效系数为 0.29，远小于方案 6 的工期功效系数 1；工程质量的功效系数为 0.92，而方案 2 的质量功效系数为 0.97，相比也有差距，但是方案 3 四个子目标协同度为 0.76，该方案协调度最高，为最满意方案。而工期最短的方案 6，质量最高的方案 1 都不是最佳方案，这点证明了，片面的考虑系统中的某一目标为整体目标将削弱多目标协同优化的最后结果，即追求任一单目标最优的方案都不一定是最优方案。在工程项目的多目标优化中，我们要追求多目标的协同优化，追求系统整体协调度最优，而绝

不是单一某一目标的最优。

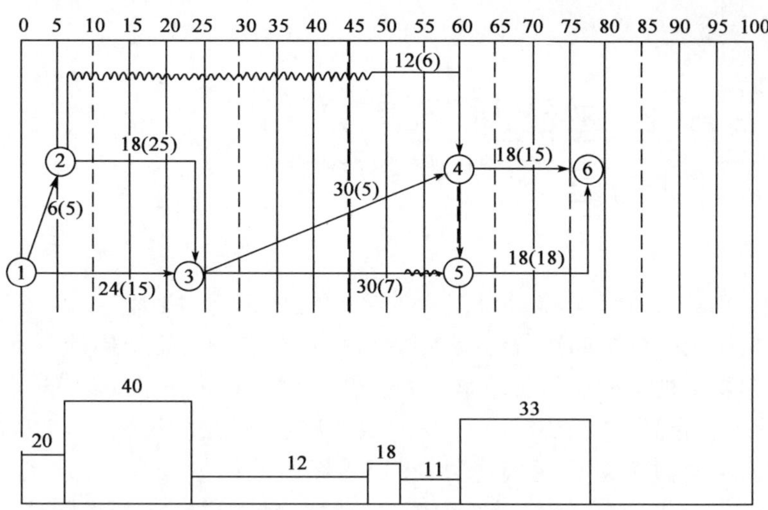

图 3-8 某子工程优化的网络计划图

不同方案系统协调度比较表

表 3-3

方案	工期	费用	资源	质量	U_T	U_C	$U_{\sigma 2}$	U_Q	Z
1	96	73560	150.98	100	0.00	0.25	0.00	1.00	0.43
2	84	72820	134.9	99.5	0.32	0.81	0.42	0.97	0.71
3	78	72560	139.8	98.8	0.47	1.00	0.29	0.92	0.76
4	76	72660	139.6	98.5	0.53	0.93	0.29	0.90	0.74
5	62	73840	113.9	95.6	0.89	0.04	0.96	0.70	0.58
6	58	73900	112.3	93.8	1.00	0.00	1.00	0.58	0.55

3. 结论

本书将微粒群算法引入工程项目多目标协同优化领域，并且通过一个优化实例进行说明。应用实例运算结果表明，微粒群算法可以准确而且简单的解决工程优化问题的多目标问题，对工程项目的多目标优化问题具有创新性的实际意义。

第四章 工程项目全生命周期过程界面协同管理方法研究

工程项目的协同目标和任务通过协作主体——各参与方作用于各个过程(图 2-8),因此可以说过程界面协同是目标协同实现的载体和过程,它建立在信息协同的基础上。本章将对工程项目尤其针对复杂性工程项目管理系统中过程子系统界面间的协同展开论述。

首先将建立全生命周期过程协同的总体模型,并试图利用过程建模工具 Petri 网对工程项目的全生命周期及各个过程进行建模;然后将对界面协同程度较高的 DB 模式、PMC 模式、BOT、IPD 模式等进行分析;本章还将对工程项目全过程动态风险管理进行研究,并对全生命周期各阶段与环境的相互交互、协调适应关系进行分析。

第一节 工程项目管理的全生命周期过程协同的总体模型

一、全生命周期过程协同概述

(一)全生命周期过程协同的必要性分析

传统工程项目的全过程有着明显的阶段性。工程项目的建设方式是按照专业划分的,各专业在物理上相互分隔,或按工程项目全生命周期的不同阶段划分。由于专业所限,或跨越不同的时段,或实施方不同,上下游阶段之间缺乏协同,导致管理的不连续性。而且项目缺乏全生命周期统一的整体目标,工程在进行项目定义和经济评估时,虽然也会考虑物业运营及维护费用,但其考虑的重点是一次性建造费用;在项目施工阶段,其投资控制目标是一次性建造费用不超过计划投资;到了运营阶段,对运营及维护费用的控制相对处于一种被动状态,不能主动地通过影响工程项目的决策和实施,达到项目目标的优化。

工程项目的投资目标在项目全生命周期的不同阶段,对项目费用影响的可能性有所不同。工程项目管理实践表明,运营及维护费用占项目全生命周期费用很大比重,而对工程项目投资影响可能性最大的是决策阶段和设计阶段的前期,要保证工程项目目标的最优化实现,应特别重视决策阶段及设计阶段前期。一个项目 80% 的项目费用在方案初步设计阶段就已经确定下来了,所以后续的控制只能影响到其余的 20%。Gray(1983)认为,在早期设计阶段就考虑到施工问题会减少工程项目造价的 15%[301]。如果早期的微小错误不予注意,就会在后期滚雪球成更大的错误[22]。

而传统管理模式中,由于提供决策阶段和设计阶段服务的专业咨询工程师专业知识的缺陷,很难对这两个阶段进行有效地规划和控制。传统的工程项目也难以形成与其他工业相似的生产过程，业主无法得到完整的建筑产品和完备的服务。业主常常不具备项目管理的能力，但必须参与建设过程，必须承担许多复杂的管理工作和由此带来的责任，带来许多纠缠不清的烦恼。

有案例研究项目施工阶段的界面冲突主要是由于缺乏项目早期及时和准确的信息[302]。所有这些问题要求工程项目全生命周期的各个阶段必须打破服务时间、服务内容上的界线，用系统的观点统筹考虑，使其相互渗透、相互作用，形成一个有机的整体，即关键是从早期管理项目界面冲突、提升项目价值的集成方法和综合对策。

（二）全生命周期过程协同的界定

工程项目的全生命周期是指从项目构思开始，到工程项目报废（或工程项目结束）的全过程[286]。本书对工程项目全生命周期划分为四阶段，即决策阶段、设计与计划阶段、施工阶段和运营阶段，每一阶段又可分为若干子过程，详细内容见第二章相关介绍。

工程项目的所有过程和活动是不可分割的，需要用系统的观点统筹考虑。工程项目过程协同是指实现工程项目全生命周期的数据、资源的共享和各方的协同工作，将原来孤立的工程项目各过程进行整合，形成一个协调的系统。它是建立在信息协同基础上的过程之间的协调，通过消除过程中各种冗余和非增值的子过程（活动），以及由人为因素和资源问题等造成的影响过程效率的一切障碍，使项目过程总体达到最优[303]。工程项目总体达到最优的过程就是过程子系统层次涌现性产生的过程。

过程协同涉及到不同过程之间的交互和协同工作，相邻过程之间互相支持，不相邻过程也相互作用。借鉴其他领域有关过程协同的先进管理思想和理念，如并行工程（CE）、精良生产（LP）、经营过程重组（BPR）等，过程协同就是重组过程的顺序，加大过程间界面的重叠量，这里的界面协同包括两方面，一是平行或并行过程之间的协同，二是上下游过程之间或时间上先后过程之间的协同。

二、工程项目管理的过程协同控制

PMI 在 PMBOK2000 中专门设立了“项目管理过程”（Project Management Processes）一章。通过图 4-1 项目管理过程结构图看出，整个工程项目管理过程是由项目启动阶段、项目计划阶段、项目实施和控制阶段以及项目结尾阶段组成，每个阶段都是由启动过程、计划编制过程、执行过程、控制过程和收尾过程组成，各子过程通过里程碑标志阶段成果，使项目管理的各个阶段由这五个过程组成有机的整体，前后有机地融合在一起，组成了一个项目管理的全过程。[59][304]

（1）启动过程——批准一个项目或阶段。

（2）计划编制过程——界定和改进目标，从各种备选方案中选择最好的方案，以实现承担项目所要达到的目标。

（3）实施过程——协调人员和其他资源以执行计划。

（4）控制过程——通过定期监测和测量进展，确定与计划存在的偏差，以便在必要的时候采取纠正措施，从而确保项目目标的实现。

（5）收尾过程——项目阶段的正式接收并达到有序的结束。

所谓过程是一组将输入转化为输出的相互关联或相互作用的活动。任何一个过程都是由输入、活动、输出三个要素组成。每一个过程均有输入和成果的输出,对过程控制是通过控制规则和资源限制来实现的。输入和输出是相对的,前一过程的输出可以作为后一过程的输入。各个活动有承担者,对过程的控制应进一步落实到项目的各实施单位和管理单位。同理,控制规则和资源也是针对某个过程对象而说的。[63]

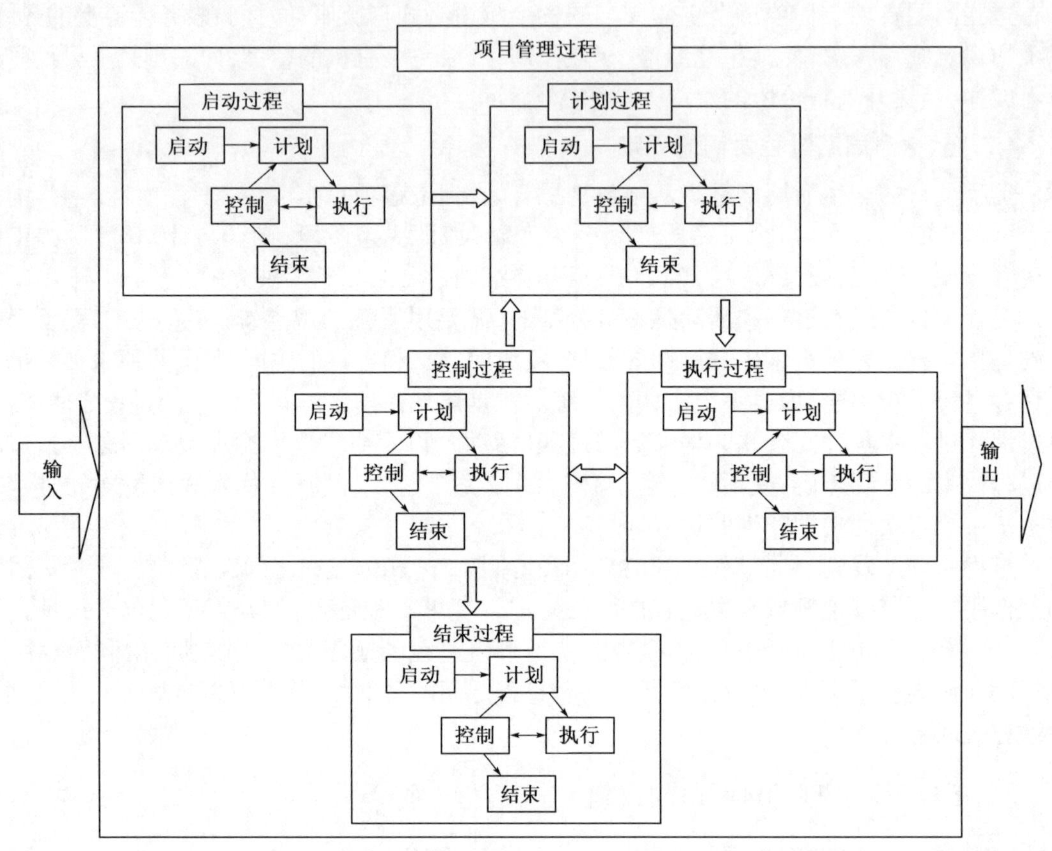

图 4-1 项目管理过程图[304]

三、基于整体涌现性的工程项目全生命周期过程协同总体模型

为了促使复杂性工程项目过程协同中涌现现象的发生、提高涌现水平,在信息协同管理的基础上,需要建立统一的过程协同模型,采取科学的过程协同方法和管理实施方法来保证过程的整体最优,如图 4-2 所示。信息协同管理将在第六章展开。

(1)过程协同最主要的前提条件就是目标一致。目标是工程项目协同管理的预设涌现结果,对整个协同过程起着指导作用。由于在工程项目各个实施过程中各参与方在过程中的利益不同,其对过程的评价标准也会不一样,所以在过程协同中首先要有共同的目标,以共同的目标为导向。伴随着项目结构和过程的分解,以全生命周期总目标为主导逻辑的目标分解、计划分解和控制分解也在同步进行,这样就将项目的总体要求逐渐转变为与设计、实施相关的任务、计划和控制措施。

(2)工程项目的过程协同,本书首先运用过程建模工具 Petri 网,对工程项目的微观过程——工作流进行建模,然后对工程项目全生命周期的各宏观过程进行综合分析,用 Petri 网来描述工程项目四个阶段以及各阶段中子过程之间的时间和因果关系。

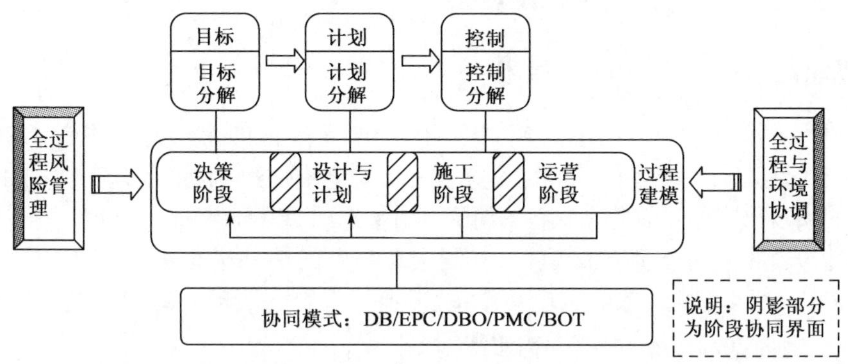

图 4-2　工程项目全生命周期过程协同总体框架

在对各过程综合分析的基础上,分析四个过程界面协同、相互渗透、相互交叉的途径。过程协同需要充分发挥四个阶段的综合优势,考虑工程项目的可施工性和可维护性。可施工性是指工程项目设计方案的建造程度,是反映设计和建造实际过程相关性的一个因素,可通过施工阶段向设计与计划阶段渗透实现;工程项目的可维护性是指工程项目运营期间维修、维护的难易程度、运营期间的维修、维护费用的高低,工程项目与新技术接口处理的难易程度及接口处理的费用状况,可通过运营阶段向设计与计划阶段、决策阶段渗透,而要达到这个目的,很重要的一点就是要采用恰当的合同或管理模式。合同模式选择和合同条款的内容能直接影响合同界面的数量和不同界面间责任划分的清晰度。传统的业主和承包商之间近乎对立的合同管理模式已经不能很好地适应工程项目管理的需要,而 DB、EPC、PMC、BOT 等模式,由于本身代表了一些阶段的交叉和渗透,是过程协同的重要模式,根据特定模式在具体项目运用的协同广度和深度,能产生不同层次的整体涌现性。

(3)对于本书所研究的复杂性工程项目,在其管理过程中不仅建设过程风险和施工技术风险因素众多,而且金融风险、市场风险加大。如果风险控制不当,将产生极其严重的后果,使整个系统的发展出现退化现象,一旦某些关键性、强破坏性的风险发生,将会激发复杂系统的脆性,有可能使系统出现崩溃现象。因此需要对项目进行早期风险预测和全过程的风险控制,采用先进的管理技术识别和回避全过程的风险,而且需要众多投资方和参与方共同承担项目风险。

(4)正如本书在第二章所介绍的,环境提供形成系统整体涌现性必需的资源和约束条件,系统在跟环境的相互作用中获取资源、开拓生存空间、形成边界,建立同环境交换物质、能量、信息的渠道和方式,适应环境的约束,提高抗干扰能力等。系统只有涌现出能够有效利用环境资源、适应环境约束的结构和属性,才能实际产生出来并生存下去。

事实上,工程项目系统与外界环境的作用发生在系统的各个层次,鉴于这种协调作用最终都体现在各个过程的进展中,因此本书将项目与环境的协调作为过程协同子系统的一部分,运用全生命周期分析方法,研究项目从立项、设计、施工和运营直至最终生命结束对环境的影响。

第二节　基于界面协同的工程项目全生命周期过程建模和合同模式分析

一、过程建模工具——Petri 网概述

Petri 网(PN)最早是由 Carl A. Petri 博士于 1962 年在他的博士论书中提出的,书中采用网络形式来描述计算机系统事件之间的因果关系。他的研究工作引起了美国应用科学研究所信息系统理论项目研究组的注意,他们的研究工作说明了 PN 能够描述、分析并行系统。

Petri 网适合并发和异步系统的建模,对制定系统中的活动进程进行检查、分析、解决存在的问题。由于 Petri 网可以动态地表现一个系统,所以适合于活动的即时监控。[305]

(一)Petri 网的基本概念和运行规则[305-306]

[**定义 4.1**]Petri 网结构由四要元组成, $PNS = < P,T,I,O >$,其中:

(1) $P = \{p_1,p_2,\cdots,p_n\}$ 是一个有限的非空库所集。

(2) $T = \{t_1,t_2,\cdots,t_n\}$ 是一个有限的非空变迁集, $P \cap T = \varnothing$,即 P 集与 T 集是不相交的。

(3) $I: P \times T \rightarrow N$,输入关联函数,它定义了从 P 到 T 的有向弧的权(Weight)的集合。

(4) $O: P \times T \rightarrow N$,输出关联函数,它定义了从 T 到 P 的有向弧的权的集合。

$I(p_i,t_j)$ 表示 $p_i \rightarrow t_j$ 的弧的权,若弧存在,权值为正整数,否则为 0。

$O(p_i,t_j)$ 表示 $t_j \rightarrow p_i$ 的弧的权,若弧存在,权值为正整数,否则为 0。

若 PN 所有的变迁至多有一个输入弧或一个输出弧,即 $I: P \times T \rightarrow \{0,1\}$, $O: P \times T \rightarrow \{0,1\}$,则称此 PN 为普通 PN(Ordinary PNnet)。若 PN 无自闭环,即不存在某一库所同时是某一变迁的输入与输出库所的情况,则 PN 为纯 PN。若 PN 的每一个库所都恰好有一个输入变迁与输出变迁,则该 PN 为标识图(Marked graphs)。若每一个变迁都恰好有一个输入库所与一个输出库所,则该 PN 称为状态机(Static Machine)。在 PN 中,库所用圆圈表示;变迁用长方形或者粗实线段表示。I 与 O 均可表示为 $n \times m$ 的非负整数矩阵,O 与 I 之差 $C = O - I$ 称为关联矩阵。

PN 中,某一个库所表示的局部状态用库所所包含的托肯(Token)数目 $m(p)$ 来表示(用库所 p 中的圆点来表示托肯)。特别当 $m(p) = 0$,则 p 中无圆点,表示 p 所代表当局部状态目前没有实现,托肯所在库所中当分布情况称为标识,它表示了整个 PN 当前的状态。

我们用 $\cdot t$ 表示 t 的所有输入库所的集合,$|\cdot t|$ 表示 t 的输入库所的个数,用 $\cdot t$ 表示 t 的所有输出库所的集合(有来自 t 的弧连接的库所),$|t \cdot|$ 表示 t 的输出库所的个数,此外还用 $\cdot p$ 与 $p \cdot$ 表示库所 p 的输入与输出库所,它们的个数分别为 $|\cdot p|$ 与 $|p \cdot|$ 。

[**定义 4.2**]一个标识 Petri 网是一个二元组, $PN = < PNS,m_0 >$,其中:

(1) $PNS = < P,T,I,O >$ 就是一个未标识的 Petri 网。

(2) $M: P \rightarrow N$ 未标识 PN 的标识,它是一列向量,其第 i 个元素表示第 i 个库所中的托肯数目,m_0 为初始标识。

注意 PN 结构和标识 PN 的区别,前者定义了各个库所、变迁以及它们之间的关系,而标识 PN 则描述了 PN 的状态,常称后者为 PN,它是指具有一定标识的 PN。

在 PN 中,我们以变迁 t 表示某一个事件,用变迁的使能(Enabling)表示事件发生的前提

条件得以满足而发生。我们还用 t 的输出库所(通过指向 t 的弧所连接的库所)表示该事件的发生所需要的前提局部状态,用由输入库所至 t 的输出函数定义这些要求局部前提条件实现的次数,而局部状态的实现情况由库所中所包含的托肯数目来表示。因此,t 的使能不仅与其输入函数有关,而且与其所有的输入库所托肯数目有关。为此,引入一下变迁的使能规则。

[**定义 4.3**]一个变迁 $t \in T$ 中标识 m 下使能,当且仅当:$\forall p \in \cdot t : m(p) \geqslant I(p,t)$ 时:

所有前提条件得以满足的事件也就是 t 的发生,将消耗这些前提条件,也就是输入库所中的托肯,同时改变这些输入库所的状态。在 PN 中,我们用变迁的激发(Fire)来描述这样的一种情况,所消耗的前提状态和次数通过变迁的输入函数来定义,并以从输入库所中移去相应数量的托肯来标识;所产生的结果状态及其次数由输出函数确定,并用输出库所的托肯表示。由于输出库所的托肯数目的减少,以及输出库所托肯数目相应的增加,使得 PN 的标识发生变化。为此,引入以下变迁使能规则:

[**定义 4.4**]在标识 m 下使能的变迁 t 的激发将产生新的标识 m':

(1) $\forall p \in \cdot t \wedge p \notin t \cdot : m'(p) = m(p) - I(p,t)$,当库所 p 只是 t 的输出库所时,它的托肯数目将会根据 t 的输入函数减少相应的数目。

(2) $\forall p \in t \cdot \wedge p \notin \cdot t : m'(p) = m(p) + O(p,t)$,当库所 p 只是 t 的输出库所时,它的托肯数目将会根据 t 的输出函数增加相应的数目。

(3) $\forall p \in t \cdot \wedge p \notin \cdot t : m'(p) = m(p) - I(p,t) + O(p,t)$,当库所 p 既是 t 的输入库所又是输出库所时,它的托肯数目将会根据 t 的输入和输出函数改变相应的数目。

(4) $\forall p \notin t \cdot \wedge p \notin t \cdot : m'(p) = m(p)$,当库所既不是 t 的输入库所又不是输出库所时,它的托肯数目将不会发生变化。

(二)高级 Petri 网的建模[305]

PN 网的特有性质使得它在系统仿真建模上得到了广泛的应用,但是随着应用的深入,单单靠 PN 网原来提供的可达性、有界性、活性、可逆性,不能很好地仿真一些系统的其他特性,于是在基本的 PN 网的基础上进行了扩充,产生多种高级 Petri 网模型,用于满足各个系统的需要,于是产生赋时 Petri 网和着色 Petri 网。

1. 赋时 Petri 网

赋时 Petri 网是指库所和变迁具有的时间性。时间 Petri 网分为随机赋时 Petri 网(Stochastic Timed PN,STPN)和确定赋时 Petri 网(Deterministic Timed PN,DTPN)。随机 Petri 网是指变迁发生时间和时间延时大小是随机的,随机 Petri 网又分为:延时随机 Petri 网和发生随机 Petri 网(或称广义随机 Petri 网)。延时随机 Petri 网是指其变迁的延时时间是随机的,一般按指数规律分布;发生随机 Petri 网是指变迁发生时间是随机的,变迁延时时间为零[307]。确定性赋时 Petri 网是指设定库所和变迁的时间是确定的,它又分为库所赋时 Petri 网和变迁赋时 Petri 网,库所赋时 Petri 网是对库所设定延时时间,变迁赋时 Petri 网是对变迁设定时间。变迁赋时 Petri 网又分为变迁时间延时 Petri 网和变迁时间间隔 Petri 网:变迁时间延时 Petri 网是指变迁发生的延时时间,指变迁被激活后经过延时才发生;变迁时间间隔 Petri 网是变迁发生的时间间隔(激活时间 a_1,结束时间 a_2)。变迁只能在这个时间间隔(a_1,a_2)内发生,错过这个时间间隔则不能发生。

(1)赋时库所 Petri 网

[**定义 4.5**]赋时库所 Petri 网(TPPN),定义为以下六个要元:

$$\text{TPPN} = (P,T,I,O,m_0,P)$$

此处 P,T,I,O,m_0 与基本 PN 定义相同。

$D = \{d_1,\cdots,d_n\}$ 为所有库所的时延集,其中 d_i 为 p_i 的时延。

TTPN 的变迁激发按照与基本 PN 相同的激发规则改变输入和输出库所中托肯,但通过变迁的激发放入输出库所中的托肯必须等待一定时间后才可以使用,该时间就是这个库所的时延。在这段时间里,这个库所不能用于其他变迁段使能,只有此状态实现后才能作为变迁激发的前提条件。

所以,这 TTPN 中判别变迁是否能激发段时候,不但要判断它的输入库所是否具有变迁需要的托肯数目,还需要判别这些托肯是否能够使用。

(2)赋时变迁 Petri 网

[**定义 4.6**]赋时变迁 Petri 网(TTPN)定义为以下六个要元:

$$\text{TTPN} = (P,T,I,O,m_0,D)$$

此处 P,T,I,O,m_0 与基本 PN 定义相同。

$D = \{d_1,\cdots,d_n\}$ 为所有库所的时延集,其中 d_i 为 t_i 的时延。

TTPN 的激发规则按照与基本 PN 相同的激发规则改变输入和输出库所的托肯数目。但是,一旦变迁使能,则从该变迁的每一个输入库所中移去相应的托肯后,变迁需要延迟一定的时间后才能激发,才能在输出库所中放入一定数量的托肯。

因此,托肯在离开输入库所到达输出库所之间存在着间隙,这与许多系统中资源分配出去被加工成另一个半成品之间的加工工序所消耗的时间很相似,于是 TTPN 常常被用来仿真这些系统,而且可以计算系统从开始到结束消耗的总时间,也就是系统的周期。于是可以利用 TTPN 来对这些系统的周期、稳定性能进行分析评价。

2. 着色 Petri 网[305][308]

着色 Petri 网也是对基本 PN 网对一种扩展,它比基本 PN 网多了一个要元:色彩(Color),因此称着色 PN(Colored Petri Nets,CPN)。着色 PN 网的着色主要是针对托肯、库所和变迁而言。通过对托肯着色,能够对托肯进行区分,从而在用着色 PN 网建立的模型中表现出不同的资源(如不同身份的人员、不同类型的处理对象等);对库所和变迁的着色实际上是赋给库所和变迁一个颜色集,该颜色集限定了该库所和变迁中托肯所能取的颜色范围。而 CPN 声明中定义的函数则可以用来反映对不同色彩的托肯进行不同的业务流程处理。

[**定义 4.7**]CPN 是一个有向图,它表示一个六要元:

$$\text{CPN} = (P,T,I,O,C,M)$$

(1)P 与 T 为库所和变迁的集合,它与基本 PN 定义相同。

(2)C 是库所和变迁关联的色彩集合,具体的:

库所 p_i 的色彩集合:$C(p_i) = \{a_{i,1},\cdots a_{i,u_i}\},u_i = |C(p_i)|,i = 1,\cdots,n$

变迁 t_j 的色彩集合:$C(t_j) = \{b_{j,1},\cdots b_{j,u_j}\},v_j = |C(t_j)|,j = 1,\cdots,m$

(3) $I(p,t)$ 是从库所 p 到变迁 t 的输入映射函数；$C(p) \times C(t) \rightarrow N$（非负整数），对应着从 p 到 t 的着色有向弧，这里 $I(p,t)$ 为矩阵。

(4) $O(p,t)$ 是从变迁 t 到库所 p 的输出映射函数；$C(t) \times C(p) \rightarrow N$（非负整数），对应着从 t 到 p 的着色有向弧，这里 $O(p,t)$ 为矩阵。

(5) M_0 为 CPN 的初始标识，CPN 的标识是定义在 P 上的矢量函数 M，即对于所有 p，$M(p):C(p) \rightarrow N$。

库所 p_i 取颜色 $a_{i,h}$ 到变迁 t_j 取颜色 $b_{j,k}$ 输入弧标识为标量 $I(a_{i,h},B_{j,k})$，类似的输入弧标识为 $O(a_{i,h},B_{j,k})$。

CPN 与基本 PN 的主要区别在于：

(1)CPN 具有与库所和变迁关联的色彩 C。

(2)输入 $I(p,t)$ 与输出 $O(p,t)$ 为矩阵，而在基本 PN 中它们均为标量。[55]

引入了 CPN 后，可以对同类的个体赋予相同的颜色，不同类的个体以不同的颜色加以区分。因此，一个库中就可以包含几种对象，或者表达一个复合条件，一个变迁也可以表达几种不同的变化；另外托肯也增加了颜色，可以描述对象的属性信息。

二、基于 Petri 网的工程项目协同管理过程中的工作流建模

Petri 网是完全从过程的角度出发为复杂系统的描述与分析而设计的一种有效模型工具。它在描述并发、冲突、同步等重要行为现象上表现出优势，具有形式化步骤与数学图论相支持的理论严密性，特别是其图形表达的直观性和便于编程实现的技术特点，尤适合工作流领域的建模需求。[309]

(一)工作流技术概述

工作流(Workflow)的概念起源于生产组织和办公自动化领域，它是针对日常工作中具有固定程序的活动而提出的一个概念，目的是通过将工作分解成定义良好的任务、角色，按照一定的规则和过程来执行这些任务，并对它们进行监控，达到提高办事效率、降低生产成本、提高企业生产经营管理水平和企业竞争力[52]；又指工作任务在多个人或单位之间的流转[52]。按照工作流管理联盟(WfMC，Workflow Management Coalition)的定义[311]，工作流是指业务过程在计算机应用环境下的自动化，使多个参与者之间按照某种预定义的规则传递文档、信息或任务，从而实现某个预期的业务目标或者促使此目标的实现。工作流管理系统(WfMS)是一种支持人们异地、异步协作的一种群件系统，它能有效地解决企业各独立运行子系统间缺乏必要的交互、协作与感知等问题。

工作流技术作为工程实践领域中一种过程建模和过程管理的重要技术。一个工作流包括一组活动及其相互顺序关系，还包括过程及活动的启动条件和终止条件，以及对每个活动的描述，如活动的执行、相关应用程序、需要和产生的数据等。工作流建模是指通过一系列的过程定义，利用操作、事件、触发条件等过程因素，构造工作流模型，从而实现对现实流程的关系抽象。[312-313]

工程项目产品的实现过程也是由一系列活动和过程所组成，如果将这些项目活动或过程按照上述工作流技术来描述和执行，这无疑会大大提高工程项目协同管理的效率和质量。因此，本书试图通过对工程项目管理活动或过程的分析，研究如何将任务层下某一任务分解为基

于工作流管理范畴的一个有机活动的操作序列,并将多工作流模型协同管理,使之成为一个相互之间符合项目实施过程逻辑关系的有机整体,从而提高工程项目协同管理环境下各参与成员之间以及各过程之间的协同性。在工作流建模过程中,必须保证工作流模型和系统目标同构,这样才能完全发挥工作流模型对过程开展的指导作用。所以,过程活动的目标是过程定义的前提条件,围绕这个前提条件,对过程的开展进行条件配置。从技术角度来看,活动目标体现为活动应该完成的技术指标集合。

工作流联盟定义了六种工作流原语,分别为:

(1)与连接(and Join):一个任务的开始需要等待两个或多个并行任务的完成。

(2)或连接(or Join):多个任务具有同一个后继任务,只要有一个前驱的任务完成,就激发后继的一个任务。

(3)与分支(and Split):一个任务的完成触发两个或多个并行的任务。

(4)或分支(or Split):一个任务有多个后继的任务,当前驱的任务完成后,有选择地激发一个后继的任务。

(5)顺序路由(Sequential Routing):两个或多个任务线性顺序执行,后一个任务等待前一个任务的完成才能开始。

(6)循环路由:循环地执行某一个或多个任务。

(二)工作流基本要元的 Petri 网表示[314]

对前文提到的工作流执行的六种基本要元都可以给出相应的 Petri 网图(图 4-3),这些构成了用 Petri 网对过程进行描述和建模的基本要元。其中,矩形代表变迁,表示活动,如果是子网变迁则表示子过程,即时变迁则表示逻辑选择操作;圆圈代表库所,表示活动的前置条件和后置条件;黑点代表托肯,表示事务实体或资源角色;库所与变迁之间的有向弧表示输入/输出关系集。

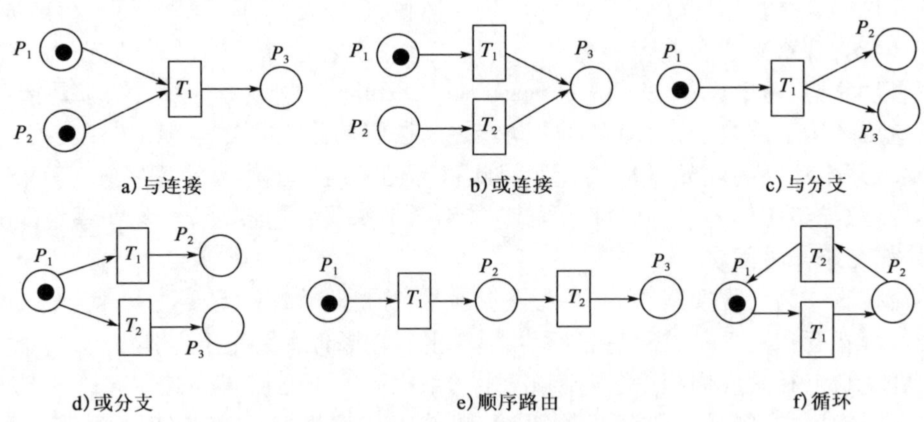

图 4-3 工作流基本要元结构的 Petri 网图[317]

可以看到,Petri 网提供的种种特性与项目管理中存在的许多问题都有相似之处,如在项目管理中,项目活动之间、项目所需资源之间一般都有潜在的优先关系或限制条件,反映在

Petri 网中主要是点火的发生、托肯的移动和更新，于是我们可以把 Petri 网作为仿真工具运用到项目管理系统中去。下面一节本书主要对工程项目工作流的具体 Petri 网建模进行探讨。

（三）基于赋时着色 Petri 网的工程项目工作流建模

通过对 Petri 网性能的分析，发现基本 Petri 网虽然可以满足项目管理模型的一部分特性，但是任务的工期等特性、资源的多样性特性不能很好地描述出来，因此本书引入高级 Petri 网中的赋时 Petri 网（TPN）来对工期进行模拟，用着色 Petri 网（CPN）对项目进行资源建模。

1. 工程项目管理要素与 Petri 网要元关联关系的建立

从建模的角度来看，只有使项目管理中的各个元素与 Petri 网的要元关联，才能保证一个 Petri 网模型足以表达出一个项目中所涵盖的基本信息[315]。

下面首先给出活动单元的 Petri 网说明和定义（图 4-4），活动流序列构成了一个独立的工作流执行模型。

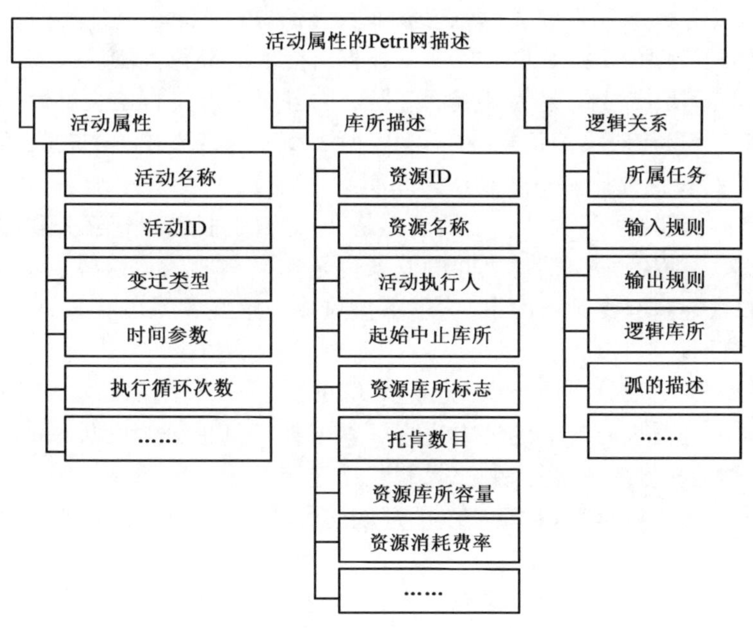

图 4-4　活动的 Petri 网描述

（1）项目活动的变迁描述

工程项目任务的触发与 Petri 网的变迁（Transition）的激发（Fire）有着相似之处，两者的发生都需要等待条件的满足，Petri 网中变迁只有输入库所中的托肯数目达到指定数量才能被激发，而项目中的某项活动只有等到前置活动的完成才能启动，因此项目中的各项活动可以用变迁来描述。变迁的名称就是活动的名称，每一个变迁对应一项活动，变迁有激发条件，相当于实际活动的开始条件，变迁需要获得足够的托肯才能被激活。由于活动都有一定的工期，因此在定义变迁时，可以使用赋时 Petri 网中的延时变迁来描述活动的工期属性，变迁的时延对应活动的工期，即变迁被激发后，还需要这么长的时间才能够完成，在变迁结束后会把其中的托肯转移出来。如果存在逻辑选择操作，则可用即时变迁来表示。

如果不是对最微观的工作流建模，则面对的对象可能是任务层、子过程层等，这时仍然可以用变迁表示任务、子网变迁表示子过程。应用 Petri 网的子网变迁可以进行工程项目宏观过程建模，体现过程运行的状态情况，建模过程将在标题三中展开。

(2)项目活动的库所描述

Petri 网模型中的变迁激发必须满足前置条件，其中之一便是活动的执行需要组织、资源、应用工具等资源支持。在 Petri 网中用库所表示资源，托肯(Token)的颜色和数目表示资源的种类和数量，这就运用了着色 Petri 网(CPN)。

工程项目中所需资源根据性质和使用方式的不同可以分为材料资源、设备资源和人力资源。材料资源不能被重复利用，属于消耗性资源；而设备资源(在有效寿命期内)和人力资源可以被重复利用，可以看作是工时资源，属于非消耗性资源的范畴。虽然消耗性资源和非消耗性资源数目都可用托肯来表示，但是在 Petri 网中的处理方法是不一样的，因此对它们进行着色来区分。根据托肯着色的不同存放在不同的库所中，如可以把库所分为消耗性库所和非消耗性库所，每种库所存放的托肯数目也就对应了实际的资源数目。对库所的着色实际上是赋给库所一个颜色集，该颜色集限定了该库所中托肯所能取的颜色范围。

因此在活动的库所中，主要是为完成活动所需的各类资源进行定义，同时为了统计活动的作业成本、质量信息、参与成员等信息，在活动库所中都需要定义相关的初始信息。

(3)活动的执行规则描述——弧和逻辑库所

项目中微观工作流网所包含的若干活动不是独立的，它们之间相互关联，某一个活动的执行会以前置的结束为前提，所以活动之间的关系也是相当重要的。这些逻辑关系包含在前文所述的 Petri 网的六种基本要元结构中，这里不再重述。这些关系的描述，使原来孤立的活动连接成项目工作流网。

当一个任务需要执行时，它应该得到相应足够的托肯，一项活动的触发仅仅得到足够数目的资源托肯还不够，还必须有足够的逻辑托肯。本书把托肯也分为两类，一类是前文所述，表示资源数目和种类的托肯才有可能触发，只有变迁连接的输入库所中存放了足够数量对应的逻辑托肯，这个变迁才可以从逻辑上触发，而存放这种逻辑托肯的库所，我们称之为逻辑库所(Logic Place)。

库所和变迁通过弧连接，弧上面又有权值，用来表示变迁被触发的条件或者变迁触发后流到输出库所的托肯数目，当 Petri 模型真正运行的时候，通过逻辑库所的存放、逻辑托肯的移动、活动变迁的触发来带动整个模型托肯的变化。

(4)项目工作流——赋时着色 Petri 网

通过以上分析，一个项目的微观工作流可以对应为一张赋时着色 Petri 网(图 4-5)，分别用库所(Place)、变迁(Transition)、托肯(Token)、弧(Arc)来描述，变迁延时表示活动的工期，库所延时可以对应仓库运转时间，再通过着色把托肯分为逻辑托肯、消耗型托肯和非消耗型托肯，用来描述逻辑关系和资源，相应地把库所分成消耗性库所、非消耗性库所、逻辑库所。

2. 基于着色 Petri 网的工程项目工作流网络的建立

在建立工作流网时应注意一些简单的建模规则，避免不必要的错误：

(1)弧必须是连接库所和变迁的，不能连接两个库所或者两个变迁。

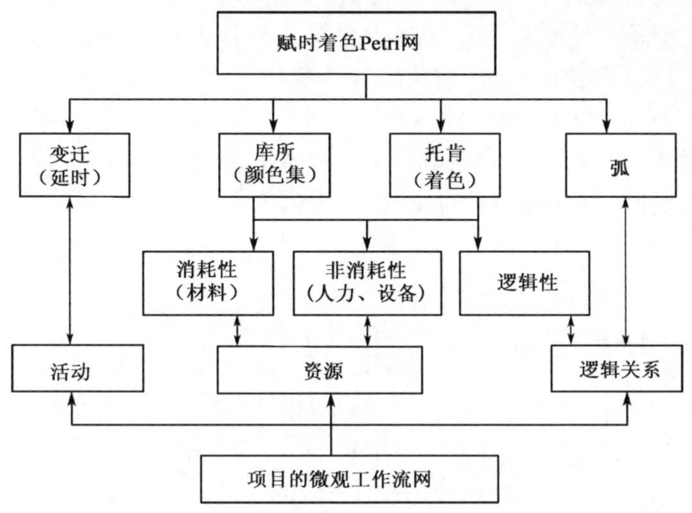

图 4-5 基于赋时着色 Petri 网的工程项目活动工作流网

(2)一般情况下,变迁都必须有输入和输出库所,这样可以保证模型运行时,变迁可以有条件被触发。

(3)在模型中,最好不要出现孤立的库所和变迁,这样的元素的出现没有任何意义。

(4)在模型里,用弧的权来定义变迁的输入和输出托肯的函数。

下面以一个由 7 项活动组成的工作流为例,分析着色 Petri 网的建立过程。为了不失一般性,变迁用代号 $T_1 - T_7$ 表示;消耗性资源库所、非消耗性资源库所和逻辑库所分别用 P_E、P_U、P_L 表示,$P_{L,end}$表示该工作流活动中止。假设消耗性库所里共有四种物料,分别用代号 x_1、x_2、x_3、x_4 表示,这也是声明里消耗性库所颜色集 E 的范围。同理,假设非消耗性库所有设备四种,分别用 y_1、y_2、y_3、y_4 表示;人员角色四种,分别用 z_1、z_2、z_3、z_4 表示,则非消耗性库所的颜色集 U 共有八种颜色范围。逻辑库所的颜色集为 L,取值范围为 0 和 1,如某一逻辑托肯取值为 1,则表示该库所的后续变迁在逻辑上满足激发条件,只要再满足资源条件即可点火。

活动 T_1 的触发过程如图 4-6a)所示[315]。当启动活动变迁 T_1 时,在开始状态 P_{L0}其逻辑弧的权为 1,表明在逻辑顺序上下一个执行的活动为 T_1,只要资源满足,即可触发活动。在 P_{L0}处向资源管理器的资源申请接口提出请求,资源请求通过点火变迁 T_{r1}向资源管理器的资源请求库所输出托肯来触发,资源请求的托肯数目在每个活动的 Petri 网定义中均有说明(此处假设活动 T_1 需要 a 单位物料 x_1、b 单位的物料 x_2、c 单位的物料 x_3、d 单位的物料 x_4,需要 m 单位的 y_1 设备、n 单位的 y_3 设备以及 p 单位的 z_1 人员、q 单位的 z_2 人员、r 单位的 z_3 人员)。资源管理器在符合资源配置原则的前提下,对活动 T_1 分配适当的资源,物料存放在消耗性库所 P_{E1}、设备和人力存放在非消耗性库所 P_{U1},活动 T_1 分别从 P_{E1}和 P_{U1}获取相应数目的(用库所与变迁之间弧的权表示,消耗性资源和非消耗性资源分别为 $a'x_1 + b'x_2 + c'x_3 + d'x_4$ 和 $m'y_1 + n'y_3 + p'z_1 + q'z_2 + r'z_3$)资源托肯,活动 T_1 启动。活动 T_1 上方的数字 D_1 为该活动的工期。当活动 T_1 执行完后,将非消耗性资源($m'y_1 + n'y_3 + p'z_1 + q'z_2 + r'z_3$)释放出来,由资源管理器统一收回。

活动 T_1 的触发过程如图 4-6b)所示。活动 T_1 结束后，逻辑托肯移动到 P_{L1}，在 P_{L1} 处向资源管理器的资源请求通过点火变迁 T_{r2} 请求库所输出托肯来触发，假设活动 T_2 需要 e 单位物料 x_2、f 单位的物料 x_3、g 单位的物料 x_4，需要 h 单位的 y_2 设备、i 单位的 y_4 设备以及 k 单位的 z_2 人员、l 单位的 z_4 人员。资源管理器在符合资源配置原则的前提下，对活动 T_2 分配适当的资源，物料存放在消耗性库所 P_{E2}、设备和人力存放在非消耗性库所 P_{U2}，活动 T_2 分别从 P_{E2} 和 P_{U2} 获取相应数目的资源托肯，活动 T_2 启动。当活动 T_1 执行完后，将非消耗性资源释放出来，由资源管理器统一收回。

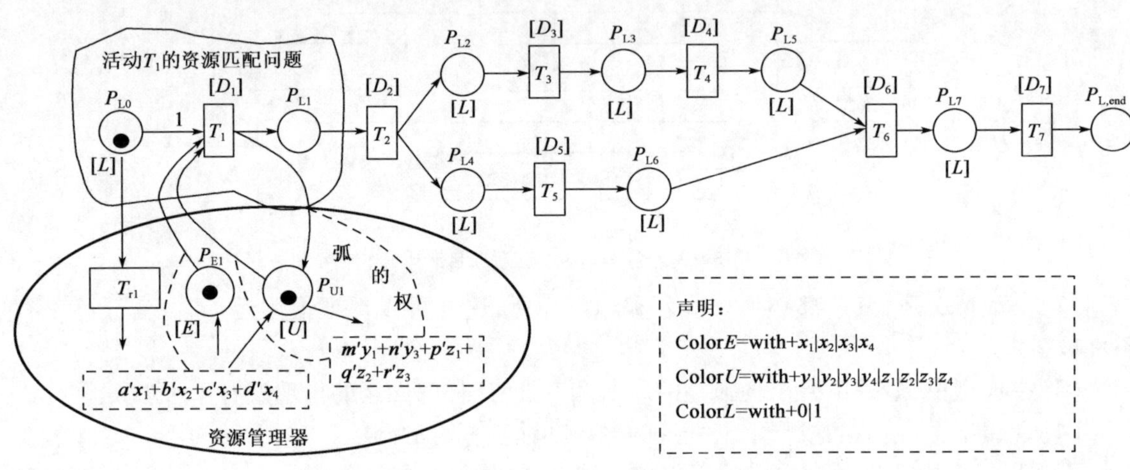

a)基于着色Petri网的变迁T_1的资源调用模型

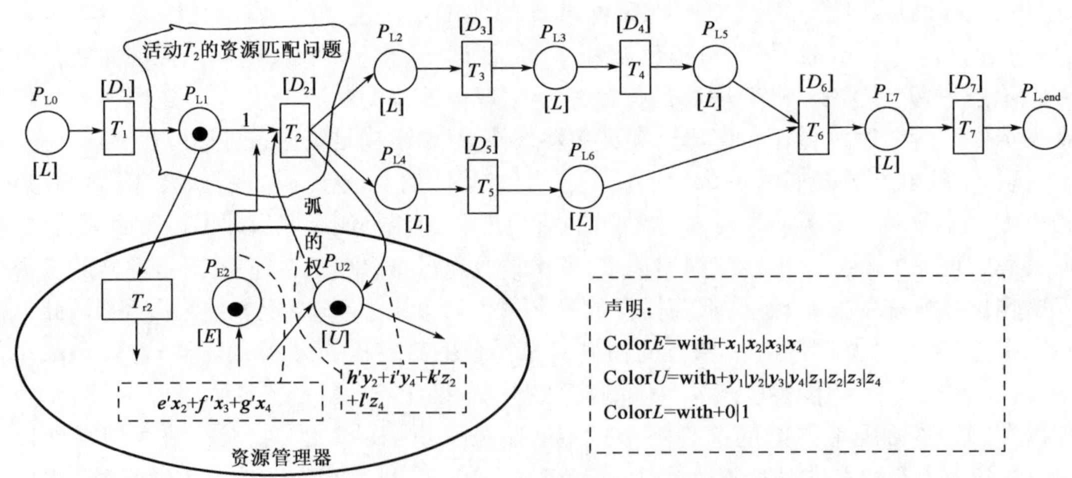

b)基于着色Petri网的变迁T_2的资源调用模型

图 4-6　基于着色 Petri 网的变迁 T_1、T_2 的资源调用模型

由于模型中每个活动的资源获取、使用和释放的过程是一致的，故对其他活动的资源着色过程不再一一详述。当活动 T_2 结束后，P_{L2}、P_{L4} 能否、何时获得托逻辑托肯和资源托肯，取决于资源配置算法和原则。当库所暂时没有足够资源的时候，变迁就需要等待。

3. 基于赋时 Petri 网的工作流进度分析

工程项目工作流的进度可通过赋时 Petri 网的变迁时间来描述。在微观过程的 Petri 网描述中，所有可能流程的执行总是可以由 Petri 网模型的可达树所构成的可达图中的一个路径集来表达，那么任何一个工作流的实例总是属于该路径集中的一个偏序集，所以其进度可通过该路径的变迁序列的时间之和来描述[316]。通过将工作流网中发生的变迁和引起状态改变的出现标记如实记录下来，如某一工作流实例的变迁序列为 $\sigma = M'_0 t_1 M'_1 t_2 \cdots t_n M'_n$，则其进度 $P(M'_i)$ 为：

$$P(M'_i) = \frac{Current(\sigma_i)}{T_{ij}\_D(\sigma'_i)} \times 100\%$$

式中，M'_i 为从初始状态 M'_0 经变迁 t_1 到 t_i 后的标记，$P(M'_i)$ 表示的是工作流所属任务执行到 M'_i 状态时的进度，$Current(\sigma_i)$ 是当前工作流的实时执行进度，而 $T_{ij}\_D(\sigma'_i)$ 则表示由工作流模型定义时的计划进度。

当 $P(M_i) > 100\%$ 表示该任务当前进度提前，$P(M'_i) < 100\%$ 表示该任务进度延期，需要进行重点调度，$P(M'_i) = 100\%$ 表示当前任务进度与计划进度相符。而当 $P(M'_n) = 100\%$，表示该任务按时完成；当 $P(M'_i) < 100\%$，表示该项任务没有按时完成。

由于本书的着重点是研究工程项目协同管理过程中一些机制和方法，故上文仅对 Petri 网的基本原理进行了介绍，对 Petri 网在工程项目管理中的建模思路和方法进行了探讨，不进行仿真实例的研究。应用 Petri 网建模，应解决项目管理过程中的若干问题，如：应能直观地反映工程项目的进度情况，为管理者决策提供信息；应能逼真地模拟出一个庞大项目中各种任务和任务之间的逻辑关系，以及项目管理中各种不同类型的资源和这些资源在多任务中分配、协调、回收的关系，能够检查出项目中任务的逻辑关系以及项目中资源的分配是否合理[310][317]；能够应用 Petri 网的激发规则和 Petri 网的一些属性来仿真一个项目的运行机制，并检测模拟运行当中出现的各种情况，并利用 Petri 网可视化界面监控项目是否按照预计计划运行等。

4. 资源协同配置的算法和规则

工程项目管理过程中，对各项任务和各项活动的资源协同配置可以有效地提高资源的利用率、提高工程项目管理系统的效率，实现分布式资源的协同与共享。资源协同配置的实质是在时间意义上对所有参与单位计划提供的资源的定位、分配和处理（可以说是资源约束下的工程项目管理系统优化过程），包括预配置和动态实时配置。预配置是指按照事先确定的各工作流路径和活动路径，资源管理器预先安排他们所需的资源；动态配置是指资源管理器在收集各参与方成员的资源状态数据后，不定时地产生资源调度命令，及时更新数据库，以达到资源的最佳利用效果。

（1）在整个资源配置的过程中，资源管理器与资源信息总数据库相连，资源数据库与参与方各自可提供的本地资源或异地的分布式资源信息进行实时交互。资源配置一般包括应解决以下几个问题：

①资源搜索。即资源管理器从资源信息数据库中利用资源属性(如标识ID或名称等)搜索所有注册的资源信息,查询满足工作流活动所需要的已注册资源,形成可用资源列表。其中可用资源列表中的资源信息包括各个参与方的可用资源信息。

②资源匹配。以工作流活动的资源需求为主目标,并通过与资源的交互协商,从资源列表中选择最优的匹配资源以满足工作流活动中的各个任务需要。资源匹配的过程也是一个多目标决策的过程,如可以利用AHP方法进行算法库的构建。

③动态监控。在工作流活动的任务执行过程中,资源管理器应实时监控资源的运行状态,并对资源的异常状况(如资源的状态发生改变)进行评估和记录,确定是否需要进行资源的再匹配,以消除资源的故障和错误。

(2)工作流执行过程中资源配置遵循一定的规则,具体体现在:

①当资源富裕时,即出现一个或多个对工作流活动功能需求都能满足的资源,形成一对多的任务——资源列表,这时可以根据各项活动对资源需求的权重来判断,该权重值是根据对资源的位置、成本、时间等因素综合考虑的结果。

②在资源有限或不足的情况下,存在一对多的资源——任务列表,这时可根据实际情况做出不同的判断,比如可以考虑时间因素,优先把资源分配给机动时间最少的活动,使其首先得到执行,如果可能则重新安排非关键作业,以腾出资源使关键活动优先得到安排。

③在资源表序列中没有绝对资源优先等级的情况下,应该按照工作流系统制定的资源统一配置原则来调用那些可以完成某个任务需求的资源。例如:a.在有限期向内保证任务链同步原则,反映了任务需求平等地得到满足;b.资源数量最小原则,反映了企业资源尽可能多地完成任务需求;c.最小资源服务辅助时间原则,反映了企业资源尽快地响应任务需求。

④由于项目实施过程中会有多个工作流处于工作状态,应由专家组制定一个支配多工作流资源列表的模糊配置规则,根据资源需求的不同优先等级、不同的时间要求、不同复杂程度和资源的状态等情况,使各参与方分布式资源能够满足大多数任务需求。这些模糊配置规则可根据实际运行数据加以总结、归纳和推理,从而得以完善。

三、基于Petri网的工程项目协同管理中的过程建模

如前所述,Petri网适合并发和异步系统的建模,运用Petri网可以动态地表现一个系统,对制定系统中的活动进程进行检查、分析并解决存在的问题。这里,工程项目的各个过程以及子过程组成的逻辑关系可以看成广义的工作流,因此可以利用Petri网进行建模,从整体上把握项目全生命周期决策阶段、设计与计划阶段、施工阶段、运营阶段以及每个阶段内部各子阶段各自的基本功能和它们之间的必然联系,为过程协同打下基础。

下面基于Petri网分别对工程项目全生命周期的四个阶段以及每个阶段的子阶段进行建模和分析。

(一)基于Petri网的工程项目全生命过程建模

图4-7为工程项目全生命周期的过程建模分析图。正如图中所示,项目的四个阶段分别用四个变迁T_A、T_B、T_C、T_D表示,这些变迁属于过程变迁的类型,即它可以进一步分解成若干

子过程变迁，分别如图4-8、图4-9、图4-10、图4-11所示，该模型变迁代表的过程名称如表4-1所示。不论哪个变迁的激发都需要资源库所P向其输出资源，包括消耗性的物料等资源(其库所用P_E表示)和非消耗性的人力、设备等资源(其库所用P_U表示)，每种资源库所都有一定的颜色集范围。每个变迁的触发还需有业主对项目需求的输入，且在满足环境约束的条件下(如在各项法律法规的限制下)进行。每个变迁结束时输出t_{A1}、t_{A2}、t_B、t_{C1}、t_{C2}、t_D等阶段性成果，这些变迁的类型可以理解成瞬时变迁，这些成果基本都是下一变迁的输入。对于中间过程中没有满足预期要求的变迁，比如在T_B、T_C后，需要执行一个循环路由，直至达到预期要求，再进行下一变迁。每个变迁结束后要向资源库所释放非消耗性资源，以备后续路由继续使用。

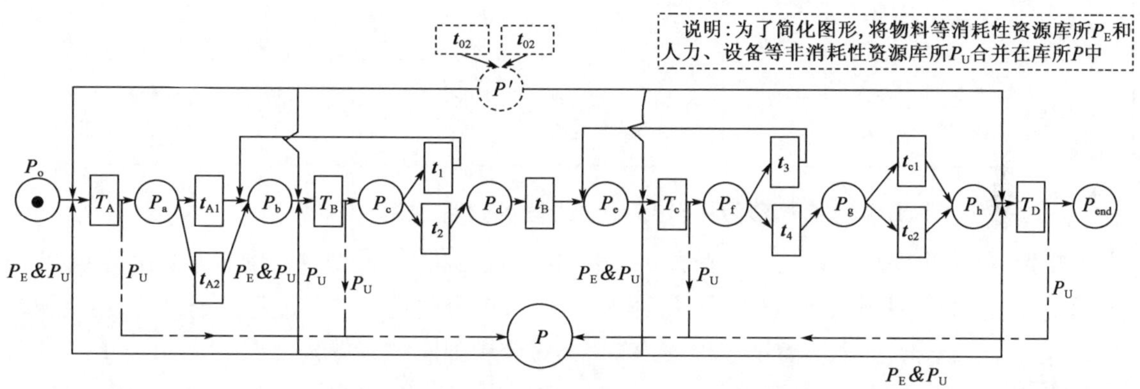

图4-7 工程项目全生命周期的过程Petri网建模

基于Petri网的工程项目全生命周期过程建模的变迁描述 表4-1

变迁	t_{o1}	t_{o2}	T_A	t_{A1}	t_{A2}	T_B	t_1	t_2	t_B	T_c	t_3	t_4	t_{C1}	t_{C2}	T_D
变迁名称	业主需求	法律法规要求	项目决策	形成决策信息	形成概念设计方案	项目设计与计划	项目设计不合格	项目设计合格	形成最终设计方案	项目施工	项目检验不合格	项目检验合格	形成已建项目信息	合格工程项目形成	项目运营
变迁类型	瞬时变迁	瞬时变迁	过程变迁	瞬时变迁	瞬时变迁	过程变迁	瞬时变迁	瞬时变迁	瞬时变迁	过程变迁	瞬时变迁	瞬时变迁	瞬时变迁	瞬时变迁	过程变迁

(二)基于Petri网的工程项目决策阶段的过程建模

图4-8为工程项目决策阶段的Petri网建模分析，该模型是对图4-7中变迁T_A的细化，变迁T_A分为五个子过程变迁，即项目机会研究、可行性研究、项目立项、项目总体规划和概念设计，分别用变迁符号T_1、T_2、T_3、T_4、T_5表示。每一子过程变迁的激发也需要资源库所P向其输出资源，变迁结束后向资源库所释放，这个过程与图4-7的资源调用过程相似，不再详细赘述。每一子过程结束后，产生瞬时变迁，代表着子过程输出的成果，具体名称如表4-2所示。其中图4-7中的T_{A1}由本模型输出的t_1、t_2、t_3、t_4组成。

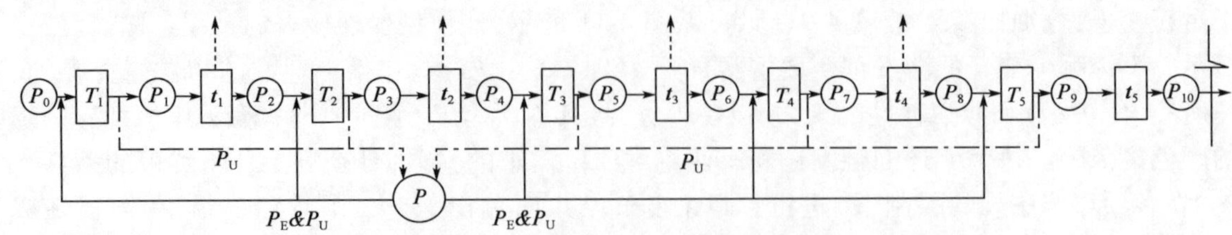

图 4-8　工程项目决策阶段的 Petri 网建模

工程项目决策阶段的 Petri 网模型中的变迁描述　　表 4-2

变迁	T_1	t_1	T_2	t_2	T_3	t_3	T_4	t_4	T_5	t_5
变迁名称	项目机会研究	形成项目建议书	项目可行性研究	形成可行性研究报告	项目立项	形成项目立项报告	项目总体规划	形成总体规划报告	项目概念设计	形成概念设计方案
变迁类型	子过程变迁	瞬时变迁	子过程变迁	瞬时变迁	子过程变迁	瞬时变迁	子过程变迁	瞬时变迁	子过程变迁	瞬时变迁

(三)基于 Petri 网的工程项目设计与计划阶段的过程建模

图 4-9 为工程项目设计与计划阶段的 Petri 网建模分析,该模型是对图 4-7 中变迁 T_B 的细化,变迁 T_B 分为设计方选择、基本设计、详细设计、施工合同准备等子过程变迁,分别用变迁符号 T_6、T_7、T_8、T_9 表示。为了表示过程的连续性,变迁号和库所号续前一过程。每一子过程变迁的激发也需要资源库所 P 向其输出资源,变迁结束后向资源库所释放。每一子过程结束后,产生瞬时变迁,代表着子过程输出的成果,具体名称如表 4-3 所示。如果变迁 T_8 经检验没有满足预期要求,则需要执行一个循环路由,重新进行变迁 T_7 直至达到预期要求,再进行变迁 T_9,并输出阶段性成果 t_8。变迁 T_9 结束后输出成果——瞬时性变迁 t_9、t_8 和 t_9 也是下一变迁(代表下一阶段)的输入。

工程项目设计与计划阶段的 Petri 网模型中的变迁描述　　表 4-3

变迁	T_6	t_6	T_7	t_7	T_8	t_{8a}	t_{8b}	t_8	T_9	t_9
变迁名称	设计方选择	选出设计单位	基本设计	形成初步设计方案	详细设计	设计审核不合格	设计审核合格	形成最终设计方案	施工合同准备	形成合同文件
变迁类型	子过程变迁	瞬时变迁	子过程变迁	瞬时变迁	子过程变迁	瞬时变迁	瞬时变迁	瞬时变迁	子过程变迁	瞬时变迁

(四)基于 Petri 网的工程项目施工阶段的过程建模

图 4-10 为工程项目施工阶段的 Petri 网建模分析,该模型是对图 4-7 中变迁 T_C 的细化,变迁 T_C 分为五个子过程变迁,分别用变迁符号 T_{10}、T_{11}、T_{12}、T_{13}、T_{14} 表示。每个变迁的激发所需资源的支持同上,页面所限,图中暂且省略。每一子过程结束后,产生瞬时变迁,也代表着子过程输出的成果,具体名称如表 4-4 所示。变迁 T_{12}、T_{13} 如果经检验没有满足预期要求,则需要执行一个循环路由,重新进行变迁 T_{12},直至达到预期要求,再进行变迁 T_{14}。变迁 T_{14} 结束后输出成果——瞬时性变迁 t_{14c} 和 t_{14d},这也是下一变迁(代表下一阶段)的输入。T_{12}、T_{13}、T_{14} 结束后

输出成果——瞬时性变迁 t_{12c}、t_{13d}、t_{14c}，三部分输出组成了已建项目信息，t_{14d} 为建成的合格项目，均为运营阶段的输入。

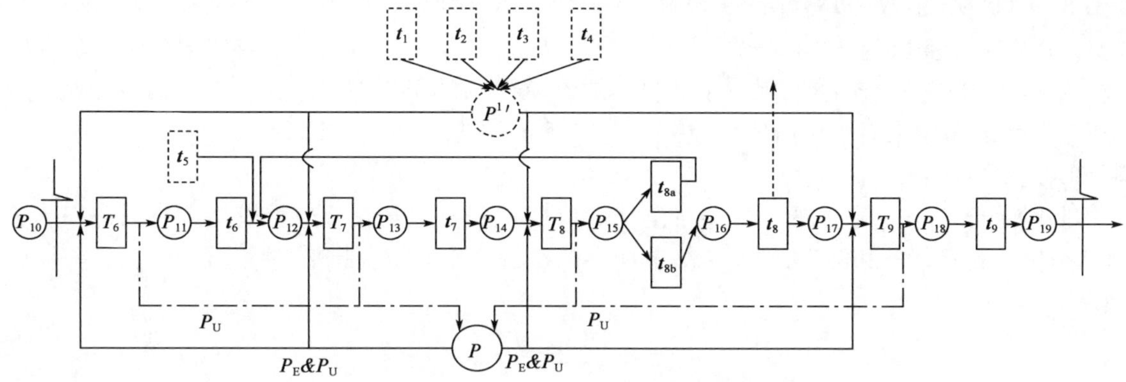

图 4-9　工程项目设计与计划阶段的 Petri 网建模

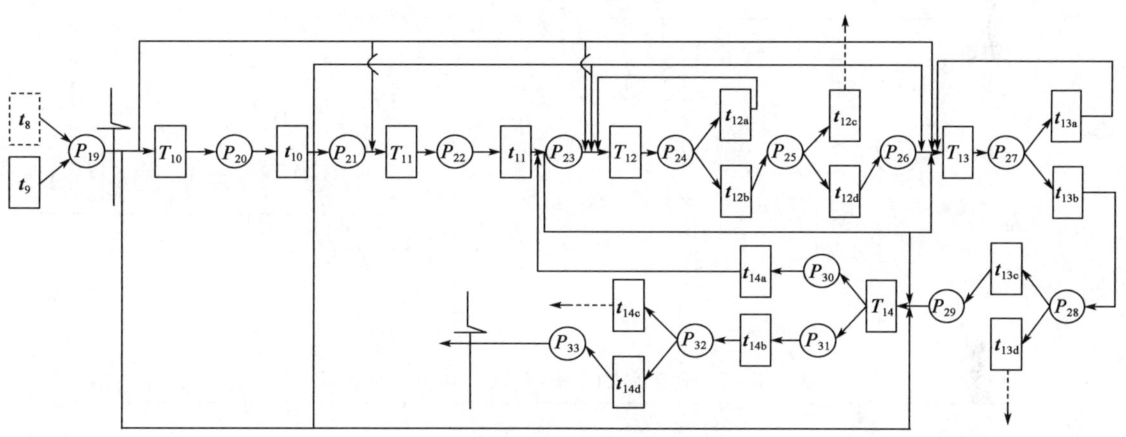

图 4-10　工程项目施工阶段的 Petri 网建模

工程项目施工阶段的 Petri 网模型中的变迁描述　　表 4-4

变迁	变迁名称	变迁类型	变迁	变迁名称	变迁类型
T_{10}	施工方选择	子过程变迁	t_{13a}	设备安装不合格	瞬时变迁
t_{10}	选出合适施工单位	瞬时变迁	t_{13b}	设备安装合格	瞬时变迁
T_{11}	编制工程施工计划	子过程变迁	t_{13c}	形成已建项目	瞬时变迁
t_{11}	形成工程施工计划	瞬时变迁	t_{13d}	形成设备安装信息	瞬时变迁
T_{12}	基础施工	子过程变迁	T_{14}	竣工验收/试运行	子过程变迁
t_{12a}	基础施工不合格	瞬时变迁	t_{14a}	工程验收不合格	瞬时变迁
t_{12b}	基础施工合格	瞬时变迁	t_{14b}	工程验收不合格	瞬时变迁
t_{12c}	形成基础施工信息	瞬时变迁	t_{14c}	形成验收/试运行信息	瞬时变迁
t_{12d}	形成土建项目	瞬时变迁	t_{14d}	形成合格的项目	瞬时变迁
T_{13}	设备安装	子过程变迁			

(五)基于 Petri 网的工程项目运营阶段的过程建模

图 4-11 为工程项目运营阶段的 Petri 网建模分析,该模型是对图 4-7 中变迁 T_D 的细化,变迁 T_D 分为四个子过程变迁,分别用变迁符号 T_{15}、T_{16}、T_{17}、T_{18} 表示。各变迁的具体名称如表 4-5所示。变迁 T_{15}结束后,如发现项目为缺陷项目,则执行变迁 T_{16},维护合格后重新执行变迁 T_{15}。变迁 T_{17}结束后输出阶段性成果——变迁 t_{17}。其他分析同前面所述相似,不再赘述,资源库所也不再绘制。

上述基于 Petri 网建立的工程项目全生命周期过程模型及各子过程模型还可以进一步分解和细化为若干任务和活动,与 4.2.2 节所述的微观工作流结合起来,便形成整体的工作流管理系统。

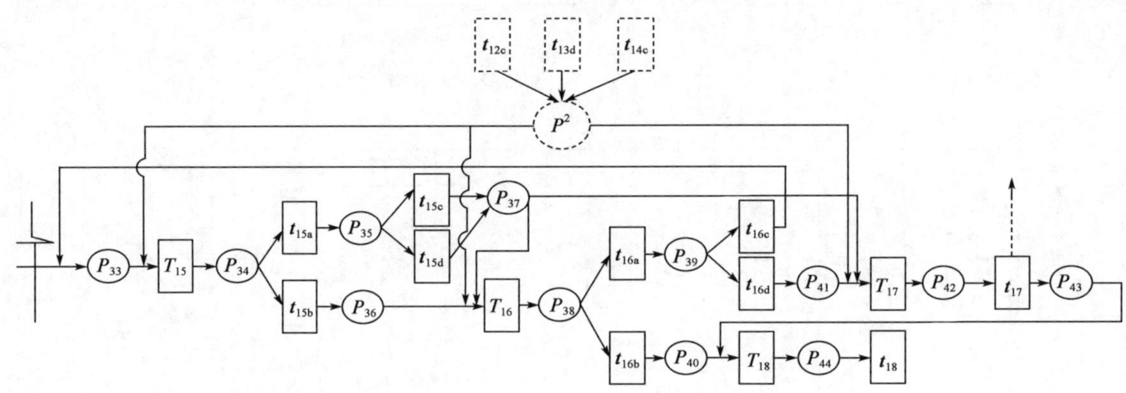

图 4-11　工程项目运营阶段的 Petri 网建模

工程项目运营阶段的 Petri 网模型中的变迁描述　　表 4-5

变迁	T_{15}	t_{15a}	t_{15b}	t_{15c}	t_{15d}	T_{16}	t_{16a}	t_{16b}	t_{16c}	t_{16d}	T_{17}	t_{17}	T_{18}	t_{18}
变迁名称	项目运营	项目没有缺陷	项目有缺陷	形成产品	形成运营信息	项目维护与维修	项目判定可以修复	判定项目无法修复	项目维护后合格	形成维护信息	项目后评价	形成后评价报告	项目改造/拆除	形成废弃物
变迁类型	子过程变迁	瞬时变迁	瞬时变迁	瞬时变迁	瞬时变迁	子过程变迁	瞬时变迁	瞬时变迁	瞬时变迁	瞬时变迁	子过程变迁	瞬时变迁	子过程变迁	瞬时变迁

四、基于过程界面协同的工程项目合同模式分析

(一)并行工程思想对工程项目过程管理的借鉴意义

如前第二章所述,各过程界面协同程度与系统的层次涌现性密切相关,所以工程项目的过程协同模式应体现界面协同的思想,而各阶段间的界面重叠量恰恰体现了并行工程的思想。因此如何借鉴并行工程思想的精髓,是基于界面协同的工程项目过程协同模式的依据。

并行工程这个概念首先出现在工业制造业中,使用这种方法能够缩短产品开发和制造的周期,并且能够提高最终产品的质量和用户满意度。普通的工业制造业的设计部门和制造部门是属于同一个组织的,因此实施并行工程相对较为容易。这个不同点对于并行工程在建筑工业中的应用产生了阻碍作用,因为跨组织的沟通协调是比较困难的。同时传统的工程项目阶段界限明显,通行的做法是在设计工作全部完成之后再进行工程项目的招标,通过竞标方式决定工程项目产品的制造者。因此,要想在工程项目管理过程中更有效率地运用并行工程思想,就应使设计方、制造方甚至运营方加强合作,最佳状况便是像工业制造业那样,设计、制造乃至运营都交由同一组织,而且设计工作、施工工作甚或运营工作在时间上相互交叉、相互重叠,这是并行工程思想对工程项目过程管理的借鉴意义所在。

事实上,业主需求和承包商角色也在发生变化。业主首先把工程项目看成是一个投资行为,要求项目有完备的使用功能;希望保持管理的连续性,一个或较少的承包商承担全部工程建设责任并能够提供最终使用功能为主体的服务;希望承包商与工程的最终效益相关,以消除承包商的短期行为,调动各方面的积极性。伴随着业主需求的变化,承包商角色也应随之发生很大改变。承包商在项目中的承包范围扩大,应由单纯的专业工程施工承包变向工程施工总承包转变,甚至承担项目的咨询策划、建设过程的管理和运营管理、参与项目融资等。承包商进入工程项目的时间应向前延伸、向后扩展:在设计阶段、可行性研究阶段,甚至在项目的构思阶段就进入工程项目,对某些项目,承包商不仅完成项目的建设任务,而且承担项目运营阶段的物业管理和维护服务。

无论是理论意义还是现实需求,本书所探讨的复杂性工程项目由于其自身复杂化、规模大等特点,需要新的过程协同模式,更呼唤并行工程的实施。而 DB、EPC、TK、PMC、BOT 等方式恰恰运用了并行工程思想,在不同程度上体现了过程界面协同的理念,这些模式尤其适用于规模大、复杂化程度高的项目类型。

(二)过程协同模式分析

具体到某一特定项目,业主采用什么合同模式或管理模式,需要考虑多方面因素,如项目的规模和难度、自身的条件、对拟建项目的功能要求、拟建项目的资源限制、机构内部的项目管理人员的能力和项目管理经验等方面。下面简单介绍 DB、PMC、BOT、IPD 等方式。

1. DB 模式

图 4-12 简略地显示了 DB 运营模式中主要参与方的关系。由于 EPC、DBO 等模式可以看成是 DB 的扩展,这几种模式只在工作范围上有所不同,合同关系的本质是一致的,因此本书将其通称为工程总承包模式,都可以用一个图表示。

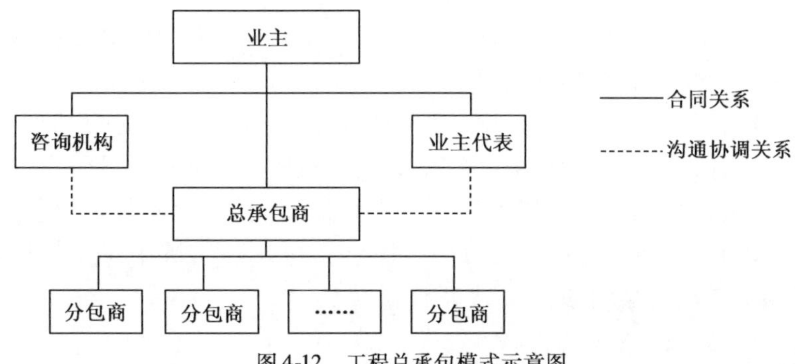

图 4-12 工程总承包模式示意图

工程总承包模式充分体现了工程项目过程协同的理念。国际上对其的最新研究成果表明，恰当地采用工程总承包模式（如DB模式），能使项目在达到费用、时间和质量三个基本目标方面比采用其他模式的项目具有一定的优越性。从业主角度看，其优越性主要体现在[142]：

（1）单一责任制，使得工程出现质量事故时责任明确，容易追究。

（2）缩短整个工程项目的工期，使工程可以较早投入使用。

（3）减少业主多头管理的负担，特别是大大降低了协调设计方与施工方的工作量。

（4）有助于业主提前掌握相对确定的工程总造价。另外，由于设计和施工过程的有机渗透，使得工程的可施工性增强，更能提高工程总体质量。

一般而言，项目的规模和难度越大，采用总承包模式越为有利，因为，规模和难度较大更能体现投标的总承包商的各项能力，使得优秀的承包商发挥其高水平的管理能力和技术能力，优化设计和施工过程。在保证业主获得项目最优价值的前提下，承包商本身也能获得相应的回报，从而达到该模式的最大效能。根据西方的研究，满足下列条件的项目，总承包模式的优势能够得以最好的发挥[142]：

（1）业主的需求能够以比较客观的“性能标准”去描述和规定，使得总承包商能够准确理解业主的需求。

（2）业主的项目需求，基本上都由该相关行业发布的标准或规程来确定。一般来说，这类项目包括道路、桥梁等交通设施项目和房建项目，它们都有大量、详细的国家、行业标准来规定。

（3）对于多项工作存在“可施工性”问题的项目，工程总承包模式更能发挥优势。

2. PMC模式

近年来，由于业主的投资需求不断扩大，工程项目逐渐向大型化、复杂化与多元化方向发展，但同时业主自身的融资与项目管理能力出现不足，业主的项目管理人力资源缺乏，项目管理经验不足以承担该项目管理标准的最低要求，PMC（Project Management Contracting）模式应运而生。它是为满足业主的各项管理需求而产生，是对管理承包模式新的发展。

PMC作为业主的延伸机构，对项目实施进行全面管理，按照预定目标，实现安全、高质量、低造价、按计划完成项目等各项指标，达到项目全生命周期中技术和经济指标的最优化。PMC模式下PMC承包商是整个工程项目的总管理者，代表业主对工程项目实施全面、全过程的综合管理。PMC模式一般主要应用于规模大、复杂度高的工程项目。

3. BOT模式

20世纪80年代出现了一种过程协同范围更广的项目采购模式，即BOT（Build - Oper ate - Transfer）模式和这种模式的各种变形模式。BOT并不是一种合同模式，而是一种项目融资模式，这是一种高度协同的整体解决方案，为发展中国家的政府部门提供从项目的发起、可行性研究、融资服务、设计、施工、运营、移交等全部工程服务。这种模式虽然在适用项目规模和类型上有局限，但它所体现的整体解决方案的思想却是协同思想在项目管理中应用的进一步体现。目前，由于BOT管理模式高效率，应用范围已由原来的发展中国家扩展到很多发达国家。BOT项目典型的结构框架可参照文献[318]。

4. IPD模式

综合项目交付方法已经被越来越多的设计师、建筑商、业主所关注，IPD（Integrated Project

Delivery)是在工程项目中将技术与业务流程进行创新,可以促进工程项目向更加可预测、更准确和更环保的方向发展。美国建筑师学会(AIA)将综合项目交付定义为"一种项目交付方法,即:将建设工程项目中的人员、系统、业务结构和实践全部集成到一个流程中,在该流程中,所有参与者将充分发挥自己的智慧和才华,在设计、制造和施工等所有阶段优化项目成效、为业主增加价值、减少浪费并最大限度提高效率"[28]。

IPD 的主要思想是将项目中的关键参与者通过协同机制组成一个协作、集成、高效的项目团队,团队中的参与成员要基于信任、透明的工作流程和有效协作、信息共享原则组建,团队的成功就代表项目的成功,因此需要共担风险、共享收益,基于价值进行决策,最大限度地发挥每一类参与者的潜力,共享每一份知识[232]。

根据 AIA 对 IPD 的定义,IPD 具有下面的一些特征[232]。

(1)具有协作程度非常高的流程,该流程应该覆盖工程项目从建筑设计、施工到项目交付的全过程阶段,并能够使用 BIM 和其他协同技术为项目交付的所有参与者提供出色和高效的协作方法,并为向综合数字协作(以战略合作伙伴共享成果、共担风险、分享利润为特点)转变这一趋势提供支持。

(2)需要大量依靠个人及专业技术知识,IPD 中项目演示方法正在从二维工程图转向数字模型(BIM),演示与分析同步进行。

(3)项目利益相关方之间建立基于 BIM 的开放信息共享。BIM 的主要作用是减少和消灭项目设计、施工、运营过程中的不确定性和不可预见性,BIM 通过使用建筑物的虚拟信息模型对建筑物各种可能碰到的问题进行模拟、分析、解决,从而防止例外或意外的发生。

(4)建立协作式合作伙伴关系。团队成功与项目成功息息相关,团队共担风险,共享成果。

(5)基于价值的决策。基于协作式数字模型来支持基于整体价值决策的新型合作伙伴关系(包括业主及时主动的参与),IPD 会产生关注施工/生命周期的设计师和和关注设计的建筑商,共同管理项目流程和业绩标准,更加重视价值和成本。

(6)改善采购和进度安排。通过时间建模(有时称作四维建模)和成本建模技术,预测施工现场减速/停工时间,并改善各方基层协调、重叠和阶段划分,从而革新采购和项目进度安排。

(7)提升成本效率。通过面向设计师到分包商采用预制工作流并实施更高的安装精度,减轻协调错误、错误装配和欠妥安装的成本影响。通过消除这些不必要错误所导致的项目进度延缓赔偿,减少超时劳动和额外费用。通过改善项目日程设定来加速施工流程,从而降低一般费用、保险费和运输成本。

(8)改善交付文档。通过使所有文档转向以 BIM 为中心的方法,改变交付文档,尤其是传统的实际构建/记录工程图的原有质量。转变在设计与施工到设施管理过程中生成的数字模型,支持业主/运营商将其用于建筑生命周期管理。

(9)利用新技术。新型工具和技术是综合设计实践和施工的主要支持因素。这些因素包括:BIM 设计工具、基于模型的分析(利用基于 BIM 的数据和数字分析工具,在设计流程中了解项目能耗、结构性能、成本估算和其他推理信息)、四维建模、三维模型装配、基于模型的 BOM 表等。

(三)基于 BIM 的合同模式选择

任何一种合同模式都有自身的特点和局限性,项目的独特性和业主对 BIM 的理解程度决定了每个项目采用的合同模式不同,在选择时要充分考虑合同模式与 BIM 技术的集成程度和 BIM 技术的实施风险。

1. BIM 技术的应用深度

BIM 技术单一功能或项目实施某一阶段的应用,如设计阶段的节能分析、施工阶段的碰撞检查等,传统的 DBB 模式较为适宜。设计、施工阶段的 BIM 技术应用可以考虑 DB 模式、CM 模式,若项目采购阶段还使用 BIM 技术指导预制构件自动化生产,则可以考虑 EPC 模式或交钥匙模式等。项目试运行阶段 BIM 技术的应用需要管理方提供项目全生产阶段的 BIM 模型,可以优先考虑集成创新型模式如 IPD 模式、并行建设模式等。

2. BIM 项目管理的要素目标

传统的 DBB 模式中,业主大多采用固定总价合同,有利于对项目投资的控制,但这种模式只能部分发挥 BIM 功能的应用特征,总承包型管理模式一般采用的是总价合同和成本加酬金合同,成本总投资在项目初期不清晰。此外,BIM 项目的成本控制还要考虑现有环境下 BIM 软件的购置成本、BIM 项目管理人员的培训成本、BIM 专家的聘请和咨询成本等,这些都影响了 BIM 项目的经济效益。项目的工期是 BIM 项目实施的重要约束之一,总承包型模式和 IPD 模式实现了 BIM 技术某几个应用阶段的集成,有利于缩短工期,提高效率。

五、全生命周期成本协同管理和控制

传统意义上的成本管理仅仅集中在项目建设阶段,即控制其建设成本。随着工程管理理论的发展以及工程管理思维的扩展,项目全生命周期成本管理(LCCM)已成为项目管理中不可缺少的理论工具。从某种意义上讲,项目的建设成本与运营成本之间存在着此消彼长的关系,实施全生命周期成本管理,即在充分考虑项目社会成本和环境成本的前提下,综合考虑项目整个全生命周期建设成本与运营成本之间的制约关系,取得二者之间的最佳平衡,从而实现整个项目全生命周期成本(LCC)最小化。在实施 LCCM 的过程中,后续阶段的信息向前集成,打破各阶段间的信息壁垒。从这种角度而言,LCCM 本身就是界面协同的工具[1]。

在项目全生命周期成本的管理中,相关资料表明:在初步设计阶段,影响工程造价的可能性为 75% ~95%;在技术设计阶段,影响工程造价的可能性为 35% ~75%;在施工图设计阶段,影响工程造价的可能性为 25% ~35%;而到了工程实施阶段,影响工程投资的可能性已经只有 5% ~25%。因此可以看出在工程项目的设计阶段对项目的全生命周期成本控制至关重要。

[1] 工程项目的全生命周期成本由资金成本、环境成本以及社会成本构成。资金成本即经济成本,指在工程项目整个生命周期内所发生的一切可直接体现为资金耗费的投入总和,由初始建造成本和未来运营成本构成。从全生命周期成本的角度来看,环境和社会成本在整个项目的生命周期内是不可忽视的重要内容。特别是对于能对环境和社会产生影响的重大项目(如大型水利项目、城市交通项目等),必须将这类成本包括进来以进行综合决策。在全生命周期成本中,环境成本和社会成本都是隐性成本,它们不直接表现为量化成本,而必须借助于其他方法转化为可直接计量的成本,这就使得它们比经济成本更难以计量,但在工程建设及运行的全过程中,这类成本是始终发生的,因此应予以考虑。

将基于全生命周期成本管理理论的工具(比如可持续性设计、价值管理、可施工性设计、限额设计等)应用到设计的各个阶段,改善各个阶段的设计工作,更好地实现方案设计、方案评价和方案选择,形成基于全生命周期成本最低的设计成本控制体系,控制流程如图4-13所示。

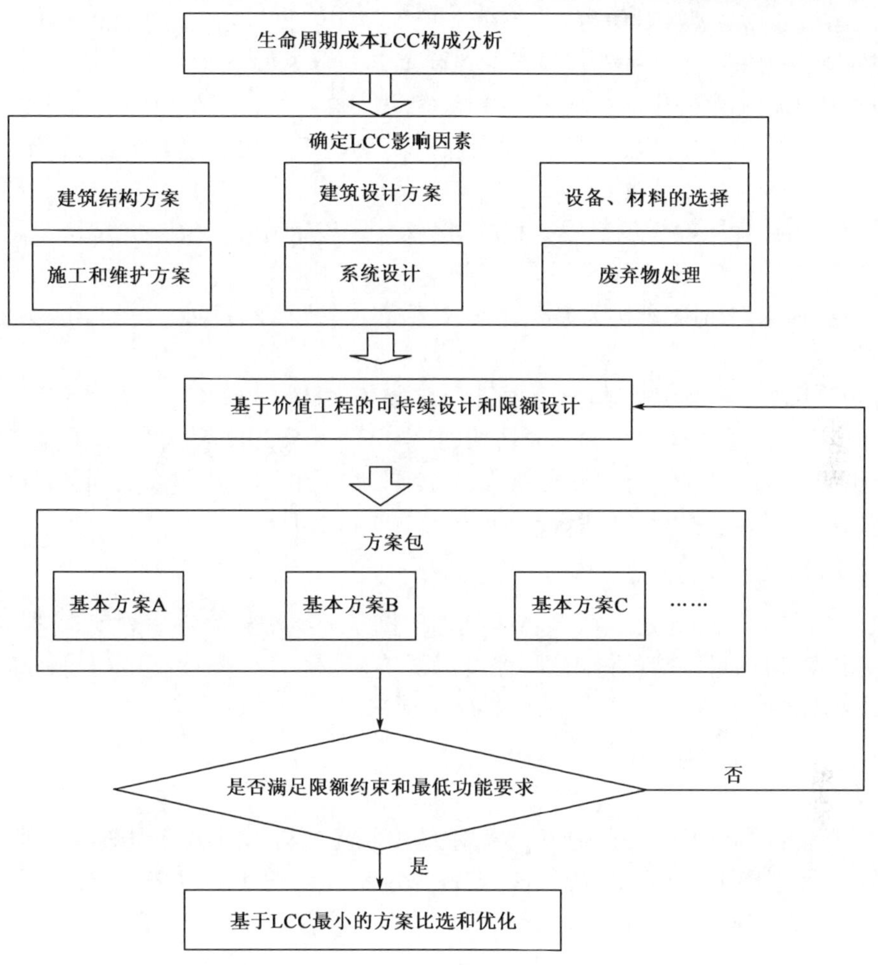

图4-13　基于LCC的设计阶段造价控制流程图

第三节　工程项目的全生命周期动态风险管理方法研究

工程项目具有很强的过程性,尤其是复杂性工程项目各个方面的复杂性因素,决定了风险贯穿于项目建设的整个过程中,而且在其发展过程中还会有很多因素引起风险的变化,因此,面向项目全生命周期如何有效地进行风险管理和控制是工程项目顺利实施的保证,直接影响到项目的成功与否。

一、工程项目风险管理概述

(一)风险的来源及构成

任何项目的风险都来自于与项目有关的各种因素的不确定性,这些不确定性的来源包括人的活动和环境两个方面。项目中来自人的不确定性是指各种决策活动、管理活动、具体的操作或作业活动等由于人的参与而使结果具有不确定性。项目的环境不确定性因素是指项目所处的空间硬环境(自然环境——地理、地质、气候、水文、交通以及其他公共设施)以及项目内外的软环境(政治、经济、金融、法规、政策等)。正是这许多不确定性的联合作用后果,造成了项目的风险。

根据风险来源的不同,将工程项目的风险因素划分为如下几类[319-321]:

(1)自然风险和意外事故。包括异常恶劣的气候条件,项目开始前无法预料的水文地质条件,地震、洪水、飙风等自然灾害,其他外部障碍如施工过程中挖出文物、化石等以及火灾、爆炸、空中物体坠落的意外事故。

(2)政治和社会风险。包括战争和敌对行动、骚乱和喧闹(如劳动争端、罢工等)、暴动、政变和内战、法规的改变、偷抢和恶意破坏等。

(3)经济和法律风险。包括通货膨胀、材料和设备短缺、劳动力短缺、汇率利率变动、法律政策变更等。

(4)行为风险。行为风险是指由项目参与方及除此以外的第三方的行为导致的风险,如设计风险、渎职、严重失误和合同一方违约,其中第三方行为包括行政当局的行为。

对风险因素进行分类,可以使分析人员在项目风险识别过程中对于项目风险有一个整体的认识和把握,不容易遗漏一些隐蔽的或自己不熟悉的因素。

(二)风险管理及其流程

根据PMI(1992)的界定[322],项目风险管理贯穿于项目整个生命周期,它是从项目目标的最大利益出发,对项目风险进行识别、评价以及响应(采取对策)的艺术和科学。它的目的是识别项目风险,并开发出战略以大大减少风险或采取步骤避免风险,即要使事情向不利方向发展的可能性最小,最大化利用相关机会。

1. 风险流程分析

风险管理的常规程序如图4-14所示,主要由风险分析和风险管理两大过程组成。其中风险分析是指风险管理中对风险因素进行定性与定量分析的活动过程,需要采用大量的技术手段来完成相应的分析过程。风险分析实质上是为风险管理提供决策服务。

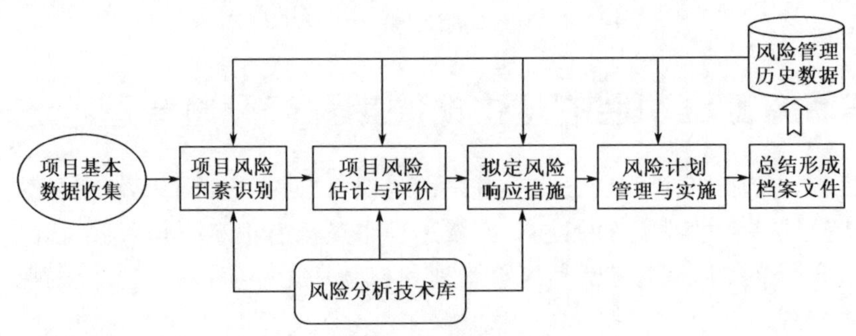

图4-14 风险管理体系的基本框架

(1)风险因素的识别。风险因素的识别是通过一定的方法和手段,尽可能地找出潜在显著影响项目成功的风险因素。

(2)风险的估计。风险估计的任务是对某一风险因素发生的概率值及其后果的性质和大小进行估计。PMI对每一个项目风险采用三个因素进行表达[322]:①风险事件,即项目将会出现什么的有害情况;②风险概率,即风险事件发生的可能性有多大;③风险后果量值,即风险后果的严重性。按照这种表示方法,风险事件的状态可以由公式进行表达:风险事件状态 = 风险概率 × 风险后果量值。

(3)风险后果评价分析。是指将识别出的风险估计结果与项目的目标建立联系,分析风险因素对项目目标的不利影响的大小。

(4)风险对策拟定。常规风险响应措施有如下四大类:回避风险、保持风险、转移风险、减免风险。由于工程项目的复杂性,这是一项极具挑战性的工作。风险响应措施的拟定方法通常有系统分析方法和历史经验借鉴方法。

2. 风险分析技术及其应用

现有的风险分析技术有很多,既有定性的又有定量的,如:风险对照表、假设分析法、概率分析、登记表法、影响图、因果分析法、敏感性分析、决策树、模糊数学、蒙特卡罗模拟、多目标决策、风险模拟等。[19][323]

虽然有如此多的风险分析技术,然而在风险分析管理技术与工程实际应用之间仍存在较大的差距。工程管理人员并没有必要去学习新的技术进行风险管理,而是需要以更适当的方法使用现有的技术[324]。使用风险分析与管理技术的最好方法是:首先从最基本的定性技术开始,然后逐渐增加技术的复杂度,最终达到与项目相适应的最好的成本利润率[19]。

Alfredo del Cano根据项目复杂性、绝对规模和组织成熟度水平把项目分属在不同的区域(表4-6),其中投资数额低于2500万美元、2500万美元~1亿美元、大于1亿美元的项目分别为小型、中型和大型项目,并对不同工程项目类别所应用的风险分析技术进行了举例(表4-7)[19]。

根据项目复杂度、规模和组织风险管理成熟度水平进行的项目分类[19] 表4-6

项目规模			小型	中型	大型
组织的风险管理成熟度	高水平	高复杂性项目	MC	MD	ME
		中等复杂性项目	MB	MC	MD
		低复杂性项目	MA	MB	MC
	低水平	高复杂性项目	mC	mD	mE
		中等复杂性项目	mB	mC	mD
		低复杂性项目	mA	mB	mC

某些特定的风险分析工具如敏感性分析法、蒙特卡罗模拟法、概率影响图表法,没有考虑风险各个方面之间可能的关联性,而其他技术都考虑了这些相关性。由于考虑了相关性,因此使得风险模型更加复杂,需要更多的知识和经验。项目管理组织的成熟度越高、项目规模越大,越应考虑风险因素之间的这种相关性。另一方面,基于期望值概念的所有技术都必须谨记风险的两面性,它们的排序既要考虑风险带来的期望收益,也依赖它们发生的概率和影响结果。最后,复杂的定量分析技术如过程仿真、系统动力学和模糊逻辑法,只用在高风险成熟度的组织管理大型项目时的这些少数的案例中。

根据表 4-6 划分的不同项目类别应使用的风险分析技术举例[19] 表 4-7

主要风险分析技术		项目所属区域									
		mA	mB	mC	mD	mE	MA	MB	MC	MD	ME
定性分析技术	概率影响描述法	●	●	●	●	●	●	●	●	●	●
	假设分析	●	●	●	●	●	●	●	●	●	●
	登记表法	◎	◎	◎	◎	◎	●	●	●	●	●
	概率影响表	○	○	●	●	●	○	●	●	●	●
	数据准确度列表	○	○	○	○	○	○	○	○	●	●
	流程图			○	○	○		○	○	○	○
	影响图分析法			○	○	○		○	○	○	○
	因果图表法				○	○			○	○	○
	事故树法				◎	◎				○	○
定量分析技术	敏感性分析	●	●	●	●	●	●	●	●	●	●
	概率和法		○	○	○	○	○	○	●	●	●
	蒙特卡罗模拟			◎	◎	◎	○	○	●	●	●
	概率影响图表			◎	◎	◎	○	○	●	●	●
	期望值法			○	○	○	○	○	○	○	○
	决策树				◎	◎				○	○
	事故树				◎	◎				○	○
	多目标决策				◎	◎				○	○
	模糊逻辑										◎
	过程仿真										◎
	系统动力学										◎

图例:●:最常使用;○:特定情况下、有特殊目的时可能使用;◎:需要外来帮助才能更好使用。

当然,项目组织的风险管理成熟度、项目的规模和复杂度并不是影响风险技术选择的唯一因素,还有其他一些因素也影响风险技术的选择,如:①组织风险成熟度一定的情况下,要看该组织是否第一次将风险管理应用于特定类型的项目,是否第一次将应用在小型和成熟项目中的管理过程应用于更有难度、更大型的项目中;②在实行风险管理的过程中,参与人员的动机和态度;③内部和外部可利用的资源和时间;④合同的类型(比如 DBB/DB/CM 等);⑤项目目标的优先顺序等。另外非项目驱动的组织总是利用外部资源承担项目,因此它们只负责关键性决策,在这种情况下,外部咨询者能够使用独立于组织风险成熟度水平的风险管理过程。所有这些因素都将影响风险分析技术的使用。

二、工程总承包项目风险分担

工程项目进行高质量风险管理的前提条件之一便是使项目各参与方明确自己承担的风险，制定管理风险的激励措施[319]。如前所述，复杂性程度高、规模大的工程项目更适于采用总承包模式，总承包模式本身就是过程界面协同的体现，因此本书分析工程项目总承包模式下合同各方的风险分担问题。风险的归属划分本身就是界面管理问题之一。风险分担明确才能激发各参与方主动管理风险、控制风险。在此将以《设计采购施工（EPC）/交钥匙工程合同条件》（银皮书）和《标准设计施工总承包招标文件》（DB 模式）中通用条款下的风险分担情况进行分析。

1. 风险分担的内涵

对于风险分担的内涵，比较有代表性的观点见表 4-8[111]。

风险分担的基本概念内涵　　表 4-8

序　号	来　源	基 本 概 念
1	UffJ（1995）[325]	风险分担对可能会导致项目未来损失或收益的责任进行合理界定、并将其在项目不同利益的相关者之间进行合理划分的过程
2	Hoffman（1998）[326]	对于项目风险因素进行全面的识别，并且将其在项目参与之间进行分配的过程即风险分担
3	M. P. Abednego 等（2006）[327]	风险分担不仅包括风险责任的划分，而且还要进行合理分配，从而要求识别出待分配的风险因素（What），在合适的时间（When），确定其合适的承担者（Who），并制定相应的应对方案（How）
4	Hameed 等（2007）[328]	风险分担是一个决策过程，其核心是识别出潜在的项目风险因素，并且将其在参与方之间进行合理分配
5	徐勇戈（2006）[329]	风险分担是指合同（交易）双方将合同可能涉及的不确性外生随机变量（风险）在合同当事人（委托人和代理人）之间进行分配，风险分担度则用来表示风险在委托代理双方之间分配的比例
6	朱宗乾等（2010）[330]	风险分担是指项目利益相关者之间分别承担或共同承担项目中各类风险的方式、形成风险责任划分的过程和格局

可见，上述文献对于风险分担内涵的界定基本一致，即确定未来不确定性损失的责任承担的过程，其核心要素包括风险因素的识别、风险责任的承担对象的确定以及风险责任承担大小的划分等。因此，工程项目风险分担即识别工程项目风险，并将其合理划分给项目交易双方，明确特定风险应由交易一方承担或双方共同承担的过程[111]。事实上，项目风险分担是一个与合同有着密切关系的动态的复杂过程，更注重从制度层面来协调利益相关者的关系，解决其间的利益冲突[178]。

2. 风险分担的原则

美国建筑行业协会的争端预防与解决研究小组对 191 个单位（业主与承包商约各半）的调查显示，工程项目施工阶段产生争端的十大原因之首即合同条款中的风险分担不合理[331]。

因此建立科学、合理的风险分担原则对降低各参与方争端、提高项目绩效具有重要意义。

根据风险效率、交易成本等理论，综合我国及西方一些学者对风险分担原则研究的成果，建立工程项目风险分担的一般原则[319]：

（1）根据“风险效率”理论，如果一方承担某项风险能使项目获得最优的风险效率，如能够更好地预见和控制风险，或者能很方便地对某风险进行保险并能将保险费消化在费用中，则此风险分配给该方。

（2）根据委托代理理论中的激励相容约束[332]，如果一方是管理某项风险所获得的经济利益的最大收益者，则此项风险应划分给该方；如果某项风险发生后，一方为直接受害者，则该风险应划分给该方。这样的安排可以使代理人，即总承包商为了获得效用最大化而积极主动地对该项风险进行管理。

在复杂的工程环境下，有时很难简单地判断控制好一项风险对何方经济上更有利，需要根据具体的项目具体分析。

（3）根据交易成本原理，如果由参与方对自己的“不规”行为负责，可以减轻对方大量的监督工作，降低监督成本，因此如果一方的恶意行为或渎职引起某项风险，则此项风险分配给该方。

同时这项原则也符合激励相容约束，如果由于采取不规行为而带来的期望效用小于不采取此行为带来的期望效用，则为了效用最大化，行为人会主动地避免不规行为的产生。

3.《设计采购施工（EPC）/交钥匙工程合同条件》下项目的风险分担分析——以承包商为视角❶

工程项目进行高质量风险管理的前提条件之一便是使项目各参与方明确自己承担的风险，制定管理风险的激励措施。由于银皮书下承包商承担风险的特殊性，在此主要基于承包商视角，分析其承担风险的情况。

工程项目呈大型化、复杂化趋势，发承包方式的变革，以及跨地区、跨国界的合作给承包商带来新的挑战和风险[1]。由于业主倾向、资源配置和综合效益等方面的优势，EPC 交钥匙模式逐渐成为国际上工程承发包的主流模式之一❷。张水波等[333]对该模式进行了详尽的分析和论述。EPC 总承包是大型建设工程中一种重要的承包模式，EPC 模式较好地解决了工程项目中连续的项目管理过程互相分离的矛盾，可以在很大程度上缩短工期、节约投资、提高工程运作效率、降低工程总造价。因此，此类项目的业主希望尽可能少地承担项目实施的风险，以避免在项目实施过程中追加过多的费用和给予承包商过多延长工期的权利，从而期望能使项目的费用和工期固定下来。

然而，在当今建筑市场竞争激烈、僧多粥少的情况下，业主常常通过苛刻的合同条款把风险转移给承包商。在 EPC 总承包合同中，承包商需要面对比传统承包合同下大得多的风险。正如在《设计采购施工（EPC）/交钥匙工程合同条件》（简称银皮书）中规定“只要承包商签订

❶ 本书探讨的 DB 合同和 EPC 合同在风险分担的原则上不尽相同：EPC 合同把较多的风险不平衡地分配给承包商，投标人将需要更多的对工程具体类型有关的现场水文、地下及其他条件的数据，以及更多的时间审查这些数据和评价此类风险。DB 合同在考虑保险可能性、项目管理的合理原则和各方对每种风险的有关情况的预见能力和减轻影响的能力等事项后，各方间平衡地分配风险。

❷ 根据美国设计建造学会（DBIA）的预测，到 2015 年工程总承包模式在市场上被采用的份额将达到 55%。

了合同，就意味着他接受了预见到圆满完成工程所碰到的一切困难，以及所需的全部费用”，这就意味着对于承包商而言，EPC 合同模式下其承担了大部分的工程风险。因此，承包商必须明确自己承担的风险，才能制定管理风险的激励措施。

对于风险的管理不能仅仅依靠对合同条件的理解，合同条件并没有包括所有可能发生的风险。本着全面、系统的原则，投标阶段承包商面临的风险来源进行预测与辨识，主要归纳为：项目外部环境带来的风险、项目各参与方带来的风险、EPC 模式下工程量不确定带来的风险以及银皮书下承包商特有的风险四大类。重点分析工程量不确定带来的风险以及银皮书下承包商特有的风险。

（1）工程量不确定带来的风险

在 EPC 总承包模式下，承包商按照合同条件和业主要求确定的工程范围、工作量和质量要求报价。但是业主要求是面对功能的，没有明确的工作量。总承包合同规定：工程的范围应包括为满足业主要求或合同隐含要做的任何工作，以及合同中虽未提及但是为了工程的安全和稳定、工程的顺利完成和有效运行所需的所有工作，因此总承包商在投标报价时工作量和质量的细节是不确定的，合同签订后才有方案设计、详细设计和施工计划，但这些必须经过业主的批准才能进一步实施。这样最终按照详细设计核算的工程量与投标报价时的假定工作量之间可能存在很大的差异。在工程施工过程中，由于设计的修改或调整，或业主对工程具体要求的修改，工作量和工程质量还可能有变化，但是如果这些变化使最终完成的工程范围没有超过原先提出的业主要求；或者修改后工程的功能没有变化，那么这些变化将不作为工程变更。这是总承包商承担的风险。

（2）合同带来的风险

合同风险主要是指合同中的不确定性给承包商带来的风险。总承包商需要面对的合同风险有：银皮书中明确规定的承包商的风险、合同条文不全面/不完整带来的风险、合同条文不严密带来的风险等。合同条文不全面/不完整带来的风险和合同条文不严密带来的风险等属于合同谈判阶段的风险，本书不展开讨论，仅对银皮书中承包商承担的扩大部分的风险进行分析，这些风险都是承包商在投标阶段应该考虑的。

下面选取对投标阶段有影响的一些风险来源，对 FIDIC《施工合同文件》（新红皮书）和《设计采购施工（EPC）/交钥匙工程合同条件》（银皮书）中相关风险分担的规定进行对比，具体如表 4-9 所示。

银皮书与红皮书投标阶段的承包商风险因素对比　　表 4-9

对比要素	银　皮　书	红　皮　书	承包商风险差别
4.1 承包商的一般义务	承包商应对所有现场作业和施工方法的完备性、稳定性和安全性负责	承包商应对所有现场作业和施工方法的完备性、稳定性和安全性负责；除合同中规定的范围，承包商（i）应对所有承包商的文件、临时工程和按照合同规定对每项永久设备和材料的所做的设计负责；以及（ii）但对永久工程的设计或规范不负责任	在银皮书下承包商要承担所有现场作业和施工方法的完备性、稳定性和安全性的风险

续上表

对比要素	银皮书	红皮书	承包商风险差别
4.10 现场数据	业主应在基准日期前,将其取得的现场地下和水文条件及环境方面的所有有关资料,提交给承包商;同样地,业主在基准日期后得到的所有此类资料,也应提交给承包商	在基准日期之前,业主应向承包商提供业主掌握的一切现场地表以下及水文条件的有关数据,包括环境方面的数据,以供其参考;业主同样应向承包商提供其在基准日期后得到的所有数据;承包商应负责对所有数据的解释	在银皮书下承包商承担了因为业主提供的现场数据不准确而带来的风险
4.12 不可预见的困难	除合同另有说明外: (1)承包商应被认为已取得了对工程可能产生影响和作用的有关风险、意外事件和其他情况的全部必要资料; (2)通过签署合同,承包商接受对预见到的为顺利完成工程的所有困难和费用的全部职责; (3)合同价格对任何未预见到的困难和费用不应考虑予以调整	不可预见的外界条件: 如果承包商在工程实施过程中遇到了一个有经验的承包商在提交投标书之前无法预见的不利条件,则他就有可能得到工期和费用方面的补偿	在银皮书下承包商承担了所有"不可预见的困难"发生时的风险
8.4 竣工时间延长	如由于下列任何原因,致使达到按照第10.1款[工程和分项工程的接收]要求的竣工受到或将受到延误的程度,承包商有权按照第20.1款[承包商的索赔]的规定提出延长竣工时间: (1)变更(除非已根据第13.3款[变更程序]的规定商定调整了竣工时间); (2)根据本条件某款,有权获得延长期的原因; (3)由业主、业主人员、或在现场的业主的其他承包商造成或引起的任何延误、妨碍和阻碍	如果由于下述任何原因致使承包商对第10.1款[对工程和区段的接收]中的竣工在一定程度上遭到或将要遭到延误,承包商可依据第20.1款[承包商的索赔]要求延长竣工时间: (1)一项变更(除非已根据第13.3款[变更程序]商定对竣工时间作出调整)或其他合同中包括的任何一项工程数量上的实质性变化; (2)导致承包商根据本合同条件的某条款有权获得延长工期的延误原因; (3)异常不利的气候条件; (4)由于传染病或其他政府行为导致人员或货物的可获得的不可预见的短缺; (5)由业主、业主人员或现场中业主的其他承包商直接造成的或认为属于其责任的任何延误、干扰或阻碍	在银皮书下,承包商获得"竣工时间"延长的权利比较有限,这与银皮书中删减了"异常不利的气候条件、由于传染病或其他政府行为导致人员或货物的可获得的不可预见的短缺"的内容有关,而这些事件所导致的风险被转嫁给了承包商
13.8	因成本改变的调整:当合同价格要根据劳动力、货物以及工程的其他投入的成本的升降进行调整时,应按照专用条件的规定进行计算	费用变化引起的调整:因为物价上涨或汇率波动调整合同价格的规定	一般情况,在银皮书下物价不予调整,所以承包商常常承担物价波动的风险

续上表

对比要素	银　皮　书	红　皮　书	承包商风险差别
17.3 业主的风险	(1)战争、敌对行动(不论宣战与否)、入侵、外敌行动; (2)工程所在国内的叛乱、恐怖主义、革命、暴动、军事政变、篡夺政权或内战; (3)承包商人员、及承包商和分包商的其他雇员以外的人员在工程所在国内的骚动、喧闹、或混乱; (4)工程所在国内的战争军火、爆炸物资、电离辐射或放射性引起的污染,但可能由承包商使用此类军火、炸药、辐射或放射性引起的除由音速或超音速飞行的飞机或飞机装置所产生的压力波	(1)战争、敌对行动(不论宣战与否)、入侵、外敌行动; (2)工程所在国内的叛乱、恐怖活动、革命、暴动、军事政变、篡夺政权或内战; (3)暴乱、骚乱或混乱,完全局限于承包商的人员以及承包商和分包商的其他雇用人员中间的事件除外; (4)工程所在国的军火、爆炸性物质、离子辐射或放射性污染,由于承包商使用此类军火、爆炸性物质、辐射或放射性活动的情况除外; (5)以音速或超音速飞行的飞机或其他飞行装置产生的压力波; (6)业主使用或占用永久工程的任何部分,合同中另有规定的除外; (7)因工程任何部分设计不当而造成的,而此类设计是由业主的人员提供的,或由业主所负责的其他人员提供的一个有经验的承包商不可预见且无法合理防范的自然力的作用	在银皮书下业主的风险明显减少,承包商承担了(5)、(6)、(7)风险

总之,在银皮书的规定中,除政治风险、社会风险和不可抗力的直接损失仍由业主承担外,承包商承担的风险范围明显扩大,而获得补偿的机会却大大减少,主要体现在以下几点。

(1)业主的免责

在 EPC 合同中,在传统模式下业主承担的很多风险和责任均不再存在,包括以下方面:

①业主对现场水文地质资料及环境方面现场数据的准确性、充分性和完整性不承担责任。

②业主对所提供工程量表中材料中的错误、不准确、遗漏不承担责任。

③对所有“不可预见的困难”包括“一个有经验的承包商在提交投标书之前无法预见的不利条件”的发生不承担责任。

业主的这些免责均将风险转嫁给了承包商。

(2)承包商对业主要求的理解偏差

EPC 合同规定,承包商应被视为在基准日期前已仔细审查了业主要求。业主仅对业主要求中的下列数据和资料的正确性负责:

①在合同中规定由业主负责的、或不可变的部分、数据和资料。

②对工程或其任何部分的预期目的说明。

③竣工工程的试验和性能的标准。

④除合同另有说明外,承包商不能核实的部分、数据和资料。

因此,承包商应:

①在除业主应负责的部分之外对业主要求(包括设计标准和计算)的正确性负责。

②承包商从业主处得到的任何数据或资料不应解除承包商对工程设计、采购和施工的责任。

(3)合同中的其余不利条款

①合同价格。承包商应支付根据合同要求应由其支付的各项税费。除合同明确规定的情况外,合同价格不应因任何这些税费进行调整。

②因法律改变的调整。当基准日期之后,工程所在国的法律有改变(包括使用新的法律,废除或修改现有法律),或对此类法律的司法或政府解释有改变,对承包商履行合同规定的义务产生影响时,合同价格应考虑由上述改变造成的任何费用的增减和调整。

③通常 EPC 总承包合同规定,变更是经业主指示或批准的,对业主要求或工程所做的变更。在业主要求不变的情况下,业主对设计、施工、采购计划的调整要求,一般不作为工程变更。

④承包商对报价负责,即使是报价中的数字计算错误,评标或工程结算时一般都不能修正,原因在于总价合同中总价优先,双方确认的是合同总价。

4. DB 模式下工程项目的风险分担分析——以《标准设计施工总承包招标文件》(2012 年版)为例

从项目整体效益的角度出发[334]而不是从发包人❶或总承包商的角度出发,研究在工程总承包模式下,如何进行合理有效的风险分担,以使项目资源得到优化,项目目标得到实现,使总承包模式的优势得到充分发挥,使总承包项目获得成功。将风险分担的基本原则与工程总承包模式的主体属性和客体属性相结合,得到如下描述更为具体的、工程总承包模式下的风险分担基本原则。

(1)发包人及发包人的咨询机构的行为和职责产生的风险,由发包人承担。

(2)总承包商及与总承包商签约的分包商的行为和职责产生的风险,由总承包商承担。

(3)第三方行为的引起的风险,由发包人承担。

(4)总承包商能够合理预见或防范的外部条件引起的风险,由总承包商承担。

(5)总承包商无法合理预见并防范的外部条件引起的风险,由发包人与总承包商共同承担。

(6)对于能够投保的风险,由方便投保并可能获得较低保险费的一方承担;对于不能投保,而又非总承包商所能控制的风险,由发包人承担。

(7)通常情况下,经济或社会因素导致的价格上涨、资源短缺等经济风险由总承包商承担,当风险损失过大时,由业主与总承包商共同承担。

下面以《标准设计施工总承包招标文件》(2012 年版)为例,分析其通用条款中发包人和承包人的风险分担规定,见表 4-10。

❶ 为了与《标准设计施工总承包招标文件》(2012 年版)中说法一致,此小标题内称业主为发包人。

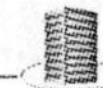

《标准设计施工总承包招标文件》(2012 年版)中发承包人的风险分担　　表 4-10

序号	风险描述	发包人	承包人	备　注
1.10	化石文物	T+C		
1.13	发包人要求中的错误(A)	T+C+P		(1)承包人发现错误,因错误导致的损失; (2)当出现下列错误:发包人要求中引用的原始数据和资料;对工程或其任何部分的功能要求;对工程的工艺安排或要求;试验和检验标准,无论承包人发现与否
	发包人要求中的错误(B)		T+C	承包人未发现发包人要求中存在错误导致的损失
1.14	发包人要求违法	T+C+P		
4.10.1	原始现场资料错误	T+C+P		
4.11	不可预见物质条件(A)	T+C		包括地下和水文条件,但不包括气候条件
	不可预见的困难和费用(B)		C	承包人遇到不可预见的困难和费用时,合同价格不予调整
5.7	承包人文件错误		T+C	第1.13款发包人要求的错误导致承包人文件错误、遗漏、含混、矛盾、不充分或其他缺陷的除外
6.2	发包人提供的材料和工程设备(A)	T+C+P		发包人提供的材料和工程设备的规格、数量或质量不符合合同要求,或由于发包人原因发生交货日期延误及交货地点变更等情况
6.5.1	禁止使用不合格的材料和工程设备		T+C	监理人在承包人更换不合格材料和设备后再次进行检查和检验损失的费用
7.3	要求承包人增加或更换施工设备		T+C	承包人使用的施工设备不能满足合同进度计划和(或)质量标准时
8.4	超大件和超重件的运输		C	运输超大件或超重件所需的道路和桥梁临时加固改造费用和其他有关费用
9.3	准资料错误的责任		T+C+P	
11.3	发包人引起的工期延误	T+C+P		
11.4	异常恶劣的气候条件	T+C		
11.5	承包人引起的工期延		T+C	
11.6	工期提前		C+奖励	发包人要求承包人提前竣工,或承包人提出提前竣工的建议能够给发包人带来效益的
11.7	行政审批迟延	T+C		因国家有关部门审批迟延造成损失

续上表

序号	风险描述	发包人	承包人	备注
13.1.3	发包人原因导致工程质量问题	T+C+P		因发包人原因造成工程质量达不到合同约定验收标准的
13.4.3	监理人重新检查工程隐蔽部位	T+C+P		经检验证明工程质量符合合同要求的
16.1	物价波动引起的调整	C	C	发承包双方引起的工期延误后的价格调整,按责任方不受益的原则进行风险分担
16.2	法律变化引起的调整	C		基准日后发生的法律变化
20.1	设计和工程保险		C	在缺陷责任期终止证书颁发前,承包人应按照专用合同条款的约定投保第三者责任险
20.2	工伤保险	C	C	双方各自为自己雇佣的全部人员投保工伤保险
20.3	人身意外伤害险	C	C	双方各自为自己雇佣的全部人员投保工伤保险
21.3	不可抗力	T+C	C	费用分担原则:承包人承担自己的人员、设备和停工损失;其余损失均归发包人
23	承包人索赔	T+C+P		前提是在规定的时限内提出索赔;接受了竣工付款证书后,只限于提出工程接收证书颁发后发生的索赔;提出索赔的期限自接受最终结清证书时终止
23.4	发包人的索赔		C+T	其中T为缺陷责任期的延长
……				

三、工程项目全生命周期动态风险管理

早期的风险管理在项目前期进行风险分析,在项目实施和运营期进行风险管理与控制。这种风险管理观念是静态的管理,它将风险管理与风险分析、项目过程完全隔离开来。风险管理过程只是将事先确定好的措施加以实施,不能根据项目的实施过程和风险因素的变化进行动态管理。但是,工程项目具有很强的过程性,在其发展过程中还有很多因素会引起风险的变化,对于复杂性工程项目更是如此。除此之外,风险是否发生、发生的时间、发生后持续的时间及产生后果的大小都具有随机性,因此静态的风险管理思想不能反映项目风险的这种过程性和随机性,风险管理应贯穿于工程项目建设的整个过程中。界面管理应该是一个过程,应该随着界面矛盾的产生而产生、随着界面矛盾的性质、方向的变化而变化的。基于这种认识,基于风险管理的界面管理就应该突出其动态性。

已有一些学者对工程项目的动态风险管理进行了有益的探索和研究。A. B. Huseby 和 S. Skogen[335] 提出了一个动态风险分析模型——DynRISK,A Del Cano[336] 提出了连续风险评价方法,H. Ren[337] 提出了风险生命期概念,Ali Jaafari[338] 提出了生命周期风险管理 LCRM 的概念。在一个实际的风险模型中,项目必须被作为一个动态的过程,随着项目的进行,决策者可能修改原先的计划,这些变化必须被考虑进风险模型中。任何一个项目要成功地完成,必须将风险

识别、风险估计、风险评价与风险对策拟定几个步骤贯穿于项目的整个生命周期当中。

鉴于项目的过程性、动态性以及风险发生的随机性等因素，在相关学者对动态风险管理及系统演化理论研究的基础上，本书建立了面向全生命周期的工程项目动态风险管理体系（图4-15），其对复杂性工程项目的风险管理尤其具有指导意义。

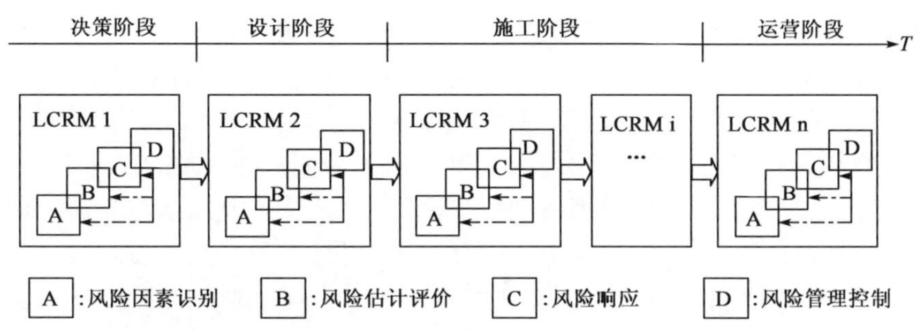

图4-15　复杂性工程项目全生命周期动态风险管理框架结构示意图

（1）该体系框架中风险管理的生命周期仍取如图4-13所示的四个阶段，即风险因素识别、风险估计与评价、风险响应措施拟定与风险计划管理与实施。

（2）对风险识别是否及时、控制是否恰当、管理是否有效，直接影响到工程项目风险管理目标和整体项目目标的实现结果。在项目的整个生命周期内，伴随着风险管理的进行，风险管理目标的实现呈现出平稳发展、涌现和退化几种结果。在一个风险管理周期内，如果对风险因素进行了很好地规避和控制，目标按照规划实现，使系统呈现出平稳发展的现象；如果能充分利用环境中带来的机会风险，将潜在收益最大化，则会达到预想不到的目标水平，使系统呈现出涌现现象；如果风险管理不当，没有很好地控制、规避风险，造成严重后果，则会阻碍目标的实现，使系统呈现退化的现象；更有甚者，一些突发性、致命性的风险因素则可能激发可能复杂系统特有的脆性导致系统呈现崩溃，项目失败[339]。

（3）风险的识别不能一劳永逸，动态管理体系中应将风险管理的生命周期和工程项目的生命周期有机结合起来，即在工程项目整个生命周期各个阶段内，可能存在一个或若干个风险管理周期（LCRM）。LCRM的数目要综合考虑环境的动荡性和项目规模等因素确定。各个风险管理周期之间也存在相互作用，不是完全独立的，相互之间可能有交叉，即使是单一的风险管理周期内，四个阶段的工作也不是完全线性的，根据项目和环境变化的需要，也可能出现工作间的循环和交叉（4-15中虚箭头所示），只是每个时间段内以一项工作为主进行。

对于动态环境下复杂性工程项目，全过程的风险管理和控制尤其显得重要。只有在项目全生命周期内不间断地进行风险的生命周期管理，才能避免或最小化风险可能造成的危害，并最大化风险带来的机遇，为全面实现项目目标打下基础。

第四节　工程项目全生命周期各过程与环境的协同管理

一方面，任何工程项目系统处在一定的自然、经济、社会、政治等环境中，环境提供了工程项目发展必需的资源和系统目标实现的动力；另一方面，工程项目对环境不可避免地会产生影响，而复杂性工程项目对整个社会、经济、生态等环境产生的影响更为重大，因此项目在整个生命周期发展过程中，必须考虑环境因素，在满足环境约束关系的前提下，既充分利用环境提供的机会，又要坚持可持续发展的原则，做到项目与资源、经济和社会发展的协调一致。系统只有不断地与环境之间进行物质、能量和信息的交换，才可能变成一种动态的稳定的有序结构，形成普里高津所谓的耗散结构，不断降低熵值，增加系统的有序程度。

工程项目系统与环境的协调作用发生在系统的各个层次，但由于协同的要求和结果分布在工程项目生命周期的各个阶段内，每一阶段都将消耗一定的资源并对周围环境产生一定的影响，因此本书在探讨项目系统与环境的协同关系时，动态地看待工程项目与环境的关系，注重在项目全生命周期中与环境的交互作用。运用全生命周期分析方法，研究项目从立项、设计、施工和运营直至最终生命结束对工程项目环境的影响，总体上包括与政治环境、经济环境、市场环境、法律环境、自然环境、周边环境、上层政府部门组织和其他方面的协调。项目的各个阶段，都应了解和遵守项目所在地国家、地方的政策、法规、制度以及相应的技术标准、规则等。

(1)由于项目具有一次性和不可逆性的特点，因此在项目的立项、可行性研究阶段必须把项目建设对于周围环境的影响和项目建设所消耗自然资源作为对项目进行考察的一个主要因素。对于像三峡工程、小浪底工程等这样的大型复杂工程项目，其对社会经济以及生态环境的影响是一个重要考虑因素，项目是否对自然环境造成污染、是否与社会文化相容、是否与人们的生活习惯相协调、是否与经济发展相吻合并具有一定的前瞻性。项目的立项还要取得政府部门的许可和指导。对于项目各项目标的确立，应该根据社会环境和资源条件，结合项目业主的需要，同时保证工程项目的可行性、可发展性和可持续性。

(2)设计阶段，除根据工程项目的具体地理环境以及项目业主的要求进行项目建筑设计时，还应考虑项目建筑造型对周围环境的影响，是否与周围环境协调；结构设计不仅应该考虑项目的功能和结构，还应注意到项目与整个社会的协调以及资源的创新对于项目的影响，如可以采用各种新型结构设计，采用适当的新科技、新技术、新材料、新工艺，尽量降低资源能耗；采用先进的工程项目施工技术，可以大幅度降低施工过程中对于环境的污染程度，并且可以为以后项目的改造留出相应的改进空间，工程项目采用先进的技术还可以提高工程项目的使用时间。

(3)施工阶段在工程项目的全过程建设中是一个非常具体的环节，要考虑项目实施对环境和资源造成的影响，项目施工方案应与周围环境相协调。同时在施工过程中，项目的各参与方要处理好同上层组织的关系。

(4)工程项目的运营环节必须考虑运营期间的维修和维护的难易程度、费用的高低、工程项目与新技术接口处理的难易程度及接口处理的费用状况，只有工程项目维护简单、费用低，该项目才具有生命力，才有发展前景。并且要考虑项目报废后的废弃物、主要设备、设施等资源的再利用或处理，减少其对环境的影响。

工程项目生命周期的全过程就是项目系统目标的实现过程，通过与环境的交互作用、协同适应，逐步实现系统的综合目标，如图4-16所示。项目各过程与环境各因素之间的协同作用是工程项目系统目标实现的主要动力，使系统在平稳发展的过程中，不断出现涌现现象。但当环境参数f的干扰导致项目在实施过程中与环境的协调关系处理不当时，则有可能会使系统的功能耦合网发生断裂，阻碍目标的实现进程，出现退化现象。工程项目系统正是在这种与环境的交互作用过程中，不断改进与环境的不协调，不断调整自身结构和行为强化同环境的协同适应，从一个平稳状态过渡到另一个平稳状态，激发出项目整体层次的涌现性。

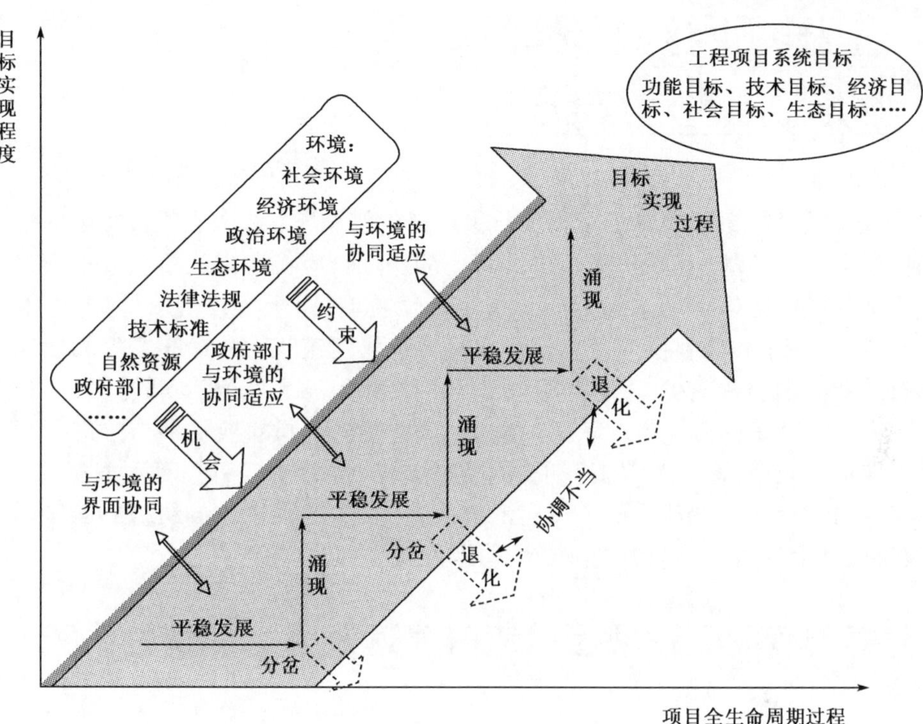

图 4-16　工程项目管理系统与环境的协同作用示意图

第五章 工程项目组织界面协同管理方法研究

本章将工程项目组织系统置于工程项目供应链的视角❶去考虑。项目实施的组织界面和过程界面实质上是一种基于过程增值的"供需关系"界面,应将考虑的重点放在项目各方如何在整个工程项目供应链(Construction SupplyChain,简称 CSC)上实现价值增值,而不是一味地强调成本节省[340]。工程项目供应链包括从原材料获取到建筑物的最终废弃和处理为止的全过程中所有的业务过程和组织[341],是多个过程界面和组织界面连接成的过程链和组织关系链。有效的界面管理是供应链组织效率的重要来源,它把不同的项目参与方进行有效整合以增加整个供应链的效率,达到改善工程项目管理现状、变革现有工程项目管理模式的目的。

本章将探讨工程项目管理系统中供应链子系统❷发生涌现现象的组织界面协同要素和作用方式,使供应链上的所有参与方企业成为协调发展、协同进化的有机体。

第一节 工程项目供应链管理及整体涌现性研究

一、工程项目供应链概述

(一)工程项目供应链及供应链管理的定义

1. 工程项目供应链

从工程项目全生命周期的角度出发,工程项目供应链(简称 CPSC)是指从业主产生项目需求,经过项目定义(可行性研究、设计等前期工作)、项目实施(施工阶段)、项目竣工验收交付使用后的维护等阶段,直至扩建和建筑物的拆除这些建设过程的所有活动和所涉及的有关组织机构组成的建设网络[342]。工程项目供应链是一个整体的功能模式,它通过对信息流、物流、资金流的控制,将项目业主、项目咨询者、设计方、施工方、材料和设备供应商等连成一个整

❶ 已有对工程项目供应链的定义,可分为四种视角:侧重功能划分、侧重实施过程或组织视角、综合考虑过程加组织。目前采用最广的观点,多从过程和组织两维角度综合定义供应链。若以项目为本位,则单一项目供应链为临时性供应链,根据项目采取的交付模式、所处的市场环境等因素,供应链的核心主体可以是业主,也可以是总承包商。业主与承包商组成的供应链为上游供应链,总承包商与分包商组成的供应链为下级供应链。若以提高总承包商的竞争力为研究目的,则本质上是研究以总承包商为核心主体的建筑企业供应链,其运作是以一个个单一项目为载体,目的是组成时间上永久的长期合作供应链。本章以项目为本位,无特定总承包模式假设,且业主有比其他参与方更强的改善项目管理绩效的动力,因此本章的研究视角主要基于业主方。

❷ 相对于工程项目系统而言,工程项目供应链整体为子系统;由于本章主要研究工程项目供应链,为方便起见,下文暂将其称为供应链系统。

体的模式，其中项目业主既是项目的投资人、供应商，也是最终用户，其他的节点企业在需求信息的驱动下，通过供应链的分工与合作实现整个供应链的增殖。这里将工程项目作为一种特殊商品，“物流”主要是指关于工程项目的生产、施工、竣工、运营等全过程。

下面以工程项目供应链涉及的三个主要的利益主体：业主、设计商和承包商为例，构建工程项目供应链模型（图5-1），设计商和分包商又有自己的分包商，承包商、施工分包商还有自己的材料、设备等供应商。

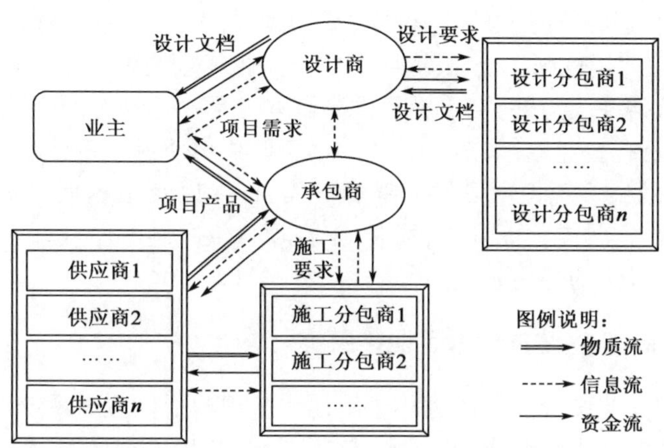

图5-1　工程项目供应链模型

2. 工程项目供应链管理

工程项目供应链管理（Construction Project Supply Chain Management，CPSCM）是基于供应链管理的基本理论，以各种技术为支持，根据工程项目管理现有的基本构架，构造的一个对工程项目从咨询、立项直到竣工验收、运营全过程进行综合设计、规划、协调和优化的理论与方法[343-344]，是对前述组织界面和过程界面的计划、组织、协调与控制活动过程。

源于不合适的组织结构支撑系统[345-346]、目标差异[160]，信任缺乏[160]，沟通不畅、弱承诺、文化差异[346]等，传统工程项目供应链运行过程中出现大量界面冲突处[348]，如敌对性关系、质量问题、进度延误问题、信息扭曲问题等[167]，使得工程供应链的破碎性（Fragmentation）❶无法弥合，工程供应链管理绩效低下成为不争的事实。因此，要求工程项目供应链从整体角度出发，实施供应链协同管理。阶段的界面协同问题已经在第四章探讨，本章重点探讨工程项目供应链成员企业的界面协同管理问题。通过对供应链上各企业的协调与管理，处理好他们之间的协同合作，能够降低管理成本，理顺项目业主与设计方、施工方等各参与方之间的关系，提高工程项目的质量以及整个项目的市场收益，缩短传统工程项目管理中的冗余工期。

（二）工程项目供应链的特征

工程项目供应链是一种典型的按订单制造（make-to-order）的供应链。它通常具有如下特征：

❶ Ren Z. et. al. (2004) 在“Multi-agent Systems in Construction-State of the Art and Prospects”和 Vaidyanathan K. et. al. (2003) 在“Opportunities for IT to Support the Construction Supply Chain”中提到工程供应链最大特点是破碎性。Follows R. et. al. (2012) 在“Managing organizational interfaces in engineering construction projects: addressing fragmentation and boundary issues across multiple interfaces”中详细阐释了工程项目的破碎特征。

(1)复杂性。一个工程项目供应链通常具有多层次多跨度的链式结构,由不同类型的众多参与方构成,不仅包括项目业主、项目咨询者、设计方、施工方、各分包商、材料供应商、设备供应商等主要参与方,还包括政府管理组织、融资机构、保险公司等其他参与方。工程项目供应链管理的一个主要任务就是识别和分析各参与方应在什么时候、以什么样的方式参与到供应链中来,以及他们的需求和期望。

(2)临时性。临时性是指每一个项目都要组织新的项目管理部门,项目完成后,相应的项目管理部门自动撤销,这种临时性的特点导致了工程项目供应链的不稳定性[342]。

(3)不确定性。工程项目供应链具有明显的动态性,这是因为它处于一种动态的环境中,必须适应市场的需求条件。另外,工程项目供应链本身是一个动态的开放的结构,不同时期有不同成员加入,也不断有企业退出,节点企业的不断变化也使得这一特性更加明显。

(4)用户需求驱动性。工程项目供应链的形成、存在以及工程项目供应链的重构都是基于市场和用户、项目业主的需求而发生,同时,工程项目供应链中信息流、物流以及资金流都是由用户的需求信息进行拉动的。

二、工程项目供应链系统的整体涌现性研究

第二章已经对涌现的概念和性质进行了阐述。工程项目供应链系统的整体涌现性指的是当各成员企业按照某种方式整合成为一个系统后,就会产生出整体具有而个体或个体总和所没有的东西,如供应链系统整体的形态、整体的行为、整体的状态、整体的功能、整体的机遇以及供应链整体解决问题的途径。一旦供应链瓦解,单个企业就不具有这些特性了。换句话说,供应链系统与其成员相比有了一个质的飞跃。当供应链系统子单元的要素由独立的个体成为该系统的成员,即当这些设计商、施工商、供应商、运营商等企业按照一定方式形成一个供应链整体时,就会具有一些原来所不具有的新的性质和功能,表现出一种“整体不等于部分之和”的整体涌现性,用公式表示为:$W \neq \sum p_i$,其中 W 代表供应链系统的整体,p_i 代表系统的各个部分。

下面基于第二章所述的涌现机理,探讨工程项目供应链系统涌现现象发生的条件和机制。

(1)根据涌现机理的构材效应,工程项目供应链系统整体涌现性发生的前提或基础是它组成成分即成员的特性,整体涌现特性受到组分特性的规定或制约。良好的整体性是以一定的成员属性为基础的,并非任意一组企业经过组织都能形成一条运转良好的供应链,表现出很好的整体性。这就好比一个足球队队员的素质如果普遍不理想,即使再好的教练也调教不出一支世界级的队伍。对此将在下一节中展开较为详细的论述。

(2)根据涌现机理的规模效应,工程项目供应链整体涌现性还与系统的规模有关,规模大小不同是造成不同整体涌现性的原因之一。由于工程项目尤其是规模大、复杂性程度高的项目,其供应链的组成成员数目众多,所以能够满足涌现现象发生的规模要求,故不再详细论述。

(3)虽然整体涌现性是由构材效应、规模效应和结构效应等共同产生的,但一般来说起决定作用的是结构效应。在具备了一定特征和数量的组分之后,组分之间的作用方式即成为整体涌现性的关键来源。从供应链系统来看,整体涌现性不是各元素的简单叠加,主要是由它的成员按照系统的结构方式相互作用、相互补充、相互制约而激发出来的,是一种成员之间的相关效应,即结构效应、组织效应。不同的结构方式,即成员之间不同的相互激发、相互制约的方

式将产生不同的整体涌现性。同样的成员企业按照不同的结构方式构建的供应链可能会表现出截然不同的效率与状态。合理的构建方式使供应链产生正的结构效应,即整体大于部分之和;不合理的整合使得系统具有负的结构效应,即整体将小于部分之和。

对应于耗散结构理论中的“熵”的概念,只有系统的熵值 $dS<0$,才有可能从无序走向有序,产生正的结构方式,向更高层次涌现。熵是一个用来度量系统不确定性大小和无规则程度的量,工程项目供应链系统的不确定性越大或无组织程度越大,“熵”的数值就越大,反之则越小。系统本身由于不可逆过程所产生的熵通常为正熵,因此,除了与环境相互作用可能产生的负熵,在系统内部也必须设法引导、设计能够产生负熵的行为,这样系统的最终熵值才可能为负。

因此,寻求使工程项目供应链系统的结构效应为正、熵流 dS 为负的作用方式,为具体的供应链构建和整合时做到整体大于部分之和提供一定的理论支持,这是本章第三节试图探讨的问题。本书通过系统内各成员间非线性协同作用和界面协同方式,诠释供应链整体涌现性的产生。

(4)系统的整体涌现性总是带有环境的深刻烙印,因此在实践中,一个供应链要获得生存与发展,必须不断地与外界环境进行物质和能量的交换,不断从外界引入负熵,以抵消系统内正熵的增加,才能确保系统涌现出更高层次的稳定有序结构。

(5)供应链系统产生涌现的一个很重要的条件就是信息的完全性,即供应链涌现现象的产生从本质上说就是一个不断消除成员之间信息不对称从而实现协同的过程。关于信息协同将在第六章中展开,在此不再赘述。

第二节　基于构材效应的工程项目供应链参与方选择

并非任何主体之间的任意聚集都能产生涌现现象[349],因此,虽然工程项目供应链由若干成员聚集而成,每个成员都是一个适应性主体(agent),然而并非任何主体都能聚集成一条运转良好的供应链(图 5-2),也并不是所有的合作都会产生预期的协同效应,也可能出现整体小于部分之和的负效应,供应链系统的整体涌现性与各成员 agent 的特性密切相关。

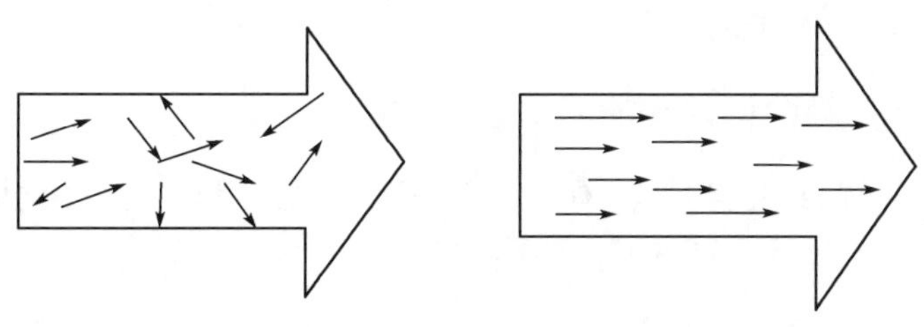

a)不利于发生涌现的聚集　　b)利于发生涌现的聚集

图 5-2　供应链成员 agent 的聚集类型

为促成供应链上各成员 agent 聚集的有效性,成员的确定应遵循一定的要求,如图 5-3 所示。

首先,必须有明确识别的项目目标。业主 agent 对于项目的期望和目标以及目标的排序,能使招标工作做到有的放矢、有所侧重。要使工程项目供应链运行有效,不能仅仅根据低报价进行各项工程招标和采购,而应按照各 agent 对实现项目目标的贡献程度大小进行。基于最低标价的竞争性招标方式所带来的激烈的竞争迫使承包商在投标时尽可能地以低的标价赢得合同,却通过利用合同漏洞以索赔或者不平衡报价等方法来赢得利润,客户和承包商追求各自的目标必然导致对立。

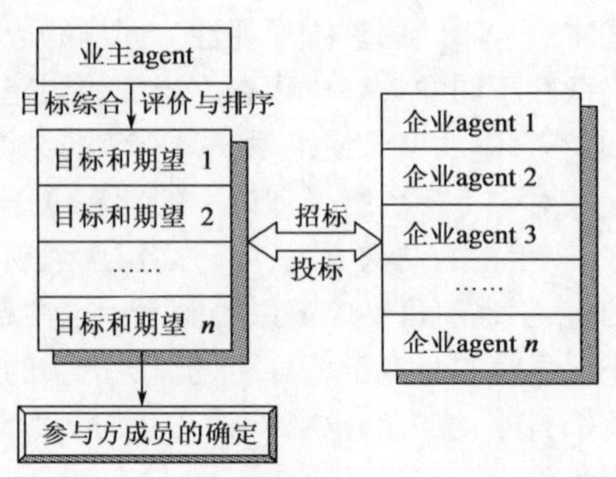

图 5-3　工程项目供应链成员确定过程示意图

其次,为促使涌现的发生,参与到供应链中的各企业 agent 必须具有合作、协同的组织文化,具有合作意识和愿意服从整体利益的态度,尊重对方的贡献,各 agent 的态度对供应链中组织和个人的行为会产生很大的影响。只有这样,才更容易对于项目目标达成共识,提高成员行为之间的一致性。行业内的公司必须致力于从相互对立的文化通向相互合作的文化。

第三节　基于结构效应的工程项目供应链组织界面协同管理方法研究

如前所述,工程项目供应链系统能够产生涌现现象的主要原因和关键来源是其组分——成员 agent 之间相互作用的方式。下面对供应链成员之间的几种非线性作用方式进行探讨。

复杂性工程项目供应链成员数目众多,且各自有自己的目标和利益,这是系统产生正熵的主要原因,因此必须在供应链中采取一系列措施,使系统内部产生足够的负熵流,充分调动各参与方企业的积极性,使其与业主有相同的利益要求和共同的价值标准,为实现项目目标高效、协同工作。组织管理是实现项目目标的最基本保障,因此必须首先建立合理的组织结构,这是各参与方非线性相互作用的结构载体。其次要营造良好的具有合作理念的供应链文化氛围,加强成员企业之间的沟通,促使供应链成员之间合作伙伴关系的建立,通过互相学习、适应达到成员企业间的协同进化。在供应链上参与方成员协同工作过程中,难免会出现一些矛盾和冲突,对此应通过一些制度化的协调机制和方法进行有效解决,对一个供应链来说,这些机制和方法属于系统的负熵因素。

一、工程项目供应链协同管理的网状组织研究

工程项目组织是项目供应链的所有参与方按照一定的规则或规律构成的整体,是项目的行为主体构成的系统[15]。组织管理是实现项目目标最基本的保障,要实现项目目标,项目组织必须是高效率的。

然而传统工程项目的实施建立在分工与协作基础上,业主、咨询方、设计方、施工方、供应方的多层级纵向组织方式存在诸多弊端,它具有管理层次多、监督协调困难,项目组织关系紧张、难以调动各方积极性和创造性等缺陷,还会造成管理效率低下、管理成本过高。这种纵向的组织体系严重妨碍了工程项目各参与方之间的信息沟通和行为协调,同时,不利于项目各参与方目标和利益的统一。因此,工程项目供应链进行整体的协同管理需要进行组织的设计,使得供应链众多参与成员能够风险共担、利益共享。

一方面，可以通过一定的合同模式保证组织人员和责任的连续性和统一性。由于项目存在阶段性，传统工程项目中，设计单位、施工单位和运营单位等是分开的，因此容易造成责任体系的中断，责任盲区和人们不负责任的短期行为。而通过总承包等合同模式（已在第四章阐述），许多项目工作由一个单位全过程、全面负责，项目的主要承担者通过提供全面的全过程的服务，对工程的最终结果负责，与项目的最终效益挂钩，这样通过看似复杂其实简单的合同关系实现了业主和总承包商之间更好的协调。

另一方面，需组建扁平化的组织结构，为实现供应链的协同管理打下基础。柔性的组织机制和扁平化的组织结构更有利于协同管理的进行，因为扁平式组织结构既可以保障信息沟通和反馈渠道的通畅、提高互动沟通的效率，又有利于创造和利用群体智慧。网状组织结构正是这样一种组织结构。

（1）组织结构扁平化。由于现代工程项目规模大，参加单位多，因此要求项目的组织应向扁平化发展。网状组织结构满足组织效率关于组织结构的层级和幅度原则，这种组织灵活、结构层次少，通过压缩信息流转环节和分权式决策大大加快了决策的速度和质量。

（2）贯彻目标统一原则。网状组织结构以明确的、简单的、共同的目标和有组织的反馈为中心，明确对各专业人员的期望和要求，并且有良好的沟通机制。由于有明确的目标指引专业人员的行动，因此无需太多管理人员去指挥这些知识的拥有者该如何采取行动。

（3）能满足供应链协同管理对信息共享的要求。在这种组织结构中，各参与成员之间的界限由于信息的依赖而变得模糊，每个成员都负有信息责任，每个成员都必须考虑组织中哪一方需要依赖于我提供的信息进行决策或行动，以及我需要哪一方提供的什么信息进行决策和行动。

（4）以 BIM 模型为平台。首先，扁平化组织结构为 BIM 技术更好地应用于工程项目的实施提供了组织支撑，扁平化组织结构高效的信息收集，整理和共享有利于建筑信息模型、建设管理数据库、信息管理平台的建立[234]；其次，扁平化组织结构对于工程项目周围环境的变化能够迅速作出反应，快速反应的基础就是建设信息的数字化，从而及时调整建设方案，实时更新建筑信息模型，避免环境变化带来的损害[234]；再次，BIM 技术为项目管理组织对项目变化事前控制和动态控制提供技术支持，为扁平化组织结构提供了一个可视化的决策平台，通过 BIM 的可视化对环境变化可能造成的影响提前预知采取预防措施，实现真正的事前控制[350]。这种结构不但能充分调动各参与方的积极性，而且能保证业主的需求得到最大限度的满足，能够适应复杂项目在不同阶段对项目组织的不同要求。如图 5-4 所示。

二、基于协同进化的工程项目供应链界面管理方法研究

供应链组织具有复杂适应系统特征[351]，因此供应链组织可以看成一个复杂适应系统。复杂适应系统的一个特点就是系统是由大量具有适应性的主体构成的。正是由于主体的这种适应性，才促进了系统的不断发展和进化，且复杂适应系统中存在着较为普遍的协同进化（Co-evolution）现象。工程项目供应链由众多参与成员组成，这些成员就是具有学习、适应能力的主体，因此工程项目供应链成员建立合作伙伴关系的过程，就是这些智能主体之间协同进化的过程。下面对此展开分析。

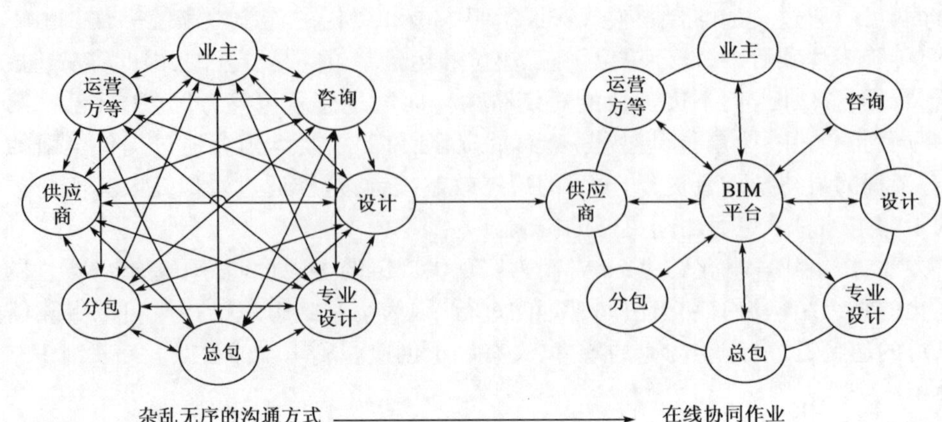

图 5-4　基于 BIM 的网状组织结构示意图

1. 协同进化的定义

一个系统的某一个或几个组成部分的属性为了适应系统的其他部分属性的进化而进化，同时系统其他部分也因为回应这种进化而得到进化的现象称为系统的协同进化。合作型协同进化(Cooperative Co－evolution)，是指群体中个体的适应度值是通过与其他个体或其他群体中个体的一系列合作作用并根据其对目标问题解决的贡献度来决定的协同进化[352-353]。

根据 CAS 理论中的聚集特性，主体往往按照一定的形式聚集成一个个的"群体"。在个体层次，个体是自主地进行适应性活动，而在群体这个层次，不同个体之间相互作用、相互影响，个体通过自动调整自身的状态、参数以适应环境，或与其他个体进行协同、合作，争取整体的最大利益，实现协同进化[268]。

2. 工程项目供应链系统各主体的协同进化分析

下面本书尝试对供应链成员间协同进化的机理和一般性过程进行分析，如图 5-5 所示。

(1)工程项目供应链系统中每个成员企业都是有适应能力的主体，都有自己的行为规则和氛围，并形成企业的内部模式。在工程项目系统的总体目标即各参与方共同目标的框架下，加上一些制度、规则的设计和引导，各适应性主体在进行物质、信息和能量的交换过程中，从诸多属性中选择合作的状态。合作是一群 agent 创现智能的表现形式，是系统的动态自组织，通过合作可以增强系统总体的确定性能。

(2)当供应链内其他适应性主体或环境发生变化时，适应性主体匹配变化标识，考察其他适应性主体的反应，开始自组织适应学习；凭借已积累的适应学习机制，生成一定的适应集合策略 S_k ，$S_k = \{s_1, s_2, \cdots, s_k\}$ 。适应性主体对于集合中的可能进行博弈选择。

假设供应链中共有 s 个 agent，它们有相同的纯策略集合(行动集) S_k 。由演化博弈论[354]可得智能体策略行为的动态调整过程，如式(5-1)所示：

$$\begin{cases} W(s_i) = \sum_i p_i E(s_i, s_j) \\ \overline{W} = \sum_i p_i W(s_i) \\ \bar{p}_i = \dfrac{p_i(W(s_i) - \overline{W})}{\overline{W}} \end{cases} \tag{5-1}$$

式中，p_i 表示智能体选择纯策略 s_i 的概率；$E(s_i,s_j)$ 表示智能体采用策略 s_i，其对手采用 s_j 时的收益；$W(s_i)$ 表示智能体采用策略 s_i 的适应度函数。在供应链系统的发展过程中，每个 agent 可以选择不同的策略，并因此获得相应的收益（适应度），经过一段时间的演化后，一种策略行为的采用会引起其收益（适应度）的增加或减少。智能体会根据“适者生存”的原则采取演化稳定策略（即采用使自身适应度最大的策略）发生进化。

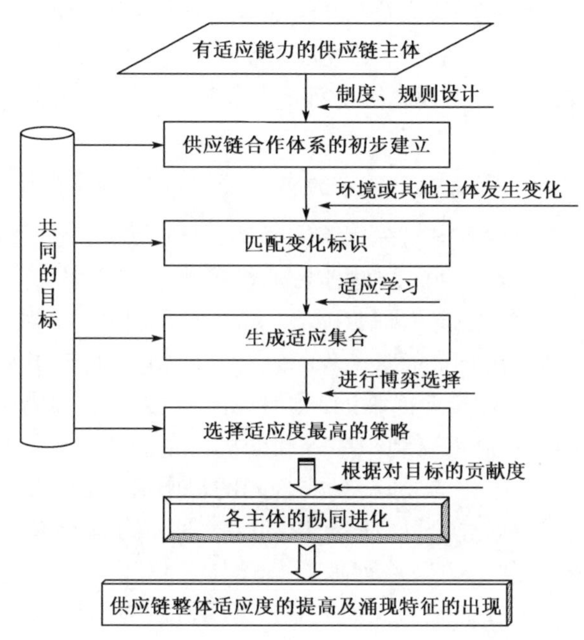

图 5-5　供应链成员企业间的协同进化机理

（3）供应链中各适应性主体之间存在“趋同效应（Convergent）”的机制，使得主体间相互影响，进行相同或相近的适应学习活动。这相当于一个正反馈机制，供应链系统内适应性主体为增强它的存在能力、提高适应度，会强化那些与正反馈相关的学习功能。参与方之间进行适应性学习的过程，是非线性作用的过程，正反馈机制促使各主体共同发展、协同进化，进而导致供应链整体性能和特征的涌现。如果各参与方不能进行合作，将会产生负反馈，阻碍供应链系统整体涌现特征的发生。

但是对任何一个复杂适应系统，在环境空间一定的情况下，各参与方合作与竞争的倾向都是相对的，智能体之间或是合作或是竞争的关系都不能无限制地增加，而是有一个相对的限度[355]。因此各参与方本着最大化自身收益和适应度的目的，根据自身对目标贡献度的大小和相关规则，应调整好与其他智能体之间合作的关系及尺度，实现各参与方的协同发展。

从上述的分析可以得知，供应链中各主体的适应性学习促进了企业间的信息、能量的交流以及企业间合理的分工与协作，为了提高企业自身在环境中的适应度，每个企业都有与其他企业进行合作和协同的动力，通过这样的协同机制，供应链不同企业间的关系变得唇齿相依，从而达成了工程项目供应链上各参与方的协同进化，最终导致整个供应链系统适应度的提高，整体表现出一定的宏观行为和一系列的涌现特征。供应链系统最终表现出的状态与各 agent 之间相互合作的结果密切相关。

三、基于关系治理的工程项目供应链界面管理方法研究❶

传统工程项目行业中,供应链上存在合同关系的各成员方之间的关系存在矛盾,处于一种 win-lose 的结构,比如业主和承包商之间,业主对于成本的控制和承包商对于盈利的追求使得某一方的获利就是另一方的损失;再比如承包商和分包商之间,承包商和供应商之间也存在这种 win-lose 的情况。在进行工程项目供应链管理时,需要引入新的理念和方法,使存在 win-lose 的各方之间的关系从"利益对抗"转变为"相互合作",共同实现各自的商业目标。

1. 关系治理改善工程项目供应链界面管理绩效的适宜性分析

交易成本理论认为,不同性质交易采用不同类型的治理结构,交易特征与治理结构匹配,使交易成本实现最小化[356]。与公司治理相比,工程项目供应链各参与方之间不存在隶属关系,其治理属于跨组织的治理即混合治理(Hybrid Governance)[357]。对这种混合组织形式的治理包括合同治理和关系治理(Relational governance),二者相互补充,共同起到降低交易成本和提高交易绩效的作用[78][358]。建筑业面临的风险和机会主义行为倾向明显高于其他行业[359],所以通过正式的合同机制来控制混合组织中存在的机会主义风险会导致合同的设计及执行成本过高,因此基于交易成本最小化的原则,正式合同的局限必须由关系治理加以补充[357]。同时,新制度经济学认为关系治理理论可以直接应用在这种双方因交易专用性投资而存在相互依赖关系的情形[360]。由此可见,关系治理理论凸显与工程项目供应链特征(即双边锁定、混合组织治理结构和高不确定性)的契合,为研究工程项目供应链界面问题提供了相宜的研究思路和理论基础。

2. 关系治理改善工程项目供应链界面管理绩效的整体路径

从嵌入性角度来看,关系治理是关系契约通过关系规范的治理[361],关系规范是关系契约的实质性内容与准则,一系列在持续的交易与互动过程中所发展起来的关系规范是关系治理的参照点。同时,根据关系治理提升交易绩效的机理和因果、时间维度考量,关系治理提升绩效的过程是一组连续因果链,由关系规范的发酵和治理行为的绩效传递共同完成。

(1)工程项目供应链情境下提升界面管理绩效的发轫域——关系规范集

基于"二次数据"思想,采用文本分析及现有统计数据分析等无干扰研究法,将国内外文献中"关系治理中起作用的关系规范"进行归纳和梳理,焦点搜索与工程供应链情境有关联的工程供应链关系水平度量、Partnerships 影响因素、供应链合作关系度量、关系资本维度、合作关系强度度量、组织关系水平度量等方面的文献,以 Faisol et al. (2005)[362]提炼出的 10 个适用于工程项目领域的关系规范以及 Meng(2012)[180]所识别的 10 个反映工程项目供应链关系的指标为例进行汇总,见表 5-1,识别出现频率较高的成功关系经验规范变量,剔除关系发展过程模型变量,比较一致的结论是信任、承诺、依赖和沟通四个关系规范相对最重要。

❶ 本部分研究成果受国家自然科学基金项目(71202010)的资助。

关系指标示例　　表 5-1

Faisol et al. (2005)组织关系		Meng(2012)供应链关系水平	
测量指标	含义	测量指标	含义
长期导向(Long-term Orientation)	期望未来关系能够延续的一种认知	共同的目标(Mutual Objectives)	将各方的目标统一起来,使其在同一方向上努力
角色完整(Role Integrity)	合作双方履行了各自的职责	信任(Trust)	愿意依赖于合作方行为的倾向或态度
亲密(Mutuality)	是对长期关系所带来利益的关注程度,而非出于公平对一方交易行为的监督	无责备文化(No-blame Culture)	出现问题时不是急于归咎,而是共同关注于寻找最佳的解决方案
信息交换(Information Exchange)	双方主动地为合作伙伴提供有用的信息	损益共享(Gain and Pain Sharing)	允许各方分享利润并分担损失的协议
解决冲突(Conflict Resolution)	应用灵活的、非正式的和个人的机制来解决冲突	联合工作(Joint Working)	像一个团队一样共同工作
权力限制(Limitation of Power)	一方或各方对于合同权力的限制程度	沟通(Communication)	开放的信息交流、有效地交流
团结(Solidarity)	在共同责任和利益占主导地位的交易关系中所形成的某种程度上的一致性或伙伴关系	解决问题(Problem Solving)	有效解决问题的过程
灵活性(Flexibility)	在应对不可预见事项或情况发生变化时,双方愿意调整行动或对策	风险分担(Risk Allocation)	在合同中明确界定责任和风险,公平分配风险
关系规划(Relational Planning)	决定各方在未来的突发事件中的权力和责任的体系	绩效测量(Performance Measurement)	在项目中定期对绩效进行估量
监督行为(Monitoring Behavior)	交易关系中控制或监督其他参与方的行为	持续改进(Continuous Improvement)	不断地交付更多的价值并提高相互的竞争优势

①信任的形成。

在关系治理的相关研究中，诸多学者将信任视为一种最基本、最重要的关系治理。信任对促进工程项目各利益相关者之间积极关系的重要性已得到共识[363]。Lazar(2000)[364]指出，信任关系的建立通常不是由合同确立的，有足够的证据表明，过分“严格”的合同通常会阻碍信任关系的形成并且会形成一种基于“机会主义”的关系。通常，在交易开始之初组织之间已经存在一定程度的信任[365]。在合作中，组织间的信任又促进了彼此之间的相互了解，推动了更大程度上的信息共享，进而推动交易关系的良好发展[366]。同样，在工程项目的不同过程阶段中，信任的来源及类型不同，信任水平呈现动态发展。在合作之初，项目各参与方通常关注于对方履行合同的能力，通过招投标、合同谈判等方式形成初步的基于计算的理性信任。在项目实施过程中，各参与方之间的信任一方面来自法律法规及合同条款的理性约束，同时也随着双方交往频率增加、相互了解加深，维持和深化了基于能力和良好预期的信任。不同类型的信任对业主和承包商的影响具有差异性[363]，业主、承包商、工程咨询企业和分包商等对人际信任和组织间信任又存在不同的倾向[367]，因此，在实际进行工程项目供应链组织界面管理时，根据视角和立场选择相应的初始信任形成渠道(如文献[368])和信任提升路径。

②提高沟通的质量。

在传统的工程项目合同中，承包商对其信息基本都是不公开的[369]，缺乏开放的沟通成为工程项目伙伴关系失败的主要原因之一[370]。Walid Belassi 在对项目成功的因素进行了总结的基础上，结合新的建筑工程行业现状提出了一个新的评价项目成功因素的体系[185]，其中非常重要的一个因素就是有效的合作和沟通。Doloi(2009)[371]的研究也表明沟通是影响合作关系成功的主要因素，信任和信心对有效的沟通起到补充作用。

基于合作伙伴之间的相互信任，开放的沟通是以开放的信息交换为主要特征的[372]，沟通的核心是信息的交换、共享与传递。根据相关文献对沟通的具体测量题项研究，如 Wong & Cheung(2005)[373]、Bstieler & Hemmert(2008)[374]认为沟通的及时性、信息交换的准确性、信息共享的充分性等均可表征沟通的质量与水平，这些题项可以为沟通水平的提高途径提供思路。

在工程项目实施过程中，解决 3 个 W 即能实现良好的沟通，即 When(即沟通时间，如沟通的频率，是否及时等)、What(即沟通的内容，包括信息数量和信息的准确性质量)、How(即沟通的方式，通过什么方式和渠道进行沟通)。良好的沟通可以实现信息的充分共享，降低信息的不对称及不完备；能够整合各自的目标，融合企业的组织文化，从相互对立的文化转向不考虑组织界限、相互合作、相互共享的文化，从而减少或解决各方之间的冲突，有助于各方更有效地合作。

③长期承诺。

在关系营销范畴下，承诺会鼓励交易伙伴之间的合作，因此是关系交换成功的核心[375]。承诺是交易双方保持关系持续的意愿[376]。组织学家注意到有几种不同的动机都能保证这个意愿，因此承诺可以分成不同的类型。在所有的类型划分中，感情型承诺(Affective Commitment)和计算型承诺(Calculative Commitment)是最经常出现、与组织间关系最相关的一种划分[377]。

情感型承诺代表着一种忠诚和归属感，是源于对合作方的喜欢和合作关系的欣赏，因此期望继续维持关系。计算型承诺是成员在应对预期的重大终止或转移成本时,为维持关系感知到的需要程度。基于成本收益分析,包括在关系中已经注入的投资,替代伙伴的可获性或者弥补先前的投资[378]。

许劲(2010)[379]通过实证研究,论证了承诺对项目的利益相关方绩效的提升有显著的积极影响。承诺的存在将会增加合作方在合作中的努力和注意力,并且显示出充分的合作意图以保证合作的成功[380]。长期承诺有助于联盟内组织间的关系发展[381],会最大化限度地使用各自的资源,这对实现特定的项目目标非常重要[382]。

④提高对称性依赖。

由于工程项目供应链上各个参与方的目的均是为建造共同的产品/提供服务,因此各个参与方是一群相互依赖的组织。关系发展模型强调买卖双方依赖性程度是一个逐渐提高的过程。要达到一个双方高依赖的状态,必须经过一些关系发展阶段[366]。专用性投资越多,对关系的依赖就越多。如果合作关系结束,高依赖性一方会损失更多。过高的不对称性依赖❶对双方关系是有害的(Dysfunctional),因为这会导致机会主义行为的产生。

在工程项目供应链的各个参与方,比如业主与承包商之间很难做到完全的对称依赖,总会由于投入的专用性投资多少不同、双方的可替代性成本等问题,出现不对称依赖,可以说不对称依赖是目前建筑业的常态。不对称依赖会对双方的态度和行为产生不同的影响,比如 Geyskens(1996)[383]研究表明,不对称程度的提高,会降低双方的感情性承诺,同时会增加高依赖一方的计算型承诺,降低低依赖一方的计算型承诺。因此除了尽量建立一种双方相互依赖的情形,建立信任也是解决不对称依赖的一种解决对策,Geyskens(1996)的研究还表明,如果信任能够建立起来的话,依赖的不平衡和不对称就没有那么重要了。

(2)工程项目供应链情境下关系治理改善绩效的过程表征域——治理行为集

虽然从静止的角度来看信任等关系规范与各类绩效之间确存在正相关,然而如上文所言,关系治理提升交易绩效的机制在于将一系列经济行为嵌入在社会关系的背景(即各种关系规范)中,因此不能忽略关系行为对绩效结果改善的传导过程。解决系统界面矛盾与冲突的基本前提之一是对界面矛盾的形成原因进行分析[88],克服这些成因的治理行为都将对工程项目供应链的界面管理绩效产生积极影响。因此,治理行为指标的辨识和筛选可以基于故障树分析思想,从工程项目供应链中存在的界面冲突表现为源头(顶事件),逆向推理出产生这些冲突的原因(割集)以及不导致顶事件发生的有效治理行为(最小径集),经过"交易成本降低"的筛选和过滤环节,并且从多个角度、多文献进行逻辑性对比。具体见表 5-2。

---

❶ 在营销学里,初期研究只关注一个公司对它合作方绝对的依赖,而不考虑合作方的依赖。一方对合作伙伴的依赖取决于关系中的动机性投资(Motivational Investment)和合作伙伴的可替代性(The Replaceability of The Partner)两方面[Emerson, R. M.. Power-dependence relations. American Sociological Review,1962, 27: 31-41.],动机性投资指资源的价值或调停的结果;考虑到转换成本或缺乏可替代的合作伙伴,可替代性指取代一个合作伙伴的难度。后来的研究融入了双方的依赖。一个综合的相依性结构必须包括整体相依性和不对称相依性两个方面[Kumar, N., L. K, Scheer and J.-B. E. M. Steenkamp. The effects of perceived interdependence on dealer attitudes. Journal of Marketing Research, 1995,32: 348-356.]。整体相依性指各公司对合作伙伴依赖性的和,这个值用来评价关系内聚力(Relational Cohesion),不对称依赖指一个公司对合作方依赖程度与合作方对其依赖程度的差。当双方依赖程度相同时为对称依赖。渠道相依性的不同要素组成会对渠道成员的态度和行为产生不同的影响。

克服界面冲突的治理行为选择 表 5-2

<table>
<tr><td>界面冲突表现</td><td colspan="4">业主与设计商:不正确的设计文档/设计变更/设计变更的拖延;
业主与承包商:工程延期/投资超支/不按时支付进度款和结算款/质量标准不达标;
承包商与供应商:不正确数据/信息需求未得到满足/敌对性交易/订单变更;
承包商与施工分包商:分包工程未按设计或合同要求的进度、质量完成;
承包商与设计商:可施工性不足/设计变更</td></tr>
<tr><td>界面冲突及其原因</td><td>信息不对称导致的投机行为隐藏和道德风险,信息扭曲导致的牛鞭效应</td><td colspan="2">分散决策导致的目标差异及带来的双边际效应❶</td><td>业主对各成员激励不够,带来投资专用性不足导致的经济无效率性</td></tr>
<tr><td>克服界面冲突的行为</td><td>信息共享</td><td>联合计划</td><td>联合解决问题</td><td>利润/损失共享</td></tr>
<tr><td rowspan="2">作用机理</td><td>共享业主需求、质量标准、进度等所有信息,共享供应商供货时间、质量等信息,共享施工实际进度信息,有效降低信息的不对称性,降低施工和采购过程中的不确定性</td><td>目标一致降低自利行为和行为的不确定性,使自身收益和供应链整体收益增加,降低履约过程中的监督成本</td><td>应对初始不完全合同不能规定的各种或然状态下变化,降低纠正事后不协调状况而发生的再谈判成本</td><td>收益和损失共享提升合作动力和经济效率。专用性投资的存在使交易成本升高,但合理分配(而非被赚取)专用性投资带来的准租金(Quasirent),却能降低这种单位交易成本,承包商也就更有积极性增加专用性投资,共享专用性带来的效率</td></tr>
<tr><td colspan="4">从制度层面制约一方的机会主义,减少有限理性带来的局限,降低交易的不确定性,避免因专用性投资带来的"敲竹杠"现象</td></tr>
</table>

注:界面冲突的原因分析紧密相依 CSC 界面问题,吸纳和释放 Wong(2004)研究成果。"Wong, C. Y. etal. Supply chain coordination problems: literature review. Working Paper, No. 08-04, Center for Industrial Production, Aalborg University, 2004."

上述关系治理提升绩效的过程由关系规范通过治理行为的绩效传递共同完成。这种方式体现了各成员方非线性的界面协同作用方式,能将供应链成员各自为政的"清晰界面"超越为界面整合和渗透管理,如图 5-6 所示。围绕共同的目标,通过信任、承诺等关系规范的发酵,使各参与方能够在行为方式上发生改变,如有效的信息共享、联合计划和联合解决问题等,将参与方间的硬性界面"软化"❷,在此基础上整合项目供应链成员。

John 和 Erik[384] 在一项关于工程建设项目合作伙伴关系效果的大型研究中发现,从项目一开始双方就建立起正式合作伙伴关系,在项目结束时有三分之二仍能保持这种关系;而一般防御性的合同关系,在项目结束时仅剩下不足 30% 能够维持原来的关系。可见关系治理和合作伙伴关系致力于建立持久的联系而不是单个项目的短期关系。

---

❶ 双边际效应(double margin effect)指整体利益和个体利益之间的差异,即供应链企业不会接受一个能使供应链整体收益增加但使自身收益减少的决策,但是却会接受即使损害了整体利益但却使企业自身收益增加的决策[Sahin, F. and Robinson, E. P. Flow Coordination and Information Sharing in Supply Chains: Review, Implications, and Directions for Future Research. Decision Sciences. 2002, 33(4): 505-536.]。

❷ Cioffi, D. F. (2005)在 *Managing Project Integration Concept* 一书中提到软性界面的概念,此处借用这个概念。

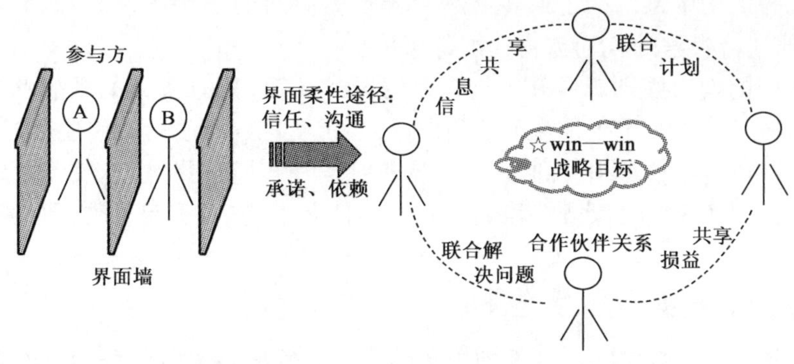

图 5-6　基于关系治理的参与方柔性界面管理研究

四、基于冲突有效解决的工程项目供应链界面管理方法研究

虽然，有效的沟通、相互的信任是工程项目供应链各参与方密切合作的前提，但无论多么有效的沟通，也不能保证在整个项目周期中不会出现矛盾、争端和冲突。项目组织是多争执的组织，这是由项目和项目组织的特殊性决定的[385]。在企业的协作过程中，由于项目具有唯一性、一次性、多目标性和寿命周期性等不同于其他活动的特征，因此问题和冲突的产生是不可避免的，可以说冲突是项目的一种存在形式，冲突在项目中普遍存在。

一般来说，项目中冲突来源于下面几个大方面：目标重叠、角色定义重叠、不明确的合同关系、同时存在的角色和隐藏的目标。Stephenson[386]将这些方面进行细分得出了在工程项目施工阶段影响项目协同的 45 类考虑因素，并以此为基点对各种项目运行模式下参与方关系进行了准定量分析，对各自的潜在冲突程度进行了衡量和比较。

有些冲突是可以预测到的，有的则是无法预期的。冲突是供应链系统内产生正熵的根源，是使系统走向无序的重要原因，因此应建立相关的协调机制和协调原则，一方面采取积极主动的措施，对于可能发生的问题或冲突，进行分析、识别并且进行有效的预防控制；另一方面，就是在出现问题时，进行合理解决。冲突的解决，也就是一个平衡各方利益的过程。冲突解决不好，不利于项目的顺利进行，会造成组织摩擦、能量的损耗和低效率，并且可能会给项目带来破坏性结果，所以对项目冲突的有效解决也是项目成功的有力保证。

（一）供应链成员间的协调机制

所谓供应链成员间的协调机制，指的是成员企业之间采取什么方法或形式进行正常的沟通与协调，从而实现各个伙伴之间的协作。该协调机制[387]是一种主动型的（Pre-active）、预防型的、比较高层的制度设计和安排，它是对可以预期的问题或冲突制定的解决方案，是供应链企业关系定义中的一个关键部分和内容。其应能实现以下几种目标：

（1）确保各参与方目标的一致性。尽管在一个协作项目中，各方的目标从理论上来说是一致的，但往往在关系到切身利益时就会出现分歧。只有尽量克服这个问题，才谈得上进一步的合作。

（2）保持成员方利益的平衡性。当各方在切身利益出现冲突时，唯一的解决方法就是通过协商达成都可以接受的一个平衡状态。

(3)权责划分的明晰性。为了避免在项目出现偏差时的互相推诿和互相争用资源，必须在项目展开以前就将各方的权利与责任划分清楚。

(4)建立良好的沟通原则。良好的沟通是协调的关键，只有各方的思想和信息在项目的范围内得到了充分共享时，才能相互了解和信任，从而使各方利益的一致性达到最大。沟通的直接目的，是使得和项目利益相关的人员、机构，在恰当的时间，获得应该获得的信息。对于联合协调项目组来说，必须随时保持与相关各方的信息交换，随时了解合作者的意图，确保信息的明确性和完整性。

(二)冲突解决过程的模型和方法分析

在第二章中已经提及，要使系统涌现出新的功能和效应，必须保证公式(2-2)中的非线性项$\sum_{i=1}^{n}\sum_{j=1}^{n}r_{ij}X_iX_j(i\neq j)$，$\sum_{i=1}^{n}\sum_{j=1}^{n}\sum_{k=1}^{n}r_{ijk}X_iX_jX_k(i\neq j\neq k)$等不同时为零。为此，在供应链成员之间发生冲突和争端时，必须有合适的技术和相应的科学方法来协调协同过程中产生的各种技术冲突，要有合适的激励机制来协调相关人员合作中的冲突，有简便有效的处理程序解决冲突，使协调后的整个供应链系统化呈现出稳步乃至向高层次发展的新功能。

1. 工程纠纷解决步骤

在工程项目管理中，项目参与方之间通过合同或协议书来约束权利、义务和责任。然而，由于项目参与者在工程实施中的角色、地位不同，所拥有的权力也不相同，使得他们在管理思路、管理目标和管理方式等方面存在差异；另外一方面，合同或协议书并不是在任何情况下都是完整和严密的，因此纠纷的产生是不可避免的。如图5-7所示的是工程建设中通常使用的纠纷避免或解决办法，每一种方法相比上一种方法，都意味着成本的增加和纠纷双方关系的恶化或进一步恶化[388-389]。

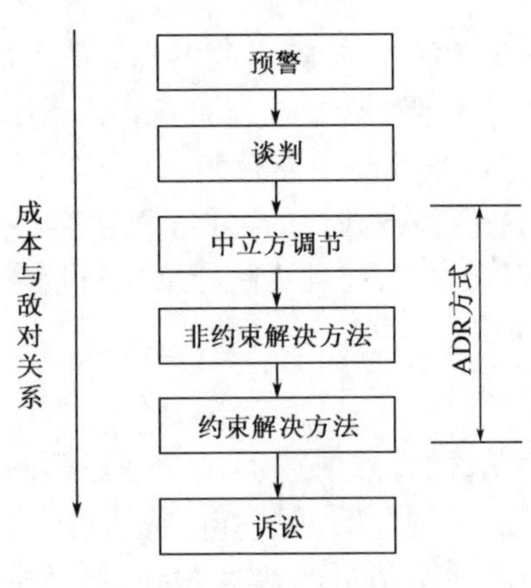

图5-7 工程纠纷解决步骤

在项目管理过程中，项目参与方首先要致力于建立预警(Prevention)机制，避免或减少纠纷的发生。预警的目标是通过激励合同参与方协作(Cooperation)、风险共担(Risk-sharing)，从而尽量避免出现纠纷与冲突。一旦出现纠纷，解决纠纷的办法首先是促成纠纷方的谈判(Negotiation)。纠纷方对协商的类型和过程拥有绝对的自由。如果纠纷方的协商谈判失败，就需要中立的第三方出面解决，亦即中立方调解(Standing Neutral)。早期中立人评估、争议审查小组(DRB, Dispute Review Board)是这一阶段常见的主要方式[390]。当纠纷进一步升级，纠纷方就可以采用非约束解决方法(Non-binding Resolution)，如调解(Mediation)、宣判(Adjudication)，这些纠纷解决方式都需要大量的历史数据和充分的准备工作，因此成本再度上升。如果纠纷通过非约束解决方法不能解决，就需要具有法律约束力的中立第三方出面解决，这一过程通常需要律师、顾问和专家的参与，同时需要更大量的准备工作。仲裁(Arbitration)是这一阶段较常见的解决方式。当上述所有方式失败，纠纷就会诉诸法院(Litigation)。法院将会给予判决并强制执行。

2. ADR 纠纷解决方法

工程项目合同纠纷或其他法律纠纷都可以某种替代性的方法来避免由诉讼而引起的时间和财力的过度浪费，且保证纠纷各方不会因为诉讼产生强烈的情绪导致合作关系紧张。ADR 是“Alternative Dispute Revolution”的缩写，国内文献翻译为“替代性纠纷解决方法”，理论的提出源于美国，是伴随着诉讼在解决工程纠纷的成本高和过程长的抱怨中，于过去几十年蓬勃发展起来的。ADR 纠纷解决方法通常有四种：仲裁；调解；早期中立人评估；争议审查小组。替代性合同纠纷解决方式的共同特点是简便和灵活，总体称为 ADR。

Sai-On Cheung 认为，ADR 方法强调用简单的冲突调解程序处理项目中出现的冲突。一个典型的过程包括输入（资源）、过程（运营）和输出（产品）[391]，冲突的解决也可以看成是这样一个过程，由五个主要阶段组成：输入、过程、外部输入、输出和利益（Benefit）。如图 5-8 所示，输入为冲突，外部输入为中立的第三方，经过一定的过程处理，输出解决方法，冲突解决后得到相应的利益和好处[196]。

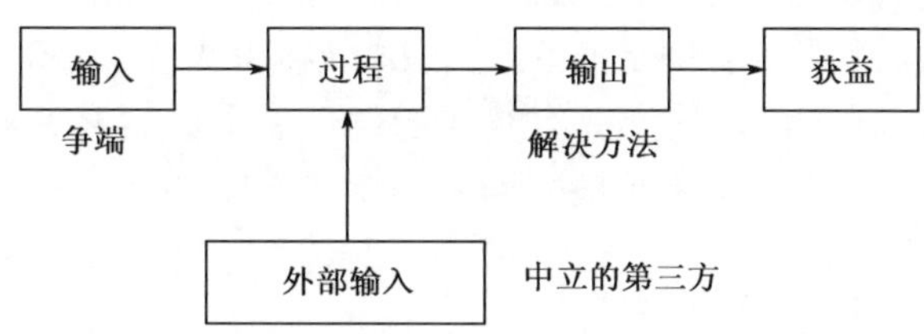

图 5-8　争端解决过程的各个阶段[196]

冲突解决的过程始于各参与方同意接受一个战略方案来解决冲突。根据这种思路，可以将冲突解决过程的指标要素分成四大类主要指标，分别是冲突的特性/性质（Nature）、中立的第三方、解决方法和冲突解决后所获的利益；这些主要指标又可以进一步划分为 19 个子指标，从不可见的因素如一致性（Consensus）、商业关系的维持、解决冲突的意愿，到可见的因素如冲突解决的成本、时间、速度等。

3. 工程纠纷解决的有限理性

工程项目纠纷解决方法需要考虑多种因素，Goldberg（1992）[392]认为影响纠纷解决的首要因素便是项目纠纷参与方的自愿。从图 5-7 也可以看出，各纠纷方的自愿是 ADR 纠纷解决方法应用的前提，如果纠纷方都不愿妥协，纠纷将最终会诉诸法院，法院将给予判决并强制执行。

在应用不同方式（ADR 或法院诉讼）解决工程纠纷时，在纠纷各方的利益、约束以及合作关系的保护等方面都会有很大差别。一般而言，ADR 合同纠纷解决方法能较好地维持纠纷方协作关系，确保工程建设健康有序进行，但是方案结果约束性、公平性和强制性较弱；法院诉讼解决纠纷的优势则是方案结果具有法律效力，法院将会强制执行，但弊端是可能会造成纠纷方合作关系的破裂。

另外一方面，不同的纠纷解决方式也意味着纠纷方将付出的财力和时间代价迥然不同。与 ADR 方法相比，法院诉讼解决纠纷周期一般较长，费用也较多，容易造成工程建设延误。因此工程建设纠纷方法的选择过程，实际上是纠纷方相互博弈的过程。

在许多以往运用博弈论研究纠纷问题的论书中，对博弈的条件要求有完美性的假设。认为工程纠纷方在追求最大利益或最小损失时，是在理性意识、分析推理能力、识别判断能力、记忆能力和准确行动等多方面的完美性假设条件下博弈。然而，二者之间的博弈不仅是有限理性而且是在复制动态下展开的。在通常情况下，纠纷方并不能一开始就找到最优的策略。对纠纷解决方法的影响因素，David[393]却注重考虑纠纷解决的社会和人为因素，方案结果的公平性（Impartiality），方案结果的一致性（Consensus），持续的合作关系（Continuing Business Relationships）。

因此，在纠纷解决方法的选择过程中，由于纠纷方考虑的侧重点不同，会在博弈的过程中学习进化通过试错寻找较好的策略，也即对不完全理性部分采用的是均衡策略。均衡意味着不断调整和改进，并不是一次性选择的结果，而且达到均衡也可能再次偏离。两个群体之间的博弈过程，实际变成了双方相互模仿、学习的过程。这种通过试错寻找较好策略的过程就叫复制动态。在博弈中具有真正稳定性和较强预测能力的均衡，必须是能够通过博弈双方模仿、学习的调整过程达到，且能经受错误偏离的干扰，在受到少量干扰后仍能恢复的稳健均衡，这种均衡的过程就是有限理性条件下的博弈进化过程，其博弈过程就是有限理性进化博弈。

当一个策略具有动态调整中实现和对少量偏离的扰动具有稳定性的特性时，这个策略称为进化稳定策略。假设有限理性的博弈双方有一定的推理分析能力和对不同策略效果的事后判断能力，但没有事先的预见和预测能力，在这样的分析框架中，博弈分析的核心不是博弈方的最优策略选择，而是有限理性进化博弈方组成的群体成员的策略调整过程，以及策略的趋势和策略的稳定性。在这里，稳定性指的是群体采用特定策略的比例不变，而不是某个博弈方的策略不变[394]。

4. 纠纷解决方法进化博弈模型

（1）博弈收益及成本分析[395]

为了更好地分析选择不同的工程纠纷方法对纠纷方的效用，参考国内外相关专家的学术观点，对影响纠纷解决的因素基于收益（B）和成本（C）成本两个角度，从纠纷解决过程要求、纠纷解决结果要求等方面，将收益（B）和成本（C）指标细化并无量纲化。无量纲化的评价指标如表 5-3 所示。

收益成本评价指标表 表 5-3

指标		评分标准
B	b_1	合作关系保护越好分值越高，越差分值越低
	b_2	方案的约束性越强分值越高，越弱分值越低
	b_3	方案的强制性越强分值越高，越弱分值越低
	b_4	方案的公平性越强分值越高，越弱分值越低
	b_5	方案的修正性越好分值越高，越差分值越低
	b_6	方案的一致性越好分值越高，越差分值越低
	b_7	解决过程机密性越好分值越高，越差分越低
B	b_8	解决过程灵活性越好分值越高，越差分越低
	b_9	解决过程私人性越好分值越高，越差分越低
C	c_1	费用越高分值越高，费用越低分值越低
	c_2	时间越长分值越高，时间越短分值越低
	c_3	纠纷方素质要求越高分越高，反之越低

收益(B)指标细化为 9 个分类指标,合作关系的保护(b_1),纠纷解决方案的约束性(b_2),纠纷解决方案的强制性(b_3),纠纷解决方案的公平性(b_4),纠纷解决方案的可修正性(b_5),纠纷解决方案的一致性(b_6),纠纷解决过程的机密性(b_7),纠纷解决过程的灵活性(b_8),纠纷解决过程的私人性(b_9)。综合收益值计算为 $B = \sum_{i=1}^{9} b_i$。

成本(C)指标细化为 3 个分类指标,纠纷解决方案费用成本(c_1),纠纷解决方案时间成本(c_2),纠纷方法律意识等素质要求(c_3)。综合成本值计算为 $C = \sum_{i=1}^{3} c_i$。

无量纲化的方法就是把所有的指标都转化为区间[0,1]中一个数。对于定性或半定性的指标,采用专家打分的方法确定该指标得分。定量指标的无量纲化,可利用指标值在其上下限间的分布来实现[396]。

(2)工程项目纠纷进化博弈模型的建立

在工程纠纷解决方法选择过程中,假设有两博弈方,分别是博弈方 1、博弈方 2。博弈双方既可以看作两单个工程建设参与方,也可以看作两类工程建设参与方。

两博弈方各有两种不同的策略:ADR 和法院诉讼,其得益矩阵如图 5-9 所示。

博弈方2 \ 博弈方1	ADR	诉讼
ADR	B_1-C_1, B_1-C_1	B_2-C_2, B_2-C_2
诉讼	B_2-C_2, B_2-C_2	B_2-C_2, B_2-C_2

图 5-9 工程纠纷解决方法博弈矩阵

其中:B_1 是应用 ADR 解决纠纷的收益;C_1 是应用 ADR 解决纠纷的成本;B_2 是法院诉讼解决纠纷的收益;C_2 是法院诉讼解决纠纷的成本。

(3)工程纠纷进化博弈模型的分析[395]

假设在工程建设纠纷方中赞成采用 ADR 办法的比例为 x,那么随着时间的推移,该比例的变化率取决于应用 ADR 的收益,以及 ADR 的成本,即得益与成本的相对关系,也即前者是否超过后者以及他们的幅度。由图 5-9 博弈矩阵可得,赞成采用 ADR 办法的纠纷方的期望效用为:

$$U_{\mathrm{ADR}} = x(B_1 - C_1) + (1 - x)(B_2 - C_2)$$

同样,赞成采用诉讼解决纠纷的参与方的期望效用为:

$$U_{\mathrm{Litigation}} = x(B_2 - C_2) + (1 - x)(B_2 - C_2) = B_2 - C_2$$

则纠纷方平均效用为:

$$\overline{U} = xU_{ADR} + (1 - x)U_{\mathrm{Litigation}}$$

由于上述博弈关系是 2×2 对称博弈,因此其复制动态可直接根据一般公式[397]。

$$\frac{\mathrm{d}x}{\mathrm{d}t} = x(U_{ADR} - \overline{U})$$

得到:

$$\frac{\mathrm{d}x}{\mathrm{d}t} = (B_2 - C_2 - B_1 + C_1)(x^3 - x^2)$$

根据该复制动态方程,不难看出其一定有两个不动点,也就是两个可能的稳定状态点。

①当 $B_2 - C_2 - B_1 + C_1 = 0$ 时。

对所有 x 都有:$\frac{\mathrm{d}x}{\mathrm{d}t} = 0$,即对所有 x 都是稳定状态,如图 5-10a)所示。

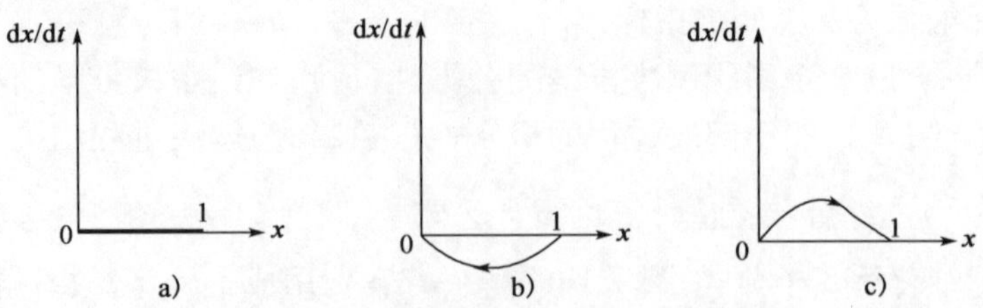

图 5-10 工程纠纷进化博弈模型的分析图

实际意义是，当采用 ADR 纠纷解决方法效用($B_1 - C_1$)与法院诉讼解决纠纷的效用($B_2 - C_2$)相等时，纠纷方采用 ADR 和诉讼的策略从期望得益上讲是无差别的。

②当 $B_2 - C_2 - B_1 + C_1 \neq 0$ 时。

a. 如果 $B_2 - C_2 - B_1 + C_1 > 0$ 。

上述复制动态方程只有 $x=0$ 和 $x=1$ 两点符合要求，且 $x^*=0$ 是该博弈的唯一 ESS，能使得博弈处于稳定状态，如图 5-10b)所示。

实际意义是，当采用 ADR 纠纷解决方法效用($B_1 - C_1$)小于法院诉讼解决纠纷的效用($B_2 - C_2$)时，所有纠纷方将最终均选择法院诉讼纠纷解决方法。换句话说，这种情况下应用法院诉讼，纠纷方的收益最大，或者损失最小，法院诉讼是合理的选择。

b. 如果 $B_2 - C_2 - B_1 + C_1 < 0$ 。

上述复制动态方程只有 $x=0$ 和 $x=1$ 两点符合要求，且 $x^*=1$ 是该博弈的唯一 ESS，能使得博弈处于稳定状态，如图 5-10c)所示。

实际意义是，当采用 ADR 纠纷解决方法效用($B_1 - C_1$)大于法院诉讼解决纠纷的效用($B_2 - C_2$)时，所有纠纷方将最终均选择 ADR 纠纷解决方法。换句话说，这种情况下应用 ADR，纠纷方的收益最大，或损失最小，ADR 纠纷解决方法是合理的选择。

(4)结论[395]

工程建设纠纷的解决过程，实际上是纠纷方进化博弈的过程。在进化博弈的过程中，纠纷方通过学习进化、试错寻找较好的策略，对不完全理性部分采用的是均衡策略。

从上文的复制动态进化稳定策略分析可以看出，只要 $B_2 - C_2 - B_1 + C_1 \neq 0$ ，即应用 ADR 和法院诉讼解决工程建设纠纷对纠纷方的平均效用不同时，则中立第三方应权衡纠纷方的不同侧重点，在纠纷和冲突诉诸法院之前，在维持工程参与方合作关系的前提下，尽可能提高方案结果的约束性、公平性以及强制性，同时兼顾解决过程的灵活性及机密性、解决方案的可修正性，才能最终使 ADR 方案的收益大大提高，超过诉讼的相对收益，也即 $B_2 - C_2 - B_1 + C_1 < 0$ ，促使纠纷方在有限理性博弈过程中学习进化、不断试错，最终达到博弈均衡——ADR 策略。

反之，经过双方试错进化博弈，对项目纠纷方而言，应用 ADR 和法院诉讼的平均效用仍为 $B_2 - C_2 - B_1 + C_1 > 0$ ，纠纷只能诉诸法院，由法院给予判决并强制执行，才能进化博弈均衡。

综上所述，在有限理性的假设前提下，运用复制动态机制对工程建设纠纷方群体之间博弈进行研究，可以为分析工程建设纠纷博弈现象提供一个新的方法和视角，以便有重点地加强项目参与方的协同工作，保证顺利地达到预期的工程目标。

第六章 工程项目信息协同管理方法及平台研究

无论是工程项目管理的目标协同、全生命周期过程协同还是供应链组织协同，都必须建立在信息协同的基础上，这也是工程项目管理系统整体涌现性的最后根源。项目各阶段和各参与方充分的信息交流和信息共享是保障工程项目协同管理系统顺利运行的基本条件。BIM 的实现将从根本上解决规划、设计、施工、运营各阶段的信息断层问题，实现工程信息在全生命周期内的有效利用与管理，是谋求根本改变传统设计方式、消除“信息孤岛”的重要手段之一。

第一节　工程项目管理系统涌现现象的根源——信息协同

一、信息在系统科学中的地位

前文已经分析，信息的不守恒性（既可创生，也可消失），才是涌现最后的根源和机制之所在。涌现现象的产生和消失不可能使现实世界的物质能量有所增减，却能够使这个世界产生新的信息，或消除原有信息。所有的复杂系统都包括了大量与信息处理有关的功能。环顾系统科学研究的各种问题，处处都可以看到信息处理功能在其中发挥着不可替代的作用[398]。

如果把系统的状态看作是与物质一样的客观实在，那么信息可以描述成在特定层次上的某个系统的一种状态，这种状态反映的是系统的复杂程度（或称为非对称的程度、结构化的程度）。信息是局部构成整体时产生的新的质。例如，作曲家用一些音符组成了一首乐曲，画家用一些颜料画了一幅画。我们从中领会到的，绝不是这一堆音符或颜料，而是它们之间的起伏和分布。这种新增加的质，就是信息。因此，新的功能和新的信息都是在局部构成整体的过程中，通过不平衡和非对称而产生的新的质。

信息是系统属性的反映和描述。为了描述系统的状态，人们曾引进了熵的概念。按照一般的理解，熵是系统的无序程度的度量，那么作为其对应物，信息（或者指有的说法称之为负熵）则应当是系统结构化程度的度量，是不确定性的减少。信息还是系统实现控制和管理的基础，在管理科学中，H·西蒙就强调了“管理就是决策，决策依靠信息”的思想。信息的积累与利用是系统进化的基础。在复杂适应系统（CAS）的理论框架中，“记忆”——即对信息的积累与利用是系统演化的基础。

因此，对任一复杂系统，信息的有效处理对整个系统的有序程度、系统的决策和控制以及系统的整体进化都起着十分重要的作用。

二、信息协同在工程项目管理系统中的地位

鉴于信息处理在系统中的重要作用，因此无论是工程项目管理的目标协同、全生命周期过程协同还是供应链组织协同，都必须建立在信息协同的基础上。项目各阶段和各参与方充分的信息交流和信息共享是保障工程项目协同管理系统顺利运行的基本条件，也是各参与方协同进化的基础。工程项目管理系统的协同作用方式改变的只是事物之间联系的方式和紧密程度，也就是改变信息的类型和数量。通过信息的协同管理，改变信息的类型和数量，实现整个项目管理系统信息的增殖，最终实现管理系统整体有序度的提升和涌现性的发生。信息协同管理是工程项目管理系统涌现现象发生的根源。

第二节　基于 BIM 的工程项目管理信息协同功能

一、基于 BIM 的信息标准化

信息的标准化是工程项目管理系统信息协同的基础，是实现信息协同的基本途径和手段。由于工程项目尤其是复杂性工程项目信息的种类繁多、重复性强等特点，信息标准化有助于这些信息中相关要素的统一、简化、协调和优化。信息标准化可以促使以往的信息成果和信息资源得到重复使用，实现资源共享，用较小的代价取得更大的效益，在较短的时间内求得更快的发展。

信息标准应以统一、标准的方式组织工程项目的信息，以满足不同参与者对项目各自的利益需求，促进信息共享与交流。项目从项目构思、可行性研究、项目计划、设计、施工、运行乃至拆除各个阶段的信息在应统一的构架下描述，为业主及有关各方提供全面的决策信息支持。BIM 技术是对建筑物理和功能特性的数字式表达。考察世界范围内建筑信息分类体系的最新发展状况，无论是 ISO 的建筑信息分类体系框架，还是英国的 UniClass，或是北美的 OmniClass，都致力于将建筑领域的所有重要信息全面纳入建筑信息分类体系的范围，以期能够满足建筑领域有关各方、工程项目各个阶段的需求，实现工程项目的集成化[399]。

（一）各国的 BIM 标准

1. 国际标准

国际上已经发布的 BIM 标准主要可以分为两类：第一类是行业推荐性标准，由行业性协会或机构提出的推荐做法，通常不具有强制性；第二类为针对具体软件的使用指南，是针对 BIM 软件应用的指导性标准[230]，具体见表 6-1。

ISO12006 是国际标准化组织为各国建立自己的建筑信息分类体系所制定的框架，对建筑信息分类体系的基本概念、术语进行了定义。ISO12006 分为两部分：信息分类框架和面向对象的信息交换框架（用 Express 语言描述）。它不是一个分类体系，而是一个分类体系的模板，只定义框架、建议表的标题和说明，不提供分类表内容，为各国根据自己国情制定相应分类体系而又能互相沟通提供了条件。ISO12006 覆盖建设工程（建筑物和土木工程）的全生命周期，包括设计、建造、维护、拆除，为组织信息而定义了若干类，并且表述了类之间的关系。

国际上的 BIM 标准　表 6-1

类别	年份	国家或机构	标准名称	备注
行业推荐性标准	—	BuildingSMART	负责 BIM 标准	含三部分:数据模型 IFC 标准,已被 ISO 采纳为 ISO/PAS16739,即将成为 ISO/IS16739 标准;基于 ISO 12006-3:2007 标准的数据字典 IFD;过程信息分发手册 IDM
	1997	国际协同联盟 IAI	IFC 信息模型的第一个完整版本	IFC 是面向对象的三维建筑产品数据标准。IFC 标准已发展到 2×4 版本,现已由 BuildingSMART 国际接手开发和维护
	20 世纪 90 年代	ISO 和一些国家	ISO/12006-2,英国的 NICLASS、瑞典的 BSA96、美国的 OmniClass	这些体系可以称为现代建筑信息分类体系,它们旨在代替原有的分类体系,满足建设项目全生命周期阶段内各方对建筑信息各项的要求
	2004	美国	基于 IFC 的 BIMS《国家 BIM 标准》	目前美国所使用的 BIM 标准包括 NBIMS、COBIE 标准、IFC 标准等
	2004	日本	CALS/EC 标准	主要内容包括工程项目信息的网络发布、电子招投标、电子签约、设计和施工信息的电子提交、工程信息在使用和维护阶段的再利用、工程项目业绩数据库应用等
	2007	芬兰	*BIM Requirements for Architectural Design*	芬兰的 Senate Properties 发布
	2009	新加坡	政府网络审批电子政务系统	基于 IFC 建立的
	2009	英国	AEC(UK)BIM 标准	多家设计/施工企业共同成立委员会制定
	2009	挪威	*BIM-MANUAL*1.1	挪威的 Statsbygg 发布
	2010	挪威	SN/TS 3489:2010 Imple-mentation of support for IFD Library in an IFC model 标准	基于 IFC 模型交换的数据字典标准,而且正在进行信息传递手册(Information Delivery Manual - IDM)标准项目研究,该研究主要解决建筑项目中各个任务之间的信息交换需求
	2013	国际标准化组织	ISO/DIS 12006-2	是国际标准化组织为各国建立自己的建筑信息分类体系所制定的框架,此标准是对多年以来已有的各种建筑信息分类系统的提炼

续上表

类　别	年　份	国家或机构	标 准 名 称	备　　注
使用指南	2006	美国 USACE	15 年(2006 ~ 2020 年)的 BIM 路线图	联邦机构美国陆军工程兵团(United States Army Corps of Engineers, USACE)
	2009	美国	《BIM 项目实施计划指南》第一版	主要包括以下四个步骤: (1)确定使用 BIM 在项目计划、设计、建造和运营各阶段中的目标和价值; (2)设计 BIM 执行步骤; (3)明确规定项目各阶段需交付的 BIM 信息和信息交换形式; (4)制订 BIM 实施过程中的法律法规、技术和质量检查等细节
	2010	美国	《BIM 项目实施计划指南》第二版发布	
		澳大利亚	《国家数字模拟指南》	该指南包括《National Guidelines for Digital Modeling》及《Case Studies》两部分,侧重于探讨如何制订出可以充分发挥 BIM 优越性能的实施过程及行业规范等问题
		日本	*Revit User Group Japan Modeling Guideline*	
	2009	香港房屋署	*BIM User Guide*	
	2010	韩国	BIM 实施指南和路线图	公共采购服务中心下属的建设事业局制定,包括 2010 ~ 2012 年的短期计划,2013 ~ 2015 年的中期计划和 2016 年以后的长期计划
	2010	韩国	《建筑领域 BIM 应用指南》和《土木领域 3D 设计指南》	国土海洋部

来源:根据文献[230-232]等和信息网站等多篇文献整理。

注:IFC:Industry Foundation Classes;COBIE:Construction Operations Building Information Exchange;NBIMS:National Building Information Model Standard;CALS/EC:Continuous Acquisition and Lifecycle Support /Electronic Commerce。

基于 ISO12006 各国已经实现的建筑信息分类体系包括:1997 年英国的 Uniclass、2000 年美国、加拿大的 OmniClassTM、芬兰的 Talo(Building)2000、丹麦、挪威、瑞典的分类体系等。Uniclass 和 OmniClassTM 两者互相借鉴和兼容,是 ISO12006 具体实现的范例。以 ISO12006 为基础可以确保所建立的体系具有科学性和适用性,也有利于各个国家或地区之间体系的相互映射和转换。

2. 国内 BIM 标准研究

我国针对 BIM 标准化进行了一些基础性的研究工作。2007 年,中国建筑标准设计研究院提出了 JG/T 198—2007 标准[400],其非等效采用了国际上的 IFC 标准《工业基础类 IFC 平台规范》,只是对 IFC 进行了一定简化。2008 年,由中国建筑科学研究院、中国标准化研究院等单位共同起草了《工业基础类平台规范》(GB/T 25507—2010)[401],等同采用 IFC(ISO/PAS16739:2005),在技术内容上与其完全保持一致,仅为了将其转化为国家标准,并根据我国国家标准的制定要求,在编写格式上做了一些改动。2010 年清华大学软件学院 BIM 课题组提出了中国建筑信息模型标准框架(China Building In-formation Model Standards,简称 CBIMS),

框架中技术规范主要包括三个方面的内容：数据交格式标准 IFC、信息分类及数据字典 IFD 和流程规则 IDM，BIM 标准框架主要应包括标准规范、使用指南和标准资源三大部分[402]。另外由中国建筑标准设计研究院承担编制的 BIM 国家标准《建筑工程设计信息模型交付标准》和《建筑工程设计信息模型分类编码标准》即将完成[403]。

（二）BIM 信息的分类与编码

下面以中国建筑标准设计研究院承担编制的 BIM 国家标准《建筑工程设计信息模型分类编码标准》为例，介绍其内容和特点。

建筑信息分类体系 CICS（Construction Information Classification System）是对建筑领域的各种信息施行系统化、标准化、规范化的组织，为建设项目的各个参与方提供一个信息交流的一致语言，为建筑信息的管理和历史数据的积累利用提供一个统一的框架，同时为建筑应用软件的集成化提供一个共同的基础。新的《建筑工程设计信息模型分类和编码》国家标准充分考虑到与国内已有的分类体系，如定额体系、建筑工程分类体系、建筑产品目录等协调编制[403]。

以行业内主流 BIM 系列设计软件 Revit 为例，其所有的族（“系统”和“注释”族除外）都具有用于指定代码的参数。在模型案例的空间定义中使用了分类与编码描述空间类别，使用分类和编码进行建筑项目 BIM 数据交付、构件信息存储与传递等。

信息分类包括线分类体系及面分类体系。线分类法也称层级分类法，是指将分类对象按所选定的若干分类标志，逐次地分成相应的若干个层级类目，并排列成一个有层次、逐级展开的分类体系。线分类法的一般表现形式是大类、中类、小类和细目等，将分类对象一层一层地进行具体划分，同位类的类目之间存在着并列关系，上位类与下位类之间存在着隶属关系。面分类法又称平行分类法，是指将所选定的分类对象的若干标志视为若干个面，每个面划分为彼此独立的若干个类目，排列成一个由若干个面构成的平行分类体系。面分类法分类时所选用的标志之间没有隶属关系，每个标志层面都包含着一组类目。

《建筑工程设计信息模型分类和编码标准》试图对整个建筑领域进行描述，从完整的建筑结构、大型建设项目、复合结构的建筑综合体，到个别的建筑产品、构件材料，它描述各种形式的建筑物、构筑物。《分类和编码标准》描述各种建筑活动、参与者、工具以及在设计、施工、维护过程中使用的各种信息。许多业主和经理希望在开发项目的过程中占有项目的所有信息，例如各种决策数据、选择方案、管理记录等，并以此来促进决策。他们需要这些信息以更好地进行物业设施的管理并为未来的业主提供适于销售的产品，也可用于组织、检索产品信息。

《分类和编码标准》通过分类表来跟踪、记录项目及其构件的全生命周期，以实现在建筑实体全生命周期中的应用。传统的建筑业只关注某些信息的组织，一次只处理一个方面的信息，而《分类和编码标准》分类体系包含了从项目构思、可行性研究、项目计划、设计、施工、运行乃至拆除各个阶段的信息。在统一的构架之下来描述和组织这些信息，它使得信息能够以统一的方式存储和传输，使建筑设施管理的过程更为通畅。

二、BIM 技术在工程项目全生命周期内的应用

BIM 完善了整个建筑行业从上游到下游的各个企业间的沟通和交流环节，实现了项目全生命周期的信息化管理[243]。通过 BIM 技术可以将建筑物全生命周期的建设、管理信息收集、整理和完善，从而生成整个工程项目完整的数据库、信息库、知识库。在建设、运营过程中，任

何阶段的参与方都能够及时全面地了解本阶段整个工程项目的有关信息,并且通过参与方在工程项目中的建设、运营活动来不断地修改、补充、完善。

(一)BIM的功能

BIM具有以下功能[404-406]:

(1)可视化。BIM技术的可视化是一种能够同工程项目设计和管理之间形成互动性和反馈性的可视化,工程项目全生命周期中的沟通交流、讨论决策都在可视化的状态下进行。

(2)协调性。在设计阶段可以方便各专业设计工程师同时工作,最大限度地解决施工阶段的碰撞问题。施工阶段更加方便各参与单位了解工程施工过程,避免了互相之间由于配合问题而产生的矛盾。

(3)模拟性。BIM技术可以模拟设计出三维的建筑物模型(3D模拟),也可以对加入施工进度(时间)模拟实际施工过程(4D模拟),再加入造价信息(费用)模拟资金使用(5D模拟)。

(4)优化性。在对项目的投资、进度甚至功能等要求发生变化时能及时调整项目方案,使设计和建造施工过程更加优化。

(5)可出图性。可以输出一般的建筑设计图纸,构件加工的图纸,并且可以随时根据现场施工管理的需要输出建筑物任何部位的任何角度图纸。

下面对BIM在工程项目不同生命周期阶段的应用做更详细的分析和阐述。

(二)BIM技术在项目决策阶段的应用

越来越多的学者及机构已认识到工程项目前期策划的重要性,并将其视为工程项目全生命管理关键阶段,对将建筑信息模型引进项目前期策划阶段的关注度也越来越高。BIM技术在决策阶段主要是为工程项目在技术和经济上提供可行性论证,提高论证结果的准确性和可靠性。在可行性研究阶段,BIM可以为建设单位提供概要模型(Macro or Schematic Model)[407],对工程项目方案进行分析、模拟。应用BIM技术,建设单位和各参与方可通过参数化建模使计算机表达项目所具有的所有信息及对外界的影响,并通过这些实时、精准的信息,对拟建项目进行评价、优化,最终综合考虑选定最佳策划方案,提高决策质量,缩短论证的时间,提高方案的准确性和质量。同时大大减少建设过程中的工程变更,也使前期成本估算更加精确,还可惠及将来建筑物的运作、维护和设施管理,进而可持续地节省费用。下面以BIM技术在场地分析和方案论证两方面阐述其在决策阶段中的应用。

1.基于BIM技术的场地分析

场地分析是研究影响建筑物定位的主要因素,是确定建筑物的空间方位和外观、建立建筑物与周围景观的联系的过程[408]。在规划决策阶段,场地的地貌、植被、气候条件都是影响设计决策的重要因素,往往需要通过场地分析来对景观规划、环境现状、施工配套及建成后交通流量等各种影响因素进行评价及分析。传统的场地分析存在诸如定量分析不足、主观因素过重、无法处理大量数据信息等弊端,通过BIM结合地理信息系统(Geographic Information System,简称GIS),对场地及拟建的建筑物空间数据进行建模,通过BIM及GIS软件的强大功能,迅速得出令人信服的分析结果,帮助项目在规划阶段评估场地的使用条件和特点,从而做出新建项目最理想的场地规划、交通流线组织关系、建筑布局等关键决策。

2. 基于 BIM 的方案论证

在方案论证阶段，项目投资方可以使用 BIM 来评估设计方案的布局、视野、照明、安全、人体工程学、声学、纹理、色彩及规范的遵守情况。BIM 甚至可以做到建筑局部的细节推敲，迅速分析设计和施工中可能需要应对的问题。在项目决策阶段还可以借助 BIM 提供方便的、低成本的不同解决方案供投资方进行选择，通过数据对比和模拟分析，找出不同解决方案的优缺点，帮助项目投资方迅速评估建筑投资方案的成本和时间。

对设计师来说，通过 BIM 来评估所设计的空间，可以获得较高的互动效应，以便从使用者和建设单位处获得积极的反馈。设计的实时修改往往基于最终用户的反馈，在 BIM 平台下，项目各方关注的焦点问题比较容易得到直观的展现并迅速达成共识，相应需要决策的时间也会比以往减少。

（三）BIM 技术在项目设计阶段中的应用

多年来建筑师一直以平面图纸的方法来表达设计，通过草图发挥职业想象力去构筑心目中的空间，传统的 CAD 二维图纸冗繁、错误率高、协作沟通困难，使用其进行协调综合的时候，往往是事倍功半，需要花费大量的时间去发现问题，却往往只能发现部分表面的问题，很难发现深层次隐蔽性和根本性问题，那么必然会带来工程后续的大量设计变更。下面针对 BIM 在建筑设计中的应用，分析 BIM 技术在项目设计阶段中的应用。

1. 基于 BIM 的协同设计

协同设计是针对设计院专业内、专业间进行数据和文件交互、沟通交流等的协同工作。单个专业的图纸本身发生错误的比例较小，设计各专业之间的不协调、设计和施工之间的不协调是设计变更的主要原因。一个工程项目设计涉及总图、建筑、结构、装饰、给排水、电气、暖通、动力等设计专业，BIM 信息模型提供了各个专业协同作业的平台，将各专业的三维模型进行融合，汇总成为 BIM 信息模型，各个专业的任何平面、剖面视图都可以由该模型生成，准确性更高且直观快捷。

BIM 技术改变以往“隔断式”设计方式、依赖人工协调项目内容和分段交流的合作模式而变成平行、交互的方式，增加设计协同能力，为各设计专业的沟通协调提供了交流平台。各专业的设计模型可以 BIM 模型中进式而变成平行、交互的方式，增加设计协同能力，为各设计专业的沟通协调提供了交流平台。

2. 基于 BIM 的设计决策

在概念设计阶段，设计人员需对拟建项目的选址、方位、外形、结构形式、耗能与可持续发展问题、施工与运营概算等问题做出决策，BIM 技术可以对各种不同的方案进行模拟与分析、且为集合更多的参与方投入该阶段提供了平台，使做出的分析决策早期得到反馈，保证了决策的正确性与可操作性。

使用 BIM 技术能进行造型，体量和空间分析外，还可以同时进行能耗分析和建造成本分析等，使得初期方案数据更具有科学性；建筑、结构、机电等专业建立 BIM 模型，利用模型信息进行能耗，结构，声学，热工，日照等分析，进行各种干涉检查和范围检查，以及进行工程量统计；此阶段使用 BIM，特别是对复杂造型设计项目将起到重要的设计优化、方案对比（例如曲面有理化设计）和方案可行性分析作用。同时建筑性能分析、能耗分析、采光分析、日照分析、疏散分析等都将对建筑设计起到重要的设计优化作用。

一个优秀的设计总是从反复的方案比较中产生的,传统的二维设计方式很难满足建筑师的要求,尤其是在施工图设计阶段,更难以进行方案的比较。基于三维模型,建筑师可以非常便捷直观地看到各个方案的不同效果,尤其一些细节构造与整体建筑的相互关系和风格协调在三维虚拟环境中一目了然,帮助建筑师做最终决策。

3. 基于 BIM 技术的碰撞检测

不同专业、不同系统之间的设计是由各相应专业单独完成的,专业间缺少信息沟通,另外系统的复杂度与规模以及工作人员的能力制约着设计的准确性,碰撞问题普遍存在。传统的二维图纸往往不能全面反映个体、各专业、各系统之间碰撞的可能,且图纸会审耗时长、效率低、发现问题难,同时由于二维设计的不可预见性,使设计人员疏漏掉一些管线碰撞的问题。利用 BIM 的可视化功能,通过三维信息模型的建立,进行管线的碰撞检测,从而较好地解决传统二维设计下无法避免的错、漏、碰、撞等现象。将碰撞点尽早地反馈给设计人员,对管线进行调整,在第一时间尽量减少现场的管线碰撞和返工现象,从而满足设计施工规范、体现设计意图、符合建设单位要求、维护检修空间的要求,使得最终模型显示为零碰撞,以最实际的方式体现降本增效。碰撞检测模拟流程如图 6-1 所示。

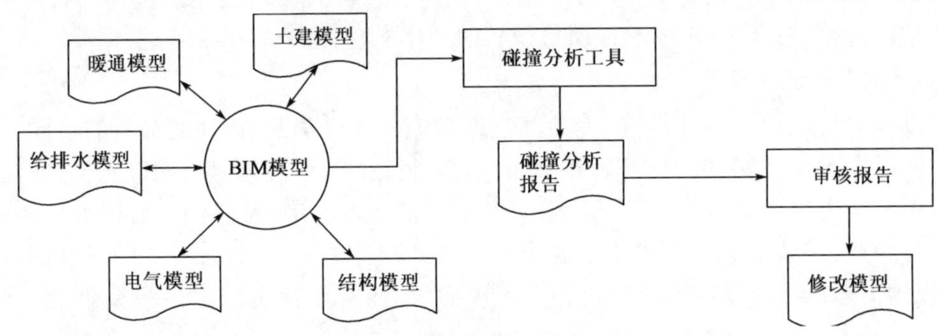

图 6-1　碰撞检测模拟流程

可视化建筑信息模型更容易在形成施工图前修改完善,设计师直接用三维设计可以更容易地发现设计错误,修改也更容易。三维可视化模型能够准确地再现各专业系统的空间布局、管线走向,专业冲突一览无遗,可提高设计深度,实现三维校审,大大减少“错、碰、漏、缺”现象,在设计成果交付前消除设计错误可以减少后续的设计变更。用 BIM 协调流程进行协调综合,那么协调综合过程中的不合理方案或问题方案也就不会出现了,使得设计变更大大减少。

4. 基于 BIM 的数据关联

在 2D 环境下,每一张图纸都是一个单独的“迷你项目”,先从平面开始绘制,然后画立面、剖面,再按照项目进展更改所有的图纸。BIM 技术改变了这种工作方式,在三维的设计中,直观地表达出了设计效果,提高了设计质量,有效地控制了施工阶段发生的设计变更。三维设计过程的核心是模型而不是图纸,所有的图纸都直接从模型中生成,图纸成为设计的副产品。

利用虚拟建筑模型,建筑设计师可以根据自己的需要在任何时候生成任意视图,平面图、立面图、剖面图、3D 视图甚至大样图,以及材料统计、面积计算、造价计算等等都从建筑模型中自动生成,减少了个体行为因素的设计错误和遗漏之处。

在二维 CAD 的工作环境下，繁复的变更修改和协调工作浪费了建筑师大量宝贵的时间和精力。BIM 软件能够大大缩减设计变更带来的绘图工作[227]。所有图纸直接从模型中生成，所有的修改和变更都会自动反映到整个项目的全部文件中。正是由于所有的数据都来自一个综合的数据库，因而在任意视图中的修改都会直接反应在数据库中，从而在其他视图中得到自动更新，图纸随着设计的进展和修改而实时更新。这大大减轻了建筑师的工作量，把建筑师从繁杂的建筑图纸和反反复复地修改、再修改中解放出来。自动更新上百张图纸，就意味着在生产率上获得了极大的提高。BIM 技术的巨大优势在于有效的文件生成与管理，使得建筑师可以集中精力进行设计。

（四）BIM 技术在项目施工阶段中的应用

建筑施工是一个高度复杂的动态过程，施工工序与工期、成本、资源、场地之间都存在着复杂的动态的联系，而且具有相当的不确定性和随机性。因此建筑施工项目管理不但需要考虑建筑本身设计的独特性，而且要考虑工期、成本、资源和场地等约束条件。在进度、成本和质量三大管理指标之间寻求一个动态的平衡，是贯穿整个施工过程的复杂管理活动，具有信息量大、信息变化快、涉及因素复杂的特点，因此信息技术在施工项目管理领域的潜在应用价值巨大[242]。

在《2011—2025 建筑业信息化发展纲要》中，BIM 技术被列为“十二五”期间在建筑业推广应用的重要信息技术，并特别强调在施工阶段开展 BIM 技术的研究与应用，推进 BIM 技术从设计阶段向施工阶段的应用延伸，降低信息传递过程中的衰减，研究基于 BIM 技术的 4D 项目管理信息系统在大型复杂工程施工过程中的应用，实现对建筑工程有效的可视化管理。

1. 基于 BIM 的数据信息共享

所谓“数据信息共享”，就是设计、施工等各个专业在同一个工作平台下工作，设定的项目中心文件集体共享，不同专业人员使用各自的 BIM 核心建模软件建立自己专业相关的 BIM 模型，与这个中心文件链接，并在与其同步后，将新创建或修改的信息自动添加到中心文件。这个中心文件就是建筑数据库信息模型，各专业都可以在此模型中查看其他专业部件的布置及其他信息，从而实现信息共享整体推进。尤其结构复杂、系统庞大、功能众多的建筑项目，各施工单位之间的协调管理显得尤为重要。有了 BIM 这样一个信息交流的平台，可以使建设单位、设计院、顾问公司、施工总承包、专业分包、材料供应商等众多单位在同一个平台上实现数据共享，使沟通更为便捷、协作更为紧密、管理决策更为有效快捷。

2. 基于 BIM 的施工资源动态跟踪

随着建筑行业标准化、工厂化、数字化水平的提升，以及建筑使用设备复杂性的提高，越来越多的建筑及设备构件通过工厂加工并运送到施工现场进行高效的组装。而这些建筑构件及设备是否能够及时运到现场、是否满足设计要求以及质量是否合格将成为整个建筑施工建造过程中影响施工计划关键路径的重要环节。

施工资源动态跟踪是在虚拟施工的基础上增加了对资源使用情况的跟踪，并通过 4D 施工资源管理系统的建立，实现建筑工程施工资源的动态管理和成本实时监控，对施工进度对工程量及资源、成本进行动态查询和统计分析，有助于全面把握工程的实施和进展，及时发现和解决施工资源与成本控制出现的矛盾和冲突，可减少工程超预算，保障资源供给，提高施工项目管理水平和成本控制能力。

对施工资源动态跟踪,能够使设备材料进场、劳动力配置、机械排版等各项工作的安排变得最为有效、经济。图6-2为清华大学开发的“基于BIM的工程项目4D施工动态管理系统”(4D-GCPSU2009)的子系统[409],系统根据计划进度和实际进度信息,可以动态计算任意WBS节点任意时间段内每日计划工程量、计划工程量累计、每日实际工程量、实际工程量累计,帮助施工管理者实时掌握工程量的计划完工和实际完工情况。

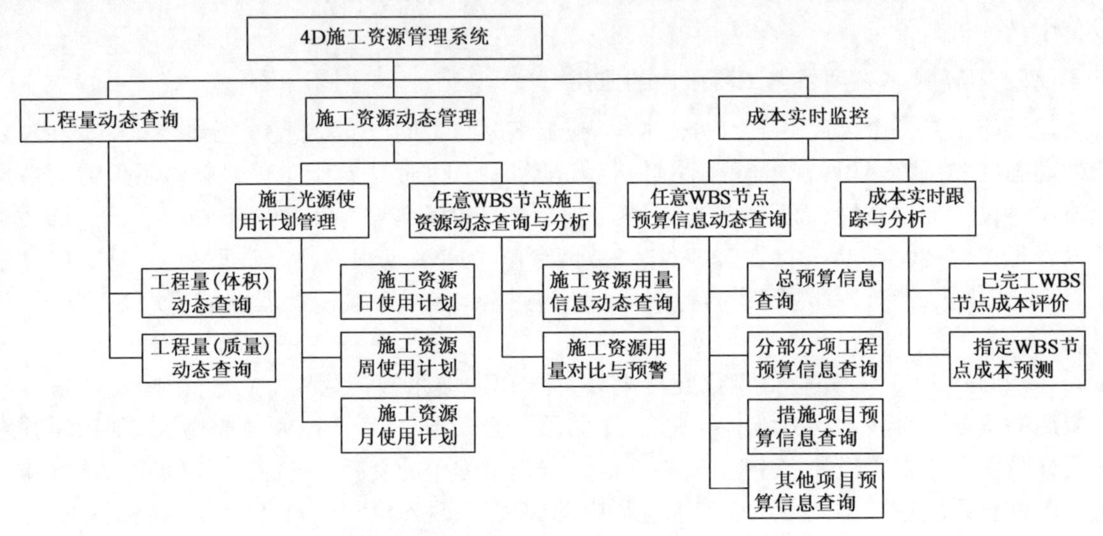

图6-2 4D施工资源管理系统

在施工过程中,还可将BIM技术与数码设备相结合,通过扫描、GPS、通信、RFID(无线射频识别电子标签)和互联网等技术与项目的BIM模型进行整合,指导、记录、跟踪、分析作业现场的各类活动,且能实现数字化的监控模式,更有效地管理施工现场,这不仅提高了工作效率,减少了管理人员数量,还可以帮助管理人员尽早发现并防止重大失误和变更问题的发生。同时,工程项目的远程管理成为可能,项目各参与方的负责人都能在第一时间了解现场的实际情况。

3.基于BIM的施工进度模拟

建筑施工是一个高度动态的过程,随着建筑工程规模不断扩大,复杂程度不断提高,使得施工项目管理变得极为复杂。当前建筑工程项目管理中经常用于表示进度计划的甘特图,由于专业性强,可视化程度低,无法清晰描述施工进度以及各种复杂关系,难以准确表达工程施工的动态变化过程。通过将BIM与施工进度计划相链接,将空间信息与时间信息整合在一个可视的4D(3D+Time)模型中,可以直观、精确地反映整个建筑的施工过程。

BIM从3D模型发展出4D建造模拟功能,让项目相关人员都能够更加轻松地预见到施工建设的进度计划。通过模拟施工过程来预测施工过程中可能出现的冲突,进行可施工性分析。通过与实际进度的对比,有利于发现施工差距,及时采取措施,进行纠偏调整,即使遇到设计变更、施工图更改,调整施工进度图后,由此方式产生的相关任务可以自动地关联到BIM软件

上，进度安排也会自动变化，并在4D施工模拟中重新体现。

4. 基于BIM的施工组织模拟

施工组织是对施工活动实行科学管理的重要手段，它决定了各阶段的施工准备工作内容，协调了施工过程中各施工单位、各施工工种、各项资源之间的相互关系。施工组织设计是用来指导施工项目全生命周期各项活动的技术、经济和组织的综合性解决方案，是施工技术与施工项目管理有机结合的产物。

通过BIM可以对项目的重点或难点部分进行可建性模拟，按月、日、时进行施工安装方案的分析优化。对于一些重要的施工环节或采用新施工工艺的关键部位、施工现场平面布置等施工指导措施进行模拟和分析，以提高计划的可行性。

借助BIM对施工组织的模拟，项目管理方能够非常直观地了解整个施工安装环节的时间节点和安装工序，并清晰地把握在安装过程中的难点和要点，施工方也可以进一步对原有安装方案进行优化和改善，以提高施工效率和施工方案的安全性。

三、BIM信息在工程项目各参与方中的应用

工程项目在其全生命周期过程中，各参与方对项目都有自身的利益需求，希望了解掌握项目的信息。BIM的分类和编码标准以统一、标准的方式组织工程项目的信息，以满足不同参与方的需求，促进信息共享与交流。各方在项目建设过程中使用BIM信息管理平台的同时也在对信息管理平台的信息进行修改、补充，是一个逐渐完善的过程。

1. 各参与方与BIM的信息交互

第五章中提到基于BIM的扁平化组织结构，其中各主要参与方对BIM信息的应用和信息流情况可见表6-2。

工程项目各参与方信息流情况　　表6-2

参与方	BIM为参与主体带来的便利	可获取信息	提交的信息
业主或业主工程师	(1)BIM帮助业主立体展现设计方案，方便地指出建筑模型与其要求不符的地方，减少工程变更，保证建设过程流畅性； (2)可帮助政府各相关部门更快地理解设计方案，提高报建速度； (3)项目完成后，业主可得到储存了项目的所有智能构件相关信息的“数字化备份”，便于以后若干年的运营和维护	项目的基础信息；项目总投资；合同信息；投资、进度、质量控制信息；施工安全信息、环境信息等	项目定义、总投资确定、业主变更和确认指令等
设计方	(1)BIM软件能够释放建筑师设计大型复杂项目的灵感，能协助建筑师在设计过程中不断推敲和改进设计工作； (2)BIM软件能够解决结构、建筑、设备碰撞的问题； (3)BIM软件能够大大缩减设计变更带来的绘图工作，平、立、剖面图纸，甚至详图和门窗明细表等会根据设计师在模型中的改动； (4)借助BIM软件中能耗分析和LEED绿色分析工具，可模拟通风、采光、气流条件，分析建筑物的采光、能源效率，实现最低的能耗，实现绿色设计和可持续设计	项目可行性研究报告、涉及任务书	初步设计文件和施工图纸、设计变更和技术变更信息等

续上表

参与方	BIM 为参与主体带来的便利	可获取信息	提交的信息
建筑承包商	(1)承包商可以预先直观地感觉整个建筑形态,理解整个设计方案,预见未来的施工难度; (2)建设过程中,设计变更大大减少,可以更流畅地施工,直接减少费用和延误; (3)承包商能够借助 BIM 快速提取工程量信息,可更好地执行施工计划,合理安排工程进度;同时使造价人员将其更多精力用于造价分析中	项目的总体信息;合同信息;投资、进度、质量控制信息;业主变更和确认指令	进度、质量、费用相关的各种工程设计报表、报告;向业主提出决策用的信息和建议;向分包单位答复或下达的各种指令
材料、设备供应商	(1)供应商可以根据需要,直接提取采购信息,既方便汇总工程量,又可缩短采购时间,还可与承包商协调进度安排,合理确定材料设备供应计划; (2)预制构件的供应商可以根据 BIM 中存储的大量智能构件信息,预先安排场外制造直接制造模具,利用数控设备进行生产,并进行虚拟安装,提高预制构件的生产和安装水平	项目动态采购信息;相关的合同信息	材料、设备供应计划

根据文献[235]整理、调整。

2. 基于 BIM 的信息流模型

IFC 标准的模型结构从下到上分别由资源层(Resource Layer)、核心层(Core Layer)、交互层(Interoperability Layer)及领域层(Domain Layer)四个层次构成。各层中都包含了信息描述模块,并遵守:每层只能引用同层和下层资源,而不能引用上层资源[410]。

文献[235]建立了基于 BIM 的建筑供应链信息流模型,如图 6-3 所示。资源层是 BIM 中央数据库,核心层是基于 IFC 和 XML 标准的建筑信息模型,由设计单位创建和修改,用于工程项目全生命周期,建筑供应链其他参与方可以调用建筑信息模型。交互层是网络交互平台,可以依靠类似项目信息门户或者 Autodesk Buzzsaw 应用软件来实现。领域层则有所不同,设计方创建设计信息模型,如建筑、结构设计系统;承包商创建施工信息模型,如 4D 施工管理模型;供应商创建供应信息模型,尤其是提供预制构件的供应商;业主则创建运营信息模型,如物业管理系统。

信息传递方将 3D 可视的建筑信息模型转化为基于 IFC 和 XML 的 BIM 文档,通过网络交互平台传递给信息接收方。信息接收方打开之后同样呈现的是 3D 可视的建筑信息模型。在建筑信息模型中添加时间维度,形成 4D 建筑信息模型,甚至添加成本维度,形成 5D 建筑信息模型。这些模型同样能够转化为 BIM 文档,便于传输。为了保障信息的安全,BIM 中央数据库中信息进行分块,不同的参与方对应不同的信息模块,供应链的核心主体赋予不同的参与方不同的权限,当用户验证后,才可以获取相应的信息。

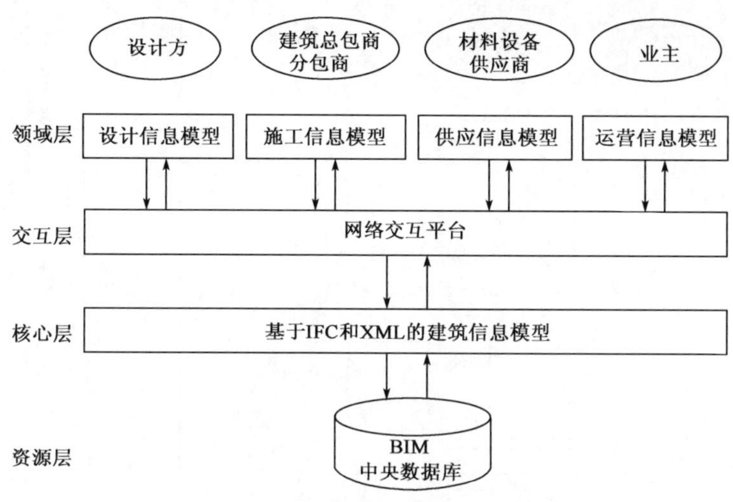

图 6-3 基于 BIM 的工程项目参与方信息流模型[235]

第三节 工程项目全生命周期的 BIM 实现框架

1. 各个阶段的支撑软件

研究表明，BIM 作为支撑建设行业的新技术，涉及不同应用方、不同专业、不同项目阶段的应用，绝非一个或一类软件可以解决的，BIM 的发展离不开软件的支持[411]。何清华等对目前具有国际和行业影响力并应用于中国市场的 32 款 BIM 软件进行了分析，软件功能分类和相互间信息交互性分析如图 6-4 所示。

虽然目前 BIM 软件的信息交互性还很缺乏，尤其是运营阶段 BIM 技术并未得到充分应用，使得运营阶段在建设项目的全生命周期内处于“孤立”状态，但图 6-4 仍能清晰地反映出目前国内应用的 BIM 软件情况及相互间的信息交互性。

2. 面向工程项目全生命周期的集成 BIM 构建框架

面向工程项目全生命周期的 BIM 建模，实际上是对工程项目全生命周期工程数据的积累、扩展、集成和应用的过程，通过集成各阶段或各应用创建的子模型而形成完整 BIM[243]。由表 1-11 可知，目前缺乏适合国内现状的国产 BIM 软件和集成模型。清华大学张建平教授项目组开发的 BIM 数据集成与服务平台 BIMDISP 的原型系统，较好地实现了上述过程，该系统经多项目实践证明具有较好的应用性。下文将主要介绍张建平教授(2012)开发的 BIM 集成系统。

该 BIM 集成应用框架基本思路是随着工程项目的进展和需要分阶段创建 BIM 子模型，即从项目规划到设计、施工、运营不同阶段，针对不同的应用建立相应的 BIM 子集；各子信息模型能够自动演化、动态集成为完整 BIM。该架构是一个包括应用层、网络层、平台层和数据层的结构体系(图 6-5)，其结构构成及各自的功能实现分析见表 6-3。

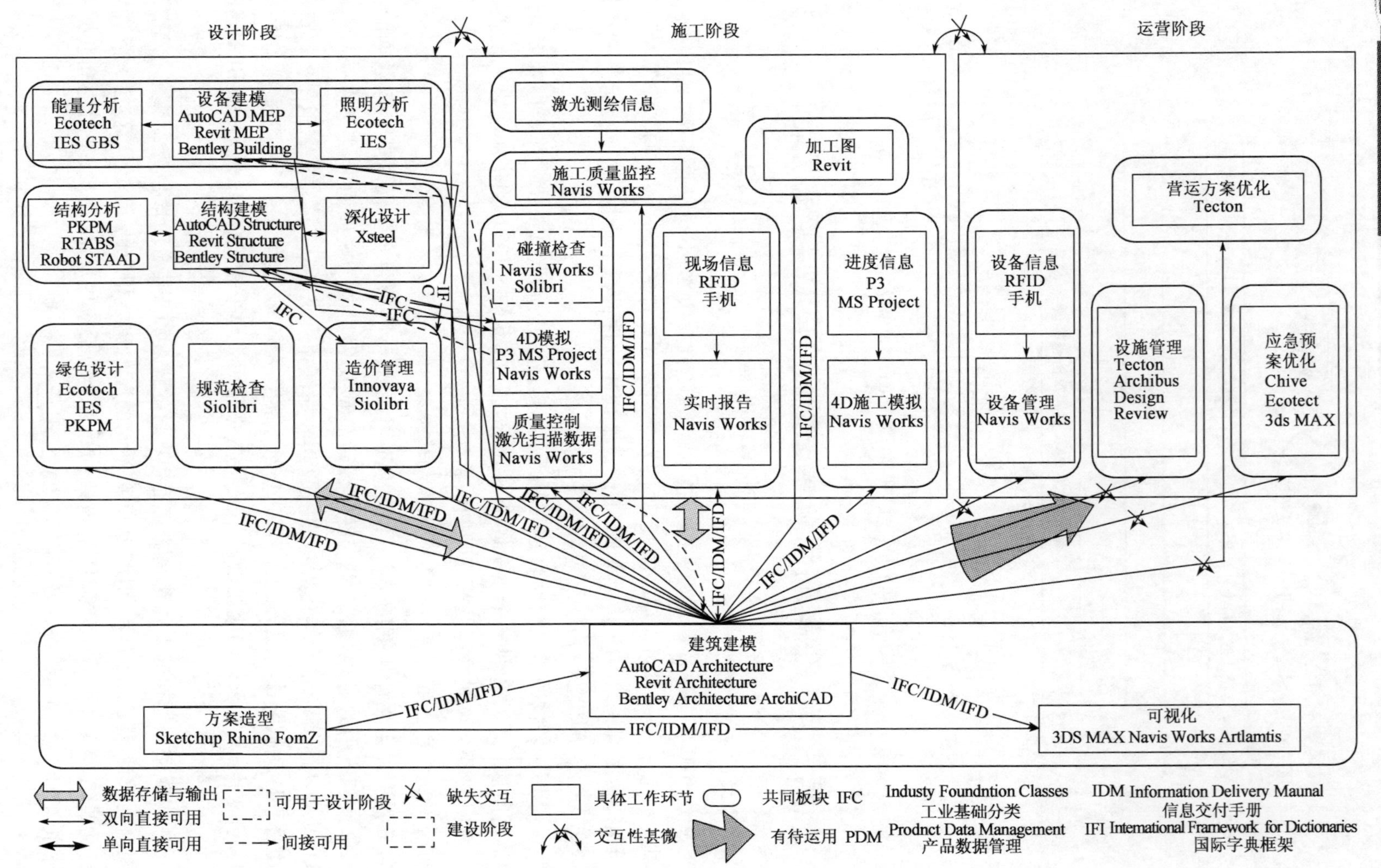

图6-4　32款BIM软件的功能分类和相互间信息交互性分析图[231]

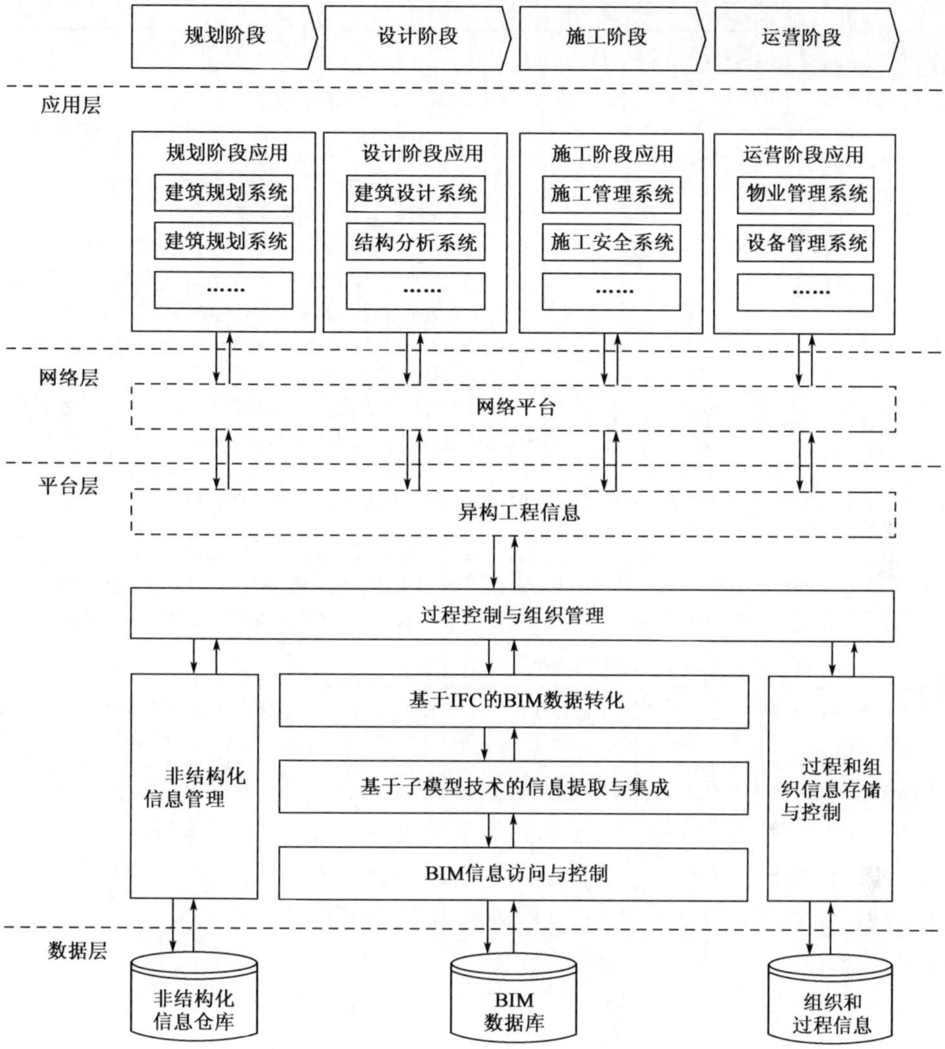

图 6-5　面向工程项目全生命周期集成的 BIM 应用架构[243]

集成 BIM 框架各组成结构的功能分析　　表 6-3

结构构成	子结构	功能实现/作用机理
数据层	结构化的 BIM 数据	利用基于 IFC 的数据库存储和管理
	非结构化的文档数据	使用文档管理系统进行存储和管理
	过程和组织信息	采用相应的数据库进行存储
平台层（BIMDISP）	实现 BIM 数据的读取、保存、提取、集成、验证，非结构化信息管理以及组织和过程信息管理和控制	
	过程控制与组织管理模块	负责对各种集成 BIM 建模技术的操作流程和操作者信息进行管理，支持实现面向全生命周期的多用户协同工作和并发访问
	过程与组织信息存储与控制模块	负责将各种组织和过程信息存储到数据库以及相关数据管理
	非结构化信息管理模块	负责文档信息的存储、访问与管理

续上表

结构构成	子结构	功能实现/作用机理
平台层(BIMDISP)	基于 IFC 的 BIM 数据转换模块	通过 BIM 信息转化器将结构化工程信息转化为 IFC 实体,通过 IFC 解析器读取 IFC 文件在 IFC 实体库中重构 IFC 模型
	基于子模型技术的信息提取与集成模块	(1)首先选择或确定子模型视图或根据 IDM 或其他子模型视图生成方法等建立新的子模型视图; (2)根据子模型视图从 BIM 数据库中提取 BIM 子模型; (3)基于 IFC 实体库,BIM 子模型集成模块可将新增工程信息集成到 BIM 数据库,以 3D 视图、空间结构视图、WBS 视图等视图方式显示模型,同时各种视图可导出为文档和报表,供决策支持
	BIM 数据访问与控制模块	为 BIM 子模型提取与集成模型提供访问 BIM 数据库的底层支持,并判断用户权限和数据状态,保证数据的一致性
	通过 BIM 数据转化、子模型集成、BIM 数据访问与控制等技术实现分散的 AEC/FM 应用系统和工程信息与集成 BIM 模型两者间的融合	
网络层	网络层是 BIM 模型共享和应用的基础,BIM 服务器如同云服务器一样为用户提供服务; 通过 Internet 网络将空间上离散的各种工程信息进行集成,方便各地用户共享 BIM 模型	
应用程序层	由来自建设不同阶段的应用软件组成	

注:子模型视图(modelview),是指 BIM 数据标准的子集,如 IFC 大纲的子集,是某一特定交换需求的所有子模型的抽象表达。

因此,该系统具体考虑组织(建设过程的各种参与角色、管理模式、合作方式以及权责分配等)、过程(指从规划、设计到施工、运营的整个流程,以及各个流程所包含的工作、资源投入等)、信息(建筑过程中产生的各种工程信息以及其表达方式、组织结构等)和系统(负责工程以及创建和使用信息的计算机软件和系统)四要素以及它们之间的关联。

第七章 天津站综合交通枢纽工程项目的界面管理分析

天津站综合交通枢纽工程建设具有多投资主体、多线路交错网络化特性，各责任主体、各专业之间存在着大量界面需要理顺协调。为使各项目间的密切配合关系和所涉及的功能和要求得到充分保证，必须在设计阶段就开始研究综合交通枢纽界面管理，即需要在项目设计阶段对枢纽内各层面上的界面进行有序梳理，将建设和运营阶段的界面信息进行集成，前馈到枢纽设计阶段，这样才能够在整个天津站交通枢纽建设全过程中对各责任层面、各专业之间以及专业内部土建、设备之间的接口关系进行协调和管理。特别在枢纽安全优先建设理念的前提下，如果界面划分不清，必然导致界面两侧设备系统信息与能量传递不畅通，形成传递障碍点，在运营阶段导致系统监控出现盲区，责任不明，影响综合交通枢纽运行可靠性、安全性，对综合交通枢纽运行的公共安全造成威胁。

因此界面协同管理研究在天津站综合交通枢纽"设计—建设—运营"集成管理模式整体研究中起到重要作用，是完成天津站枢纽各设备系统的有机集成，充分发挥枢纽整体运营功能，提高枢纽运营效率的关键。

第一节　天津站综合交通枢纽工程项目的建设特点

一、天津站综合交通枢纽工程项目概况

随着天津城市经济的快速发展，它已经不能满足现有城市交通运输需求的需要。表现在站前交通混乱，枢纽内部配套设施不足，大量候车人群集中在站前广场，火车与公交的换乘距离较远。伴随着天津城市地铁的兴建，京津城际列车的引入，亟需对天津站进行改造建设。希望借以将天津目前城市运行中的各种运输模式（铁路、地铁、轻轨和公交）有效地衔接起来，提高城市交通承载能力，改善天津城市交通基础设施条件。

天津站综合交通枢纽工程是集普速铁路、京津城际高速铁路、城市轨道通、公交和周边市政道路于一体的特大型综合项目。以铁路天津站前后广场为核心，集中在东至李公楼立交桥，西至五经路，南至海河，北至新开路区域范围内。工程范围包含站后交通广场、站前景观广场和相关市政交通工程。天津站综合交通枢纽工程站后交通广场集中了地铁 2、3、9 号线换乘站、京津城际高速铁路站房及站后公交枢纽、停车楼等市政配套工程。

地铁 2、3、9 号线天津站位于后广场既有铁路子站房前方地下，工程范围包含地铁 2、3、9 号线车站，地铁 2、3 号线联络线，2 号线站后渡线，9 号线站前折返线，由东西向的地铁 2、9 号

线车站、南北向的地铁3号线车站和2、3号线联络线合围成三角形,边长分别约500m、530m和220m,占地面积约5万平方米,地下工程为整体地下三层,局部地下四层结构,地下一层为地铁,城际铁路和其他市政交通的公共人流集散层,地下二层为地铁2、3、9号线站厅层,地下三层为2、9号线站台层和3号线设备层,地下四层为3号线车站站台层,地下一、二、三层每层建筑面积约4.8万平方米,地下四层建筑面积约1.25万平方米,地下工程总建筑面积15.65万平方米。地下三层结构底板埋深25m左右,局部地下四层结构底板埋深30m左右,结构覆土最浅处1.5m。

地上城际站房为地面二层,东西向长235m,宽20~40m,建筑面积约2.15万平方米,采用钢筋混凝土框架结构,柱间跨距16m,屋面部分根据需要采用钢梁或钢桁架,基础直接落在下部地铁2、3、9号车站结构之上。地下出租车接客区位于紧邻地铁地下结构的北侧,地下一层,与地铁地下一层空间联通,建筑面积约2.0万平方米。

二、天津站综合交通枢纽工程项目建设的制约性分析

天津站交通枢纽建设工程项目制约因素众多,再次以进度制约因素为例进行说明。

天津站交通枢纽工程被天津市政府纳入天津市"十一五"期间的重点项目,具有关系复杂、设计、施工、协调难度大、工期时间紧等特点,是一项超特大型综合工程。

天津市是2008年奥运会足球比赛的分会场之一,天津站作为天津的重要门户,要求其在奥运会期间必须为铁路天津站客流提供必要的进出站条件和优美的地面景观。

同时,根据天津市"十一五"发展纲要,地铁2、3、9号线在天津站设站,并于2010年投入运营,这些都决定了天津站交通枢纽工程的工期具有绝对刚性的特点。

三、天津站综合交通枢纽工程项目建设特点

天津站规划建设目标是成为集城际高速、国铁、地铁、轻轨和公交、出租车的大型综合交通枢纽,并实现所有旅客的"零换乘",同时满足旅客的对环境、商业、娱乐的需求。因此整个天津站工程项目规划形成五大功能区,以内部相对独立的人行系统连接,各分区为铁路客站(既有天津站、城际站房)、后广场(交通广场)、前广场(景观广场)、站后公交广场、站前公交广场。整个扩建、改建项目分为前广场工程、后广场工程和周边市政交通工程三大块,如图7-1所示。

整个项目由众多子项目组成,且每个子项目都具备自身独特的功能。天津站工程项目功能实现以国铁、城际高速为核心,也作为天津对外交通之一,全国各地的旅客通过国铁、城际高速来到天津,然后可以选择进入轨道换乘中心。轨道换乘中心由2、3、9号地铁线及附属交通层组成,旅客可以选择地铁快速到达天津市区及滨海新区;同样旅客也可以选择前往副广场、停车楼选择公共交通、私家车、的士等交通工具到达天津铁路线南的天津市区;也可以选择通过前后广场联系通道前往后广场公交中心,前往铁路线以北的天津市区。为保证天津站周边交通舒畅及旅客环境需求,天津站工程项目分别规划五经路地道工程,李公楼立交桥改造工程,前后广场联系通道,前后广场景观工程等市政工程。解决过境交通对天津站交通枢纽周边的交通压力以及对周边环境的影响。

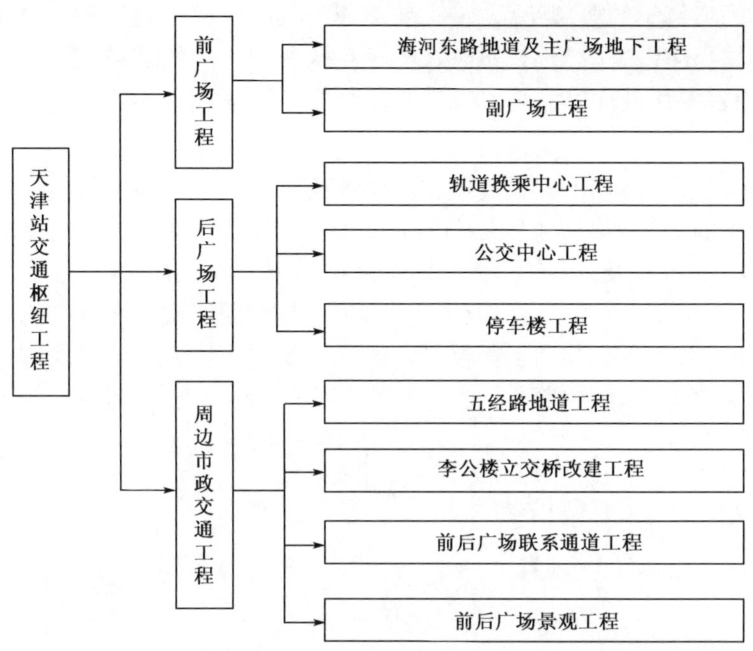

图 7-1　天津站交通枢纽扩建、改建项目划分模块

第二节　天津站综合交通枢纽工程项目利益相关者需求界面协同管理

天津站综合交通枢纽工程项目的内部结构及外部环境复杂,项目实施期间影响因素多、项目管理难度大、风险高。因此,仅仅依赖传统的项目质量、进度、成本“三大控制”工具以及其他技术,难以对各种关系错综复杂的大型工程项目进行有效地控制与协调,单纯的技术管理远远不能实现项目目标的完整期望。利益相关者管理的成功很大程度上影响到天津站综合交通枢纽工程项目的成功完成。首先,天津站综合交通枢纽工程项目是一个多投资主体的大型工程项目,围绕天津站综合交通枢纽工程项目决策、设计、施工、竣工、运营直接联系的单位为内部利益相关者。其次,天津站综合交通枢纽工程公共设施以及民用设施拆迁工程庞大,涉及众多外部利益相关者。因此,需要通过利益相关者分析来对其实施管理,做到最大限度上满足项目利益相关者的诉求,实现项目建设价值。

一、天津交通枢纽工程项目利益相关者识别

1. 多投资方

天津市城投建设有限公司是天津城投集团和海河公司合资组建的专门为建设天津站交通枢纽项目而成立的公司,以入股型代建的方式负责天津站交通枢纽项目的建设管理以及今后相应设施的运营和管理。

投资人包括天津城投集团、天津地铁总公司、天津津滨轻轨有限公司、铁道部、市财政出资、海河公司和管网公司。

多投资方作为项目集的典型特点之一，也正是天津站交通枢纽工程项目的重要特点。作为建设方的天津城投建设有限公司，如何处理好各投资方之间的利益关系，满足各方需求、要求等，从而保证项目顺利进行成为必须面对的课题，同时也是项目建设管理的难点之一。

2. 多参与方

天津站交通枢纽工程项目的建设规模和复杂程度决定了整个工程项目参与方众多。从建设主体图可见，设计方面，铁道第三勘察设计院为总设计方，牵头天津市建筑设计院、北京城建设计研究总院、天津城建设计院及总参工程兵第四设计院，完成整个天津站项目的设计任务。土木建设方面分别由中铁十六局、天津三建等数十家施工总承包单位完成。在供应商、机电设备安装方方面更是不计其数。如何将天津站工程项目的各参与方进行系统地管理，解决各方之间的利益冲突，从而让天津站工程项目顺利开展，成为项目管理工作的关键，如图 7-2 所示[412]。

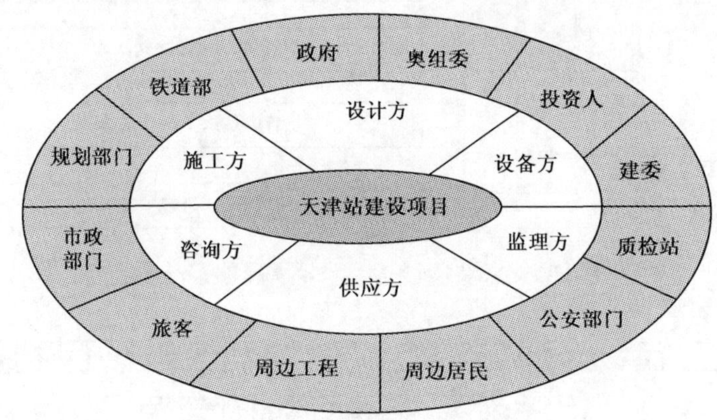

图 7-2 天津站项目参与方示意图

3. 不同阶段的利益相关者识别

天津站利益相关者识别情况通过归纳出不同的项目利益相关者在项目建设不同阶段的参与情况，如表 7-1 所示。

天津站枢纽利益相关者识别[412] 表 7-1

规划阶段	设计阶段	建设阶段	交付阶段	运营阶段
天津市建委	天津市建委	天津市建委	天津市建委	天津市政府
天津市政府	天津市政府	天津市政府	天津市政府	天津市奥组委
天津市奥组委	天津市奥组委	政府职能部门	天津市奥组委	天津城投建设有限公司
规划部门	规划部门	天津城投集团	政府职能部门	其相关投资人
政府职能部门	政府职能部门	天津城投建设有限公司	天津城投集团	使用者
天津城投集团	天津城投集团	设计单位	天津城投建设有限公司	周围社区和商铺
相关投资人	相关投资人	施工单位	设计单位	
天津城投建设有限公司	天津城投建设有限公司	监理单位	施工单位	
使用者	设计单位	咨询单位	监理单位	
	咨询单位	供应商		
	使用者			

二、天津交通枢纽工程项目核心利益相关者需求分析

由以上分析可见，枢纽工程整个生命周期内涉及的利益相关者主体种类繁多，诉求层次与诉求种类各不相同，不同的利益相关者对项目建设具有不同的利益诉求，这些诉求有些对项目的决策意义重大，有些诉求对项目建设意义影响较小，甚至有些不同的利益相关者诉求之间存在对立与冲突。因此，在分析综合交通枢纽工程利益相关者利益诉求时，首要的是确定对项目价值实现影响最大的核心利益相关者。

从利益相关者的重要性、主动性和紧急性三个维度对枢纽利益相关者进行分类，通过设计调查问卷的方式识别出天津站核心利益相关者。经问卷调查，分析得出政府部门、城投建设集团、使用者和相关投资人为天津站综合交通枢纽的核心利益相关者，并对他们各自的利益诉求进行调查，同时使得天津站综合交通枢纽的决策者更加清晰地理解项目功能需求。接下来，从政府部门、城投建设集团、使用者和相关投资人四个方面进行利益需求分析。

1. 政府的需求

政府投资历来是交通枢纽工程项目投资的主体，在工程项目投资中占用很重要的份额，但随着国内建设模式的发展，政府投资人作为项目最终业主一般都通过委托“代建单位”来负责工程项目从策划到项目建成、试运行后交付使用的全过程。然而政府投资人除了追求国有资产增值，同时也对国家战略发展、社会发展具有更高层面的需求，见表7-2。政府对天津站工程项目需求如下：

(1)满足国家和区域发展的需要。

(2)促进城市公共交通的发展和管理。

(3)引导城市业态布局。

(4)利用交通带动天津城市经济发展。

(5)改善天津站对城市的分割影响。

(6)改变铁路旅客出站距离长的问题。

(7)解决公共交通与铁路交通衔接不均衡的问题。

(8)解决地区集散交通与过境交通相互干扰的问题。

(9)解决人车混行，各种交通混杂的问题。

(10)解决目前静态交通设施严重不足问题。

政府的期望层次表　　表7-2

一次水平	二次水平	三次水平
政府需求	社会效益	推动公共交通使用
		利用交通带动城市发展
		解决换乘距离远衔接不畅的问题
		解决混行问题
		解决静态交通不足的问题

2. 投资人利益需求

项目投资人是工程项目治理中的关键角色，它是工程项目商业论证的负责人、受益的收获

者、项目治理者、项目倡导者以及项目代建方的"高层伙伴"。项目投资人的需求是工程项目产生的前提,正是由于项目投资人为了追求自己的目标而进行的前期投入,为工程项目提供了市场需求,从而催生了工程项目的产生。项目投资人主要的利益要求是:获得高的投资回报率,工程项目带来的良好社会效益,工程项目的长期存活和发展,最终成本在预算之内等。见表7-3。

投资人的期望层次表 表7-3

一次水平	二次水平	三次水平
投资人需求	经济效益	降低运营成本
		实现一定盈利
	社会效益	提供交通设施

3. 城投建设集团需求

天津城投集团作为天津站交通枢纽的工程项目的入股型代建公司、即是投资人和具体建设者,其出资参与天津站交通枢纽项目的建设,其下属公司天津城投建设有限公司负责枢纽的建设以及一些设施的运营和管理。作为投资者之一,首先要能够保证其投资能够得到很好的补偿,这就需要开发一些可经营性设施,以供其运营和管理,用这些收入来补偿建设投资,及其运营管理部分设施的正常运营。同时,天津城投集团作为国资背景的城市运营商,还肩负着不断改善城市的硬环境和软环境、完善城市功能、提升城市品位、塑造城市形象,增强城市综合竞争力的目的,所以城投建团希望能够通过天津站交通枢纽的建设,带动天津站周边的经济发展。再有,天津城投集团通过参建这种大型工程项目,能够获得大型工程建设管理的经验,有助于其今后参与类似工程的建设,提升其在行业内的知名度和影响力。见表7-4。

城投建设集团期望层次表 表7-4

一次水平	二次水平	三次水平
城投建设集团需求	经济效益	降低运营成本
		实现盈利

4. 使用者需求

使用者作为交通枢纽项目的"客户",天津站提供的服务是否能够满足使用者的要求,是衡量交通枢纽项目成功与否的重要标准。对最终用户需求把握的不清楚,就不能提供很好的产品来满足用户的需求,更谈不上对用户的管理。对交通枢纽项目来讲,项目功能的规划设计的确定要建立在对使用者需求的详细分析基础之上,同时是也应该不断跟踪使用者需求的变化,及时做出变更,见表7-5。天津站旅客对天津站的需求如下:

(1)干净、舒适的候车空间。

(2)提供餐饮设施。

(3)枢纽外部交通通行十分有序。

(4)交通工具之间衔接合理。

(5)换乘便利。

(6)交通信息准确。

(7)关注于交通的便利性和经济性,是否能够方便地到达目的地。

(8)环境良好。

(9)宜人的景观、舒适的环境。

使用者期望层次表　　表7-5

一次水平	二次水平	三次水平
使用者需求	社会效益	交通工具的有效衔接,换乘便利
		便捷、安全和舒适
		枢纽外部交通有序
		配置相应商业设施

5. 其他投资人的需求

其他投资人如铁道部、天津地铁公司、津滨轻轨公司都属于国有性质部门,投资的主要目标是为城市发展提供相应的基础设施,改善城市的交通环境。在此基础上通过一些商业设施的设置获得一些商业盈利,如地铁公司对沿线土地资源的开发等,也可以通过在连接通道设置广告牌获得一定的收益。所以这些群体的利益诉求在某种程度上是与政府部门相一致的,可以说是对政府需求的反应。

社会投资者如海河公司和管网公司则需要一定的商业收益来吸引他们的投资修建一些枢纽的配套辅助设施,可以利用给予一些商业开发权等条件来吸引他们的投资,使他们参与到枢纽项目建设中。由此可见,其他投资人的利益诉求共有四个方面:方面一,提供良好的交通设施,满足使用人的使用需要;方面二,能够获取相应的投资收益;方面三,在有限资金条件下,最大化满足使用者的使用要求以及自身的盈利要求;方面四,在对周边影响不大的情况下,项目顺利进行,见表7-6。

其他投资者期望层次分析表　　表7-6

一次水平	二次水平	三次水平
国有投资部门	社会效益	为城市发展提供基础设施
		改善城市交通
	经济效益	获得商业盈利
社会投资者	社会效益	修建交通枢纽的配套辅助设施
		满足使用者的需求
	经济效益	获得相应的投资效益

6. 核心利益相关者的诉求关系

通过上述分析发现,政府部门、使用者与投资者之间的利益诉求之间有以下关系:

(1)政府部门与使用者。政府部门在微观层面的利益诉求偏重于解决城市交通问题,如解决公共交通与铁路交通衔接不均衡问题、解决地区集散交通与过境交通相互干扰问题;使用者的要求偏重于对枢纽内部交通辅助设施的使用要求,如便利的换乘条件、干净整洁的内部环境,以及对枢纽外部交通环境的要求。二者的利益诉求存在着关联性,如解决换乘距离远,交通衔接不畅的问题正是使用者希望实现换乘便利、快捷的问题。

（2）投资人与政府、使用者。投资人由于大多数属于国有性质，在利益诉求上一般与政府的利益诉求保持一致，在此基础上希望通过一定设施开发获得相应的收益。投资人的利益诉求与使用者的利益诉求之间也存在着关联性，如投资人需要设置一定商业设施来实现盈利的诉求，配置商业设施恰恰又是使用者的诉求，两者相互匹配，形成了一定的需求—供给的关系。因此，政府部门、使用者与投资者之间的利益诉求之间有以下关系，见图7-3。

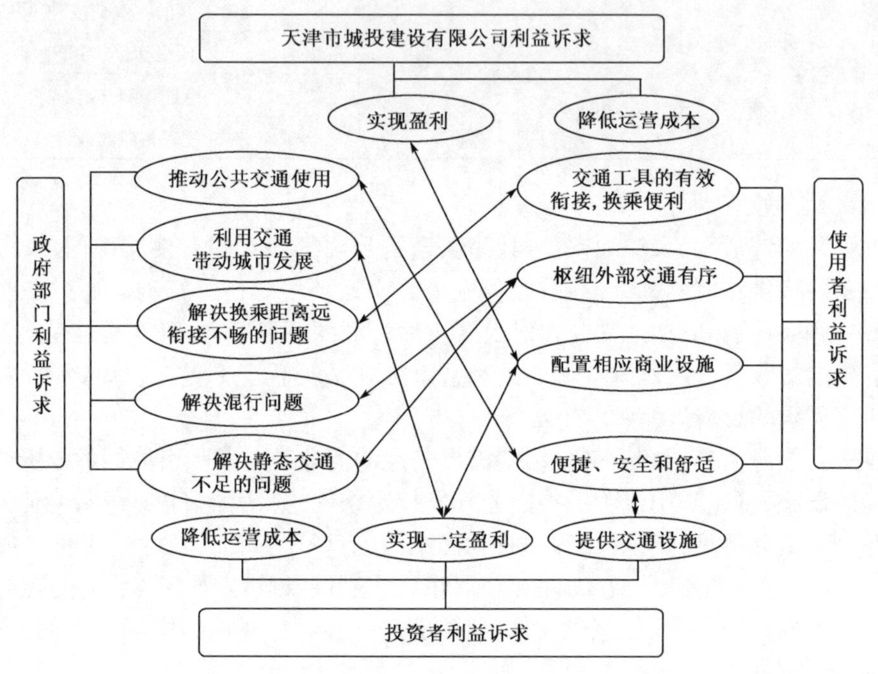

图7-3　利益相关者之间的利益诉求界面[412]

三、天津交通枢纽工程项目需求分析

为了将相关方模糊的期望转化为清晰的项目需求，可以采用QFD方法，它是以满足利益相关方为目标。具体步骤先分别识别出各主要利益相关者的期望，并分析利益相关者的期望层次表，在以上层次表的基础上，构建QFD表，给出利益相关者期望与项目需求的对应关系，请资深经理给各对应关系打分，强相关打5分，中等相关打3分，弱相关打1分。最后基于核心利益相关者的需求，整理出项目需求层次表，见表7-7。

项目需求层次表　　表7-7

一次水平	二次水平	三次水平
天津站交通枢纽项目需求	带动区域经济发展	商业业态综合开发
		物业业态综合开发
	推动公共交通发展	换乘便利
		出行安全
		出行环境舒适

续上表

一次水平	二次水平	三次水平
天津站交通枢纽项目需求	形成城市新地标	环境整洁
		特色景观
	缓解枢纽区域交通拥挤状况	实现人车分流
		实现过路交通与进站交通的分流
		实现公交车与私家车的交通分流
		提供足够的车辆停泊空间
		实现车辆在前后广场之间的快速通行
		解决站前交通拥堵状况

第三节　天津站综合交通枢纽工程项目建设、运营一体化的过程界面协同

在项目建设之初，若不对运营阶段的问题进行系统、深入研究，单纯为建设而建设，将会使该项目成为轨道交通枢纽工程项目中建设成本和运营成本“双高”的又一失败案例；不对项目内的设备系统进行有序梳理，系统研究不同工况下设备系统的运营模式，项目建成后将导致由于接口管理混乱、主责单位不清而产生的一些设备和使用功能闲置的现象，不能有效地发挥枢纽的作用，给国家和企业造成浪费。如北京西直门枢纽工程就出现了衔接关系不好、地下有较大空间未被利用等问题，北京西客站出现使用上不合理、没有城市轨道交通分散人流压力等问题。

因此，只有在项目建设初期对天津站交通枢纽运营管理模式进行系统、深入地研究，才可能避免出现上述问题。

一、天津站综合交通枢纽工程项目建运一体的界面协同框架体系

1. 整体概念框架

天津站综合交通枢纽需要脱离传统的设计、建设、运营阶段相对独立的建设模式，将天津站的建设置于全生命周期管理视角下，在设计阶段即展开枢纽建设、运营模式的研究，在成功标准、管理理念、管理目标、管理组织、管理方法、管理手段等各方面将建设阶段和运营阶段的需求信息有机集成于设计阶段，并予以重点考虑，进而在设计过程中做到有的放矢，在“设计为运营、建设为运营、运营为效益”的理念下，最大限度满足项目利益相关者的利益诉求，实现天津站综合交通枢纽的建设价值。

同时交通枢纽建设的时期，也可以得出同样的建运一体化思想。在轨道交通项目建设的单线建设时期，采用一元纵向四分开模式是可行的，在线网初期采用一元纵向一体化则平均成本较低，到了网络成熟阶段，又可以采用纵向四分开的模式。天津站交通枢纽项目是具有线网特征的项目群，是在天津市城市轨道交通网络这个大背景下的网络节点，其建设和运营均受制于天津市城市轨道交通网络的整体建设和运营模式，目前天津市城市轨网正处于网络化初期，

因此,适合采用一元纵向一体化模式,并且采取基于信息流集成的"早期价值管理"实现项目全生命周期内的管理集成。

考虑到天津站的巨大客流量,以及项目、线路网络化特性,基于准经营性项目的管理和收益特点,天津站交通枢纽应成立 SPC(Special Purpose Company),该公司作为天津站交通枢纽的运营管理主体,不单单只负责天津站交通枢纽的运营管理,而是通过信息向前集成,从决策设计阶段开始全过程参与天津站交通枢纽的建设,从而实现天津站交通枢纽的建设运营一体化,实现全生命周期成本最低(Min LCC)、价值最大(Max Value),进而使天津站交通枢纽具有可持续发展优势,详见图 7-4。

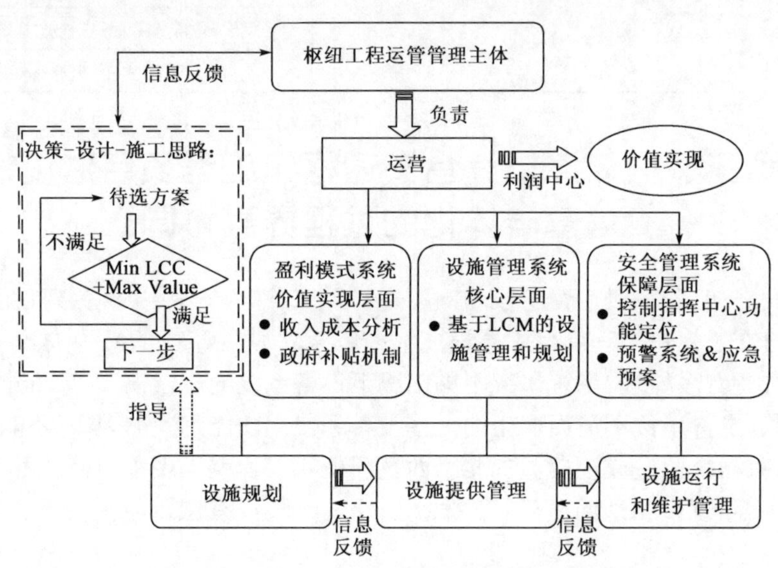

注:LCC-全生命周期成本;LCM-全生命周期管理;Max Value-价值最大化

图 7-4 天津站交通枢纽工程建运一体化逻辑示意图

2. 建运一体的过程界面协同主体关联

项目管理办公室(即 PMO)是设计和施工阶段主要的协调控制主体,对工程总体功能要求进行总控协调,提供土建界面所需的各子项间界面定位、各专业技术界面任务、界面技术参数设定、专业分工和设计资料互提。指挥控制中心重点是对设备间的界面划分和管理进行总控协调,负责设备调试安装工程中各单项工程之间在时间与空间上的交叉作业,设备—设备安装界面的技术交接和安装方案的标段衔接,设备招投标过程中对承包商的控制,并通过多方协调使各单位工程项目协调于项目整体。运营管理中心是对交付使用工程的总控协调,建立支持运营主体信息监控的设备界面集成监控系统和界面管理控制体系,提供运营主体组织管理范围界面划分、设施管理的全要素界定、设备系统组织职能设定等支持运营主体界面管理的应用规范。

通过三大协调主体间的协调配合(图 7-5),实现功能传递、价值延伸和信息交互。

(1)功能传递是以各阶段控制主体为依托,完成对土建界面—设备界面—运营界面的系统子项目功能间路径实现的过程,主要以 PMO(项目管理办公室)到指挥控制中心再到运营管理中心为核心的主要界面的功能传递。

(2)价值延伸建立在功能传递的基础之上,主要包括资源的调配,确保资金、人员、材料和设备等资源价值使用的最优化;组织设计,从界面管理职责的角度,按照进度计划、供图计划、设备计划、材料计划、资金计划和作业计划同步制定各部门界面管理责任。

(3)信息交互,一是解决界面控制平台异构信息共享的问题,如界面间信息传输和异构系统界面信息互递。二是解决界面功能传递和价值延伸过程中信息流到物质流转换的控制问题。控制主体负责对信息的采集、处理和传输,经由总控部门处理的信息流反馈指导和控制各职责岗位的作业实施。

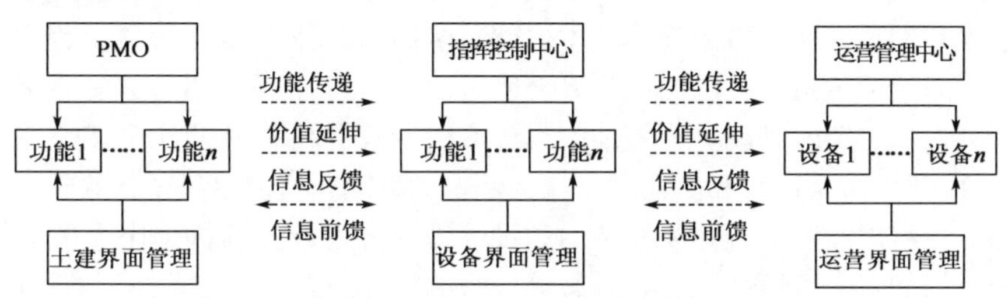

图 7-5　天津站综合交通枢纽全生命周期过程协同主体关联图

来源:根据刘艳辉(2009)[413]修改。

二、天津站综合交通枢纽工程项目主体和过程界面分析

1. 运营管理界面分析

项目运营管理界面的界面管理属于项目规划层次的问题。不同的运营主体会对工程项目的各单项工程有不同的功能要求,不同的运营管理模式。项目建成后的运营管理界面将会直接影响项目建设过程中的投资界面、设计界面。枢纽运营管理目标是确保枢纽高效运行,增加经济效益,这就需要选择有效的枢纽运营管理模式,而运营管理界面合理划分及有效的界面管理将是枢纽运营管理模式确定的核心,其中运营管理界面的合理划分又是界面管理发挥作用的前提和保证。建议运营管理界面划分以下 3 种模式:

(1)模式 1,按照产权划分运营管理界面。该模式下专业设施产权易于确定,管理界面清晰,各投资主体利益切分原则清晰,但对整个枢纽来说,因公共区域分散,公共区域的管理工作量大,协调难度大,枢纽整体的运行效率可能较低。

(2)模式 2,按照系统划分运营管理界面。按照各企业、各交通功能自成体系的运营管理系统来划分运营管理界面,此模式最大限度地减少了界面数量,各投资主体收益易于切分,但同样枢纽整体的公共区域分散,公共区域的管理工作量大,协调难度大。

(3)模式 3,按照区域划分运营管理界面。该模式充分结合规划设计和建筑物理特性,管理区域易于划分,同时枢纽整体公共区域的管理工作量也大大减少,但此模式下在同一建筑区域内可能有几种不同的运营系统,涉及的协调工作量大,合同管理难度较大。

2. 投资界面分析

项目投资界面的划分主要依据项目的运营管理界面和建筑、设备的功能使用界面,同时兼顾各投资主体的经济利益。投资界面划分可依据以下原则进行:一是运营主体即投资主体,各交通工程项目的相关专业设备由各自专业运营主体单位投资建设;二是公共区域的土建、设备

由相关几家业主进行分摊投资。投资界面管理过程中应重点关注以下两个问题:一是工程项目应用 WBS 分解结构细化至分部分项工程,对应概算拆分保证各分部分项工程(包括设备采购)的投资主体明确,保证没有漏项;二是针对需要投资分摊的分部分项工程,与各业主协调以运营管理模式为依据,同时兼顾各投资主体的经济利益,明确具体的投资分摊原则。

3. 设计界面分析

大型综合交通枢纽项目涉及到多个专业领域,往往有多家设计单位参与设计,导致大量设计界面产生,带来设计界面管理的工作。如该市的大型综合交通枢纽项目的建设,由于项目功能集成度大,参与的各专业领域的设计单位也就很多,显然在该项目的设计过程中存在着大量的设计界面,同时给业主带来相应的设计界面管理问题,尤其在界面双方投资主体不一致的情况下,则设计界面的协调管理就更为复杂。设计界面管理的根本是设计管理的模式问题使外部界面转化为内部界面而进行界面管理。如上例中大型综合交通枢纽项目的建设涉及多业主的情况,可由业主组成业主联合体委托专门的设计管理部门或咨询机构作为设计的总协调与管理角色。设计界面管理过程中应重点做好以下几个方面的工作:设计进度的控制;设计标准的制定与执行;设计会签制度的制定与执行;设计汇总、拼图工作;概算编制与汇总工作。

4. 施工管理界面分析

在项目实施过程中,如果不能正确地识别界面的存在,可能导致很多问题的产生,最终促使成本增加,Waring 和 Gibb 认为在施工过程中 60% 的问题是由于界面造成的困难引起的。由于上例大型综合交通枢纽项目的建设存在多个投资主体,则可能导致项目上出现多家建设管理单位,带来一系列的施工管理界面。建筑工程施工本身有其特殊性,使得施工管理界面往往不能完全与项目投资界面保持一致。施工界面管理的有效途径是充分考虑项目的经济性、安全性,通过合理的建设管理模式使工程实施顺利进行,如施工管理界面双方业主将工程委托同一家施工管理单位进行施工总体管理,使外部界面问题转为内部界面问题。

第四节　天津站综合交通枢纽工程项目运营主体构建研究

一、综合交通枢纽运营主体构建的理论基础

1. 轨道交通综合枢纽运营管理模式

目前,系统研究轨道交通综合枢纽运营管理模式的文献并不多,已有的一些文献多是对交通枢纽运营管理中某一方面进行探讨。

轨道交通综合枢纽作为城市轨道交通网络化的集中体现,其运营必然符合轨道交通网络化运营的特征。网络结构的复杂性、经营管理的集中性、运营需求的多样性、运营组织的协调性、换乘的便捷性、资源的共享性构成了城市轨道交通网络化运营的特征[414]。谢芳、尹贻林[415]对城市轨道交通综合枢纽的盈利模式进行了探讨,结合交通枢纽的特殊经济属性,通过对关键价值链和衍生价值链的有效整合,实现各衍生价值链的盈利。尹贻林[416]以设施管理为理论基础,针对设施规划设计与设施运行管理间的信息缺失的问题,以枢纽运营管理为导向,对交通枢纽设施的设计进行了优化。刘永谦[417]对轨道交通综合枢纽综合监控系统的规

划设计理论与方法、运行及管理方式进行了探讨，提出了交通枢纽维修制度及运营维护费用筹措策略。多篇文献都探讨了网络中设立统一的指挥控制中心[414][418]，以实现统一的协调、控制等功能；站在公共安全优先的层面，轨道交通综合枢纽指挥控制中心在预防管理和应急管理中的功能不同。

上述文献涉及轨道交通综合枢纽工程运营管理模式中的盈利模式、设备系统的规划、控制、维护机制以及安全管理机制等重要问题，而这些运营管理内容必须基于运营管理主体展开。从系统的观点来说，轨道交通综合枢纽工程运营管理模式应至少包括一个主体和三个运营系统，即一个运营管理主体、运营管理主体的盈利模式系统、安全管理系统和设施管理系统，如图 7-6所示。其中，设施管理系统是运营管理机制的核心层面，包括从设施规划、提供、运行到维护等全生命周期管理；安全管理系统是运营管理机制的保障层面，包括如何对运营过程实施全面的集中监控和管理，以确保枢纽不同工况下系统运营的安全性、可靠性问题；而盈利模式系统则是运营管理机制的价值实现层面，探讨枢纽作为准经营性公共项目的收入来源、支出渠道以及合理的政府补贴机制。本书主要探讨轨道交通综合枢纽运营管理模式中的首要问题，即运营管理主体的构建问题。

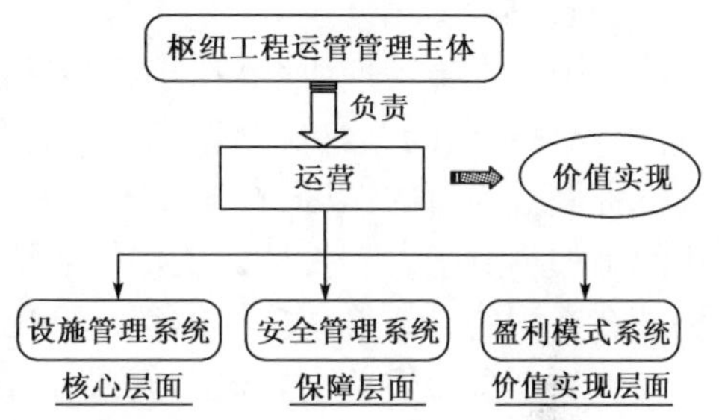

图 7-6　交通枢纽工程运营管理模式内

下面对轨道交通综合枢纽运营管理主体构建时的一些理论基础进行介绍和分析。

2. 轨道交通综合枢纽运营主体构建的理论基础

(1)工程项目投资/组织模式

国内工程项目管理目前主要有以下两种投资/组织模式：一是投资、建设、运营、监管“四分开”管理模式；二是投资、建设、运营等“一体化”管理模式。何伟怡[419]指出，在“轨网”单线和网络前期阶段，纵向一体化管理模式的层级制特征能很好地满足轨道交通项目的自然垄断属性，具备对项目全生命周期集成化管理的组织条件；在网络化成熟阶段，一体化模式应该向“投资、建设、运营、监管”四分开模式转变。

目前在中国，一元投资纵向四分开模式仅限于当前正处在超常规发展时期的上海轨道交通业[419]，进而形成了以上海为代表城市的轨道交通分级集中式管理模式。一体化前提下的国内城市轨道交通运营管理体制大致可以分为两种：以北京为代表城市的政府直接管理模式(北京市政府下设地铁集团有限公司，为其出资者，集团下设地铁建设管理公司和地铁运营管理公司，政府投资，建管合一)和以广州为代表城市的完全集中式管理模式(广州市地下铁道总公司将建设、运营和与运营有关的附属业务成立了相应的事业部，树立了“建设为运营，运营为经营，经营为效益”的理念)。

“一体化”和“四分开”的项目管理模式对于轨道交通综合枢纽这类网络节点项目，仍有很强的借鉴意义。轨道交通综合枢纽由于涉及各种交通方式，常常是多业主投资建设，因此，如何选用关键是看投资建设运营模式的制度绩效是否适合特定的轨道交通综合枢纽技术经济特点。

(2)SPC 理论

20 世纪六七十年代，原日本 JR 大阪车站的周边地区人口增长迅猛，导致了大阪综合交通枢纽项目的发起。三四十年来,该项目所在地的各类商业设施的运营赢利,给了日本全国后续新建的枢纽项目一个毋庸置疑的启示——车站区域具有极大的商业价值。日本成功的枢纽商业项目,要求运营管理公司(SPC,Special purpose company)必须全过程参与项目建设。SPC理论依据就是基于项目全生命周期信息流向前集成的早期价值管理和地区商业规划导向。SPC是专为公共项目中的商业子项目的运营而组建的,其组织目标是为业主委员会获取利润,其工作方式是全生命周期地参与商业项目过程,其工作职能是商业设施的前期硬件规划,中期的建设设计、采购、施工咨询,后期的服务管理、市场营销管理等(只有建议权,没有决策权)。

(3)设施管理理论

按照国际设施管理协会(IFMA)最新的定义,设施管理是一种包含多种学科,综合人、地方、过程及科技以确保建筑物环境功能的专门行业。它以保持业务空间高品质的生活质量和提高投资效益为目的,以最新的技术对人类有效的生活环境进行规划、整合和维护管理,它将物质的工作场所与人和机构的工作任务结合起来。尽管国外的设施管理行业发展迅速,但至今仍没有通用的设施管理理论体系,这可能和设施管理是门实践性很强的学科有关。

设施的全生命周期主要包括规划、设计、建设、运营、维护、维修和开发利用等阶段,它基本适合于所有的设施,虽然不同设施在规模和复杂性上有些差异。设施的全管理要素是指在设施管理过程中需要进行管理的所有领域。根据国际设施管理协会界定的设施管理主要内容,设施管理的要素具体包括综合管理,进度、质量、绩效和风险管理,财务、空间、资产、运营维护、健康、安全和环境管理、服务管理等。

设施管理理论为运营管理主体组织机构设计提供了理论支持。

3. 轨道交通综合枢纽运营管理主体构建的原则

构建轨道交通综合枢纽运营管理主体,应首先明确与其相适宜的运营管理体制。在此前提下,确定运营管理主体的管理范围,并依据科学的理论基础进行具体的组织机构设计[420]。

(1)选择适宜的运营管理体制

作为准经营性公共项目,轨道交通综合枢纽项目的收费性和竞争性决定了该类项目可以采用私人融资建设的方式,容易实现投资主体多元化。借鉴轨道交通线路的一体化和四分开管理体制,于轨道网络化初期区位的轨道交通综合枢纽,构建运营管理主体时,纵向一体化体制往往能有效降低枢纽项目全生命周期成本。具体如何一体化,还需要根据具体项目具体分析,如投资主体是否多元、建设单位与投资主体关系等。

(2)明确运营管理的范围

只有明确了轨道交通综合枢纽运营管理主体的运营管理范围,才能进行下一步的组织结构设计。在明确枢纽工程建设范围、设备系统界面的基础上,结合交通枢纽工程服务、文化等辅助功能和商业开发等增值功能的要求,确定运营管理的工程对象和设备对象以及具体管理的内容,从而划分清楚与各线路的管理范围。

(3)基于设施管理理论的组织机构设计

轨道交通综合枢纽运营管理主体的组织机构设计,需要从全生命周期设施管理理论出发,从设施的全生命周期角度来分析其运营管理主体的运营业务和相关设施增值的渠道,以业务定组织机构和相应的管理内容、管理职能。

具体部门设置时,基于设施管理理论的生命周期阶段和设施管理要素,并根据枢纽项目的具体情况和项目待实现的功能进行调整。

二、天津站交通枢纽工程运营管理公司的构建

本书运用上述运营管理主体构建的理论和原则，对天津站交通枢纽工程运营管理公司的构建过程进行分析，具体设计该运营管理公司的组织结构。

1. 天津站交通枢纽 SPC 公司构建的逻辑框架

该轨道交通综合枢纽由五家投资者投资，其所在的城市轨网建设仍处于网络化初期，因此宜采用建设、运营纵向一体化体制。另外，上海卢浦大桥的入股型代建制管理模式为该轨道交通综合枢纽运营管理的组织模式提供了借鉴思路。作为多元投资主体之一，上海黄浦江大桥建设有限公司作为代建单位，在工程建设的管理中起主导作用，同时该公司还负责上海卢浦大桥的运营管理。对于大型的、难度较大的项目，将代建单位吸纳到项目公司中，将增加代建单位的授权和所承担的风险，以激励其管理潜能，使其主观能动性得到最大限度的发挥，也增强了其他投资人对代建单位的信心和信任。基于天津站项目特点，其整体的构建框架和逻辑如图 7-7 所示。

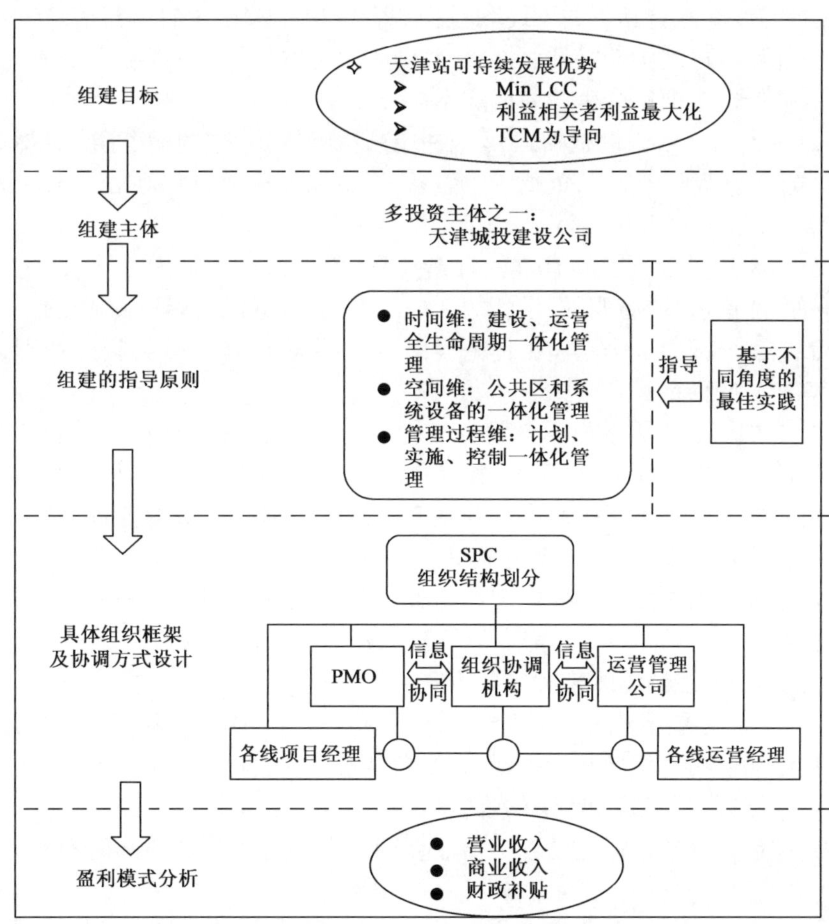

图 7-7 天津站交通枢纽 SPC 构建的逻辑框架

2. 天津站交通枢纽运营管理公司管理范围的确定

基于该交通枢纽工程 WBS 分析的结果，对其建筑界面和系统界面认真研究和综合考虑之后，最后确定了 10 个子项工程为运营管理公司的管理对象，并根据项目的具体情况，区分出履行全面运营管理职能和部分运营管理职能的工程，确定了具体经营管理的内容。同时该交通枢纽项目与日本大阪驿交通枢纽具有“枢纽规模大、多使用主体、人口数量巨大、处于城市中心区规划”等相同点，因此借鉴了日本大阪驿交通枢纽 SPC(Special Purpose Company)运营公司的经验，运营管理主体管理范围大大拓展，全生命周期地参与商业项目过程。

3. 天津站交通枢纽运营管理公司组织机构的设立

在该交通枢纽项目初期，依据设施管理的生命周期阶段和管理要素，分析天津站轨道交通综合枢纽运营管理主体的运营业务和相关设施增值的渠道，以此确定了组织机构主要有设备规划部门、资产管理部门、运营维护部门、指挥控制中心等重要部门。

(1)设施规划部门。依据设施的规划、计划阶段和质量、进度控制等管理要素，该枢纽运营管理主体设立设备规划部门，负责设施的整体管理规划、设施采购、设施运行过程中的维护计划等。通过将运营阶段的部分设备管理部门和人员引入项目初期成立的设施规划部，为设计人员提供包括与设施运行相干的不同利益相关者价值需求在内的运营信息，该部门体现了设备系统设计阶段、运行维护管理阶段的组织集成，达到降低设备系统全生命周期费用的目标，进而可有效降低枢纽项目全生命周期成本。

(2)运营维护部门。依据设施的运营、维护阶段和设施管理的运营、维护要素，该枢纽运营管理主体设立了运营维护部门，负责供电设备类、机电设备类和自动化设备类等系统设备的养护维修。

(3)资产管理部门。依据设施管理的资产要素，该枢纽运营管理主体设立了资产管理部门，具体负责资产的保值、增值业务，设施的变更、评估和处置以及周边商业店铺、广告位、停车位等的招租、管理。该部门根据具体工作内容的不同，可进一步划分为资产管理运作科、商业设施开发科、广告科等科室。

(4)指挥控制中心。为力求枢纽各设施安全、健康运行，依据设施管理的健康、安全和风险要素，该枢纽运营管理主体设立了指挥控制中心，确立了该部门在预防管理和应急管理中的不同功能。在预防管理中，指挥控制中心的主要功能是对枢纽区域的监视、设备控制、信息收集、信息分析以及协调管理，目的是满足枢纽正常运营管理的需要，避免发生灾害事件；在应急管理中，指挥控制中心的功能则主要体现在与各线路的指挥控制系统和公安、交管、消防等政府部门协调配合，发出统一指令，发布灾害信息，实现对灾害的有效控制。

由于指挥控制中心在预防管理和应急管理中的功能不同，因此不同状态下其与枢纽运营管理主体所处的关系也有所不同。在正常状态下，指挥控制中心作为枢纽运营管理主体之下的一个常设机构，受公司的领导和指挥；而在紧急状态下，指挥控制中心的权利位置则上升，成为统一指挥运营管理公司和其他组织的临时机构。

除此之外，该运营管理公司还设置了物业管理部门、办公室、财务部门和人力资源部等常规部门。

综上，从设施的全生命周期角度来分析天津站枢纽公司运营业务和相关设施增值的渠道，确定的业务组织机构和相应的管理内容、管理职能，具体见表 7-8。

运营管理公司组织机构设置[421]　　表7-8

成立的理论依据		相应的组织机构设置	管理职能
设施全生命周期理论	设施的全管理要素		
规划、计划、预算、运营、维护、变更、评估、处置	质量、进度控制等	设备规划科（建设期作为设备规划部）	负责设施的整体管理规划、设施采购、设施运行过程中的维护计划等
	运营、维护	综合运营维护科	负责供电设备类、机电设备类和自动化设备类等系统设备的养护维修
	资产	资产管理运作科	负责资产的保值、增值业务，设施的变更、评估和处置
		商业设施开发科	负责商铺的招租、管理
		广告科	负责广告位、停车位的招租、管理
	财务	财务部	负责对内的会计核算、预算分析和对外的成本清算
	绩效	人力资源部	负责人员的招聘选拔、绩效评估、员工培训等
	安全管理	控制指挥中心（正常状态下）	分设中央控制室和二级结点控制室，实现对枢纽区域的监视、设备控制、乘客资讯的发布、协调和管理工作
		控制指挥中心（灾害状态下）	灾害状态下对天津站枢纽工程及各线、协助有关部门进行统一指挥和协调
	综合管理、风险	风险科	对日常信息进行及时分析，制定风险管理计划，及时进行风险控制
	服务	物业管理部	负责枢纽房屋及其他建筑物类的巡检、日常设施、公共设施的维修以及日常设备使用、卫生、保安等工作
	综合管理	办公室	负责文秘、机要、保密、公关、党群，监管汽车班、档案库

4. 天津站交通枢纽运营管理公司与其他结构的组织界面分析

在正常状态和灾害状态下综合枢纽运营管理公司与城际铁路、地铁2、3、9号线等各线运营公司以及与消防、公安、安全等各相关政府部门间存在不同的组织界面关系，正常状态和紧急状态下枢纽运营管理公司内部各组织机构与外部组织界面关系示意如图7-8[421]所示。

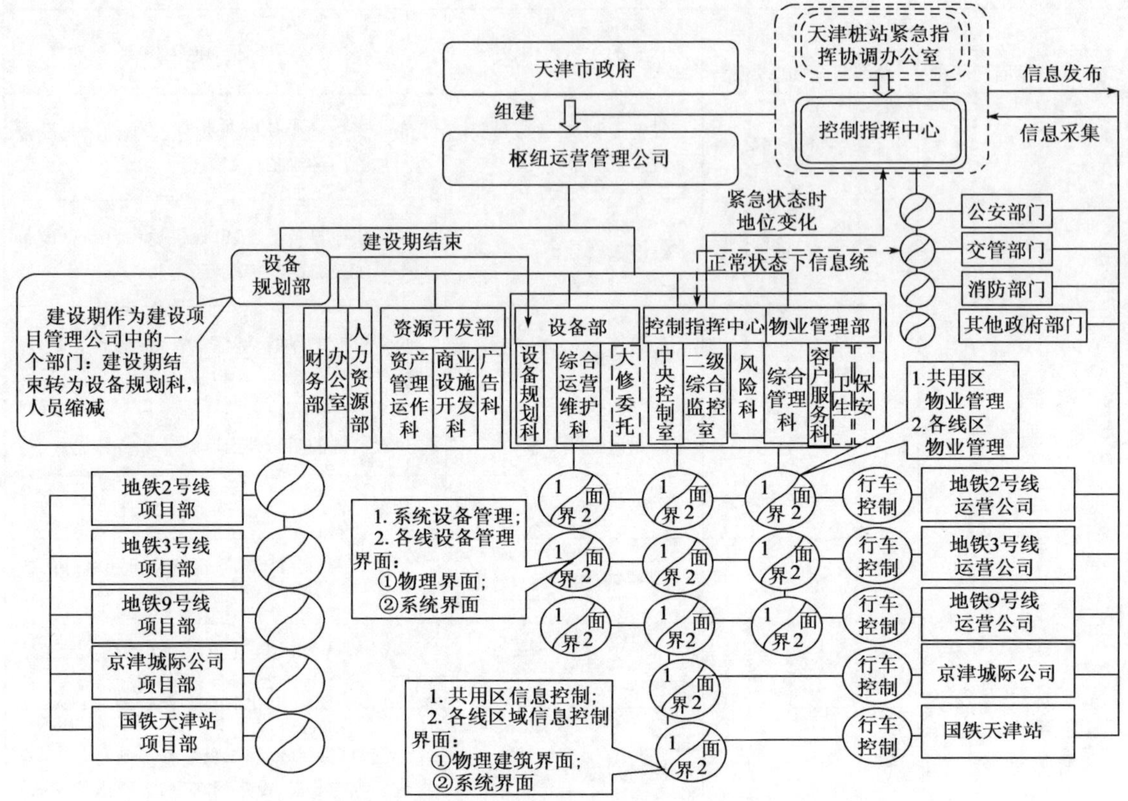

图 7-8　天津站交通枢纽运营管理公司内部组织机构与外部组织界面关系图

注：本书作者是《天津站综合交通枢纽工程设计—建设—运营集成管理创新模式研究》一书的主要编写人员，直接参与了和贡献了许多界面管理的思路和方法，因此，本章的案例中一些内容参考自天津站综合交通枢纽工程运营管理模式的研究报告和《天津站综合交通枢纽工程设计—建设—运营集成管理创新模式研究》一书。

参 考 文 献

[1] Paul Teicholz. Labor Productivity Declines in the Construction Industry: Causes and Remedies [J]. AECbytes,2004(4).

[2] Rex Miller, Dean Strombom, Mark Iammarino et. al. The Commercial Real Estate Revolution [M]. Canada: John Wiley&Sons Inc,2009.

[3] David C Brown, Melanie J Ashleigh, Michael J Riley. New project procurement process [J]. Journal of Management in Engineering,2001,17(4):192-201.

[4] Shing-Tao Chang. Reasons for cost and schedule increase for engineering design projects [J]. Journal of Management in Engineering,2002,18(1):29-36.

[5] Latham M. Constructing the Team[R]. London: HMSO, 1994.

[6] Egan J. Rethinking Construction[R]. London: HMSO, 1998.

[7] Construction Industry Review Committee(CIRS). Construct for Excellence ('The Tang Report') [R]. Hong Kong: appointed by Government of the Hong Kong Special Administrative Region, 2001.

[8] Siao, F C and Lin, Y C Enhancing construction interface management using multilevel interface matrix approach[J]. Journal of Civil Engineering and Management, 2012, 18(1): 133-144.

[9] 陈勇强. 基于现代信息技术的超大型工程建设项目集成管理研究[D]. 天津:天津大学,2004.

[10] Qian Chen, Georg R et al. Object model framework for interface modeling and IT-oriented interface management[J]. Journal of Construction Engineering and Management,2010,136(2): 187-199.

[11] Vrijhoef R, Koskela L, Voordijk H. Understanding Construction Supply Chains: a Multiple Theoretical Approach to Inter-organizational Relationships in construction [Z]. 2003: 1140-1151.

[12] Gibb A G F. The management of construction interfaces: Preliminary results from an industry sponsored research project concentrating on high performance cladding in the United Kingdom [C]. Proc., Int. Conf. SCAL Convention, Construction Vision 2000, Singapore, 1994: 89-93.

[13] Qian Chen, Georg Reichard, Yvan Beliveau. Multiperspective approach to exploring comprehensive cause factors for interface issues[J]. Journal of Construction Engineering and Management,2008,134(6):432-441.

[14] 张金锁,李立,贾凤锁. 工程项目管理学[M]. 北京:科学出版社,2000.

[15] 成虎.工程项目管理[M].2 版.北京:中国建筑工业出版社,2001.

[16] Geoff Rounce. Quality,Waste and Cost Considerations in Architectural building Design Management[J]. International Journal of Project Management,1998,16(2):123-127.

[17] 王雪青.国际工程项目管理[M].北京:中国建筑工业出版社,2000.

[18] David Baccarini. The concept of project complexity-a review [J]. International Journal of project management,1996,14(4):201-204.

[19] Alfredo del Cano,P. E.,M. ASCE and M. Pilar de la Cruz,P. E.. Integrated methodology for project risk management [J]. Journal of construction engineering and management,2002,(12):473-485.

[20] Patrick H P. "Interface" in Project management: Getting the job done on time and in budget [M]. Butterworth-Heinemann: Newton, Mass,1997.

[21] Ludovic-Alexandre Vidal et al.. Understanding project complexity: implications on project management[J]. Kybernetes,2008,37(8):1094-1110.

[22] Morris P W G. Managing Project Interfaces: Key Points for Project Success. In: Cleland D. I., King, W. R., Project Management Handbook[M].. New York: Van Nostrand Reinhold, 1983,407-446.

[23] Lin Y C. Developing construction network-based interface management system[C]. Building a Sustainable Future-Proceedings of the 2009 Construction Research Congress, Beijing, China.

[24] Chan W T,Chen C, Messner J I and Chua D K. Interface management for China's build-operate-transfer projects. Journal of Construction Engineering and Management, 2005,131(6):645-655.

[25] Thompson J D. Organizations in Action[M]. New York: McGraw-Hill, 1967.

[26] 张洋.基于 BIM 的建筑工程信息集成与管理研究[D]. 北京: 清华大学,2009.

[27] 吕文学,陈勇强.加入 WTO 后我国工程公司面临的机遇和应对策略[J].中国软科学,2001(1):50-53.

[28] The American Institute of Architects. Intergrated project delivery: a guide[M]. USA: The American Institute of Architects,2007.

[29] Construction Industry Institute. Value of Collaboration[R]. UT Austin,2009.

[30] 成思危. 复杂性科学探索[M]. 北京:民主与建设出版社,1999.

[31] 戴汝为. 复杂巨系统科学——一门 21 世纪的科学[J].自然杂志,1997,19(1):187-192.

[32] 吴绍艳.工程项目的复杂性探讨[J]. 建筑经济, 2009(6):22-25.

[33] Hobday M. Product complexity, innovation and industrial organization [J]. Research policy, 1998,26(6):689-710.

[34] Hansen K, Rush H. Hotspots in Complex Product System: Emerging Issues in Innovation Management [J]. Technovation,1998,18(9):555-561.

[35] Prencipe, A. Breadth and Depth of Technological Capabilities in Cops: the case of the air-

craft engine control system [J]. Research policy,2000,(29)7-8:895-911.

[36] 景劲松. 复杂产品系统创新项目风险识别、评估、动态模拟与调控研究[D]. 杭州:浙江大学,2004.

[37] Edmonds, B. . Syntactic measures of complexity[D]. Manchester: University of Manchester,1999.

[38] Wozniak T. M . . Significance vs Capability: "Fit for Use" Project Controls. American Association of Cost Engineers International (Trans)(Conference Proceedings), Dearborn, Michigan,1993,A.2:1-8.

[39] Da la Cruz, M. P. . Una metodologia integrada para la respuesta yel control ante los riesgosy oportunidades en proyectos de construction [D]. Spain: Technical Univ. of Madrid,1998.

[40] Williams, T. M. . The need for new paradigms for complex projects[J]. International Journal of Project Management,1999,17(5): 269-273.

[41] 张蓬,黄乐园. 协同产品商务 CPC[M]. 北京:机械工业出版社,2004.

[42] (德)H · 哈肯. 徐锡申,等译. 协同学引论——物理学、化学和生物学中的非平衡相变和自组织[M]. 北京:原子能出版社,1984.

[43] 曾健,张一方. 社会协同学[M]. 北京:科学出版社,2000.

[44] (德)H · 哈肯. 高等协同学[M]. 郭治安,译. 北京:科学出版社,1989.

[45] 黄润荣,任光耀. 耗散结构与协同学[M]. 贵阳:贵州人民出版社,1988.

[46] 赫尔曼 · 哈肯. 协同学——大自然构成的奥秘[M] . 上海:译文出版社,1995.

[47] 苗东升. 协同学的辩证思想[J]. 中国人民大学学报,1990(3):45-52.

[48] (英)安德鲁 · 坎贝尔,等. 战略协同[M]. 2 版. 任通海,龙大伟,译. 北京:机械工业出版社,2000.

[49] Jonathan Grudin. Computer-supported cooperative work: history and focus[J]. IEEE Computer,1994,27(5):19-26.

[50] James D. Palmer, N. Ann Fidlds. Computer-supported cooperative work[J]. IEEE Computer,1994,27(5):15-17.

[51] 史美林. CSCW:计算机支持的协同工作[J]. 通信学报,1995,16(1):55-61.

[52] 史美林,向勇,杨光信. 计算机支持的协同工作理论与应用[M]. 北京:电子工业出版社,2000.

[53] 张维明,姚莉. 智能协作信息技术[J]. 电子工业出版社,2002.

[54] Smith R G. The Contract-net protocol: high-level communication and control in a distributed problem solver [J]. IEEE Transaction on Computers,1980,19(12):1104-1113.

[55] 孙永军. 敏捷供应链协同生产管理理论与方法研究[D]. 杭州:浙江大学,2003.

[56] Lesser V R. A retrospective view of FA/C distributed problem solving[J]. IEEE Transaction on Systems, man and Cybernatics,1991,21(6):1347-1362.

[57] Winch G. The construction firm and the construction project: a transaction cost approach [J]. Construction Management and Economics, 1989, 7(4): 331-345.

[58] 沙凯逊,建设项目治理[M]. 北京:中国建筑工业出版社,2013.

[59] Project Management Institute Standards Committee, A guide to the project management body of knowledge, Project Management Institute, USA: Pennsylvania, 2000.

[60] PED Love, A Gunasekaran and H Li. Concurrent engineering: a strategy for procuring construction projects [J]. International Journal of Project Management, 1998, 16(6): 375-383.

[61] Robert Miles, Glenn Ballard. Contracting for Lean Performance: Contracts and the Lean Construction Team[C]. IGLC-5 Proceedings, 1997.

[62] James P. Lewis. 项目计划、进度与控制(第三版)[M]. 赤向东,译. 北京:清华大学出版社,2002.

[63] 吴涛、丛培经. 工程建设项目管理知识体系[M]. 北京:中国建筑工业出版社,2003.

[64] PMI Standards Committee. A Guide to the Project Management Body of Knowledge. Project Management Institute, 1996.

[65] G. Themistocleous, S. H. Wearne. Project management topic coverage in journals [J]. International Journal of project management, 2000, 18: 7-11.

[66] Söderlund J. On the broadening scope of the research on projects: a review and a model for analysis[J]. International Journal of Project Management, 2004, 22(8): 655-667.

[67] Bekker M C, Steyn H. Defining "Project Governance" for Large Capital Projects[J]. South African Journal of Industrial Engineering, 2009, 20(2): 81-92.

[68] Turner J R, Müller R. On the nature of the project as a temporary organization[J]. International Journal of Project Management, 2003, 21(1): 1-8.

[69] Pryke S D. Towards a social network theory of project governance[J]. Construction Management and Economics, 2005, 23(9): 927-939.

[70] 严玲,邓娇娇. 国内外公共项目治理研究现状及趋势展望,软科学,2012,26(12):22-25,31.

[71] Change A P M D. A guide to governance of project management[M]. Association for Project Management, High Wycombe, UK, 2004.

[72] Project Management Institute. A guide to the project management body of knowledge (PMBOK guide)[M]. Project Management Inst, 2008.

[73] Turner J R. Towards a theory of project management: The nature of the project governance and project management[J]. International Journal of Project Management, 2006, 24(2): 93-95.

[74] 邓娇娇. 公共项目契约治理与关系治理的整合及其治理机理研究[D]. 天津:天津大学,2013.

[75] 严玲,尹贻林. 公共项目治理研究. 天津:天津大学出版社,2006.

[76] 沙凯逊. 建设项目治理:从外生到内生[J]. 项目管理技术, 2010(10):13-17.

[77] 麦克尼尔. 新社会契约论[M]. 北京:中国政法大学出版社,1994.

[78] Poppo L, Zenger T. Do Formal Contracts and Relational Governance Function as Substitutes

or Complements? [J]. Strategic Management Journal, 2002,23(8):707-725.

[79] 官建成,靳平安. 企业经济学中的界面管理研究[J]. 经济理论与经济管理,1995(6):67-69.

[80] 吴涛,海峰,李必强. 界面和管理界面分析[J]. 管理科学,2003,16(1):6-10.

[81] Meredith, J. R., and Mantel, S. J. Project management: A managerial approach[M]. Wiley, New York,1989.

[82] Archibald, R. D. Managing high-technology programs and projects [M]. Wiley, New York,2003.

[83] Stuckenbruck, L. C. "Project integration in the matrix organization" in Project management handbook, Van Nostrand Reinhold, New York, 1983: 37-58.

[84] Pavitt, T. and Gibb, A. Interface Management within Construction: In Particular Building Facade [J]. Journal of Construction Engineering and Management, 2003, 129(1): 8-15.

[85] David K. H. Chua, Myriam Godinot. Use of a WBS matrix to improve interface management in projects [J]. Journal of Construction Engineering and Management,2006,132(1):67-79.

[86] FELLOWS, R. and LIU, A. M. M. Managing organizational interfaces in engineering construction projects: addressing fragmentation and boundary issues across multiple interfaces [J]. Construction Management and Economics, 2012,30 (8): 653-671.

[87] Xuelian TIAN. Influencing Factors for Project Interface Management[C]. ICCREM, 2013, 448-456.

[88] 吴秋明,聂柯渐,陈捷娜. 界面矛盾运动规律的逻辑推演[J]. 系统科学学报,2006,14(2):12-17.

[89] 田也壮,方淑芬. 组织边界与部门间边界机理研究[J]. 系统工程学报,2000,15(4):389-393.

[90] 吴秋明. 界面设计的"凹凸槽原理"[J]. 经济管理,2004,(6):26-30.

[91] 罗珉,何长见. 组织间关系:界面规则与治理机制[J]. 中国工业经济,2006,5:87-95.

[92] 罗珉,徐宏玲. 组织间关系:价值界面与关系租金的获取[J]. 中国工业经济,2007,(1):68-77.

[93] 官建成,张华胜. 界面管理水平评价的灰色聚类方法与应用[J]. 北京航空航天大学学报,2000,26(4):465-469.

[94] 刘新梅,徐丰伟,等. 企业创新界面有效性状态的评价方法研究[J]. 科研管理 2007(5):31-35.

[95] 党兴华,王建阳. 企业合作技术创新界面管理有效性评价研究[J]. 科技管理研究. 2006(9):212-215.

[96] 吴晓波. 裘丽萍. 章威. 新产品开发中 R&D-营销界面有效性研究[J]. 研究与发展管理. 2006. 18(4):15-21.

[97] 黄辉,梁工谦,隋海燕. 基于 ANP 模型的供应链界面管理能力评价研究[J]. 科学学与科学技术管理,2007,(8):27-29.

[98] 谈飞,刘博. 大型建设项目业主方组织界面整合度及整合机制研究[J]. 建筑经济, 2008(12): 70-74.

[99] 杜漪, 杨晶晶. 供应链网络组织的界面管理研究[J]. 软科学,2008,22(6):63-67.

[100] 刘兰剑, 党兴华. 跨组织合作技术创新界面稳定性分析[J]. 科技管理研究,2008(5): 29-32.

[101] 王斌. 基于知识转移的企业知识联盟界面管理稳定性机理研究[J]. 科技进步与对策, 2010,27(7):127-130.

[102] De Wit . Measurement of project success [J]. International Journal of Project Management, 1988,6 (3): 164 ~ 170

[103] Cooke-Davies, T. The "real" success factors on projects[J]. International Journal of Project Management, 2002 (20): 185 ~ 90.

[104] A K Munns, B F Bjerimi. The role of Project Management in Achieving Project Success [J]. International Journal of Project Management, 1996, 14(2): 81 ~ 87.

[105] Baccarini. David. The logical framework method for defining project success [J]. Project Management Journal, 1999, 30(4): 25 ~ 32.

[106] 柯洪. 基于企业代建模式的公共项目管理绩效改善研究[D]. 天津:天津大学, 2007.

[107] Lim C. S. , Mohamed. M. Z. , Criteria of project success: An exploratory re-examination [J]. International Journal of Project Management, 1999, 17 (4): 243 ~ 248.

[108] 范道津. 公共管理视角下非经营性政府投资项目管理绩效研究[D]. 天津:天津大学,2007.

[109] 杜亚灵. 基于治理的公共项目管理绩效改善研究[D]. 天津:天津大学,2009.

[110] 白俊峰. 代建项目过程绩效评价及管理绩效改善研究[D]. 天津:天津大学,2010.

[111] 赵华. 风险分担对工程项目管理绩效的作用机理研究[D]. 天津:天津大学,2010.

[112] Adma Clollins, David Baccrarini. Project Success-A Survey [J]. Journal of Construction Research. 2004 (2):211 ~ 231.

[113] Mitehell. A&Wood. D, Toward a theory of stakeholder identifieation and salience: Defining the Principle of who and what really counts[J]. Aeademy of Management Review, 1997, 22(4):853-88.

[114] William J. Rasdorf, Osama Y Abudayyeh. Cost- and schedule-control integration: issues and needs [J]. Journal of Construction Engineering and Management, 1991, 117(3):486-502.

[115] A. J. G Babu, Nalina Suresh. Project management with time, cost and quality consideration [J]. European Journal of Operational Research, 1996, 88: 320-327.

[116] Do Ba Khang, Yin Mon Myint. Time, cost and quality trade-off in project management: a case study[J]. International Journal of Project Management, 1999, 17(4):249-256.

[117] Sou-Sen Leu, An-Ting Chen and Chung-Huei Yang. A GA-based fuzzy optimal model for construction time-cost trade-off [J]. International Journal of Project Management, 2001(19): 47-58.

[118] W. Edward Back and Karen A. Moreau. Cost and schedule impacts of information management on EPC process [J]. Journal of Management in Engineering,2000,16(2):59-69.

[119] 陈光,成虎. 建设项目全寿命周期目标体系研究[J]. 土木工程学报,2004,37(10):87-91.

[120] 尹贻林,胡杰. 项目成功标准的一个新视角—基于利益相关者的核心价值研究[J]. 科技管理研究,2006,(9):156-159.

[121] France G. Building Team Spirit. London: The Builder Group,1993,60.

[122] A. F. Griffith,G E. Gibson Jr.. Alignment during preproject planning[J]. Journal of Management in Engineering,2001,17(2):69-76.

[123] Stuart D. Anderson, Deborah J. Fisher and Suhel P. Rahman. Integrating constructability into project development:a process approach[J]. Journal of Construction Engineering and Management. 2000,126(2):81-88.

[124] Chua D K H, Asce M, Tyagi A, et al. Process-Parameter-Interface Model For Design Management[J]. Construction Engineering and Management, 2003, 129(6): 653-663.

[125] Senthilkumar V, Varghese K, Chandran A. A web-based system for design interface management of construction projects[J]. Automation in Construction, 2010, 19(2): 197-212.

[126] 毛春丽. 建设项目招投标过程中界面管理的应用[J]. 科技进步与对策, 2009, 26(21): 36-39.

[127] Flager F,Welle B,Bansal P,et al. Multidisciplinary process integration and design optimization of a classroom building[J]. Journal of Information Technology in Construction,2009, 14: 595-612.

[128] Ahcom J. Design-Construction interface dissonance[D]. King Fahd University of Petroleum and Minerals, 2002.

[129] Mitchell, A., Frame, I., Coday, A. and Hoxley, M.. A conceptual framework of the interface between the design and construction processes[J].. Engineering, Construction and Architectural Management, 2011,18(3): 297-311.

[130] Chimay J. Anumba. Integrated systems for construction: challenges for the millennium [A]. International conference on construction information technology 2000[C]. HongKong, 2000 (1):17-18.

[131] C. J. Anumba, A. K. Duke. Telepresence in concurrent lifecycle design and construction [J]. Artificial Intelligence in Engineering,2000(14): 221-232.

[132] 韩洪云,左进. 我国建筑业全生命周期价值链管理现状及改进[J]. 建筑经济,2004(7):55-58.

[133] 李瑞涵. 工程项目集成化管理理论与创新研究[D]. 天津:天津大学,2002.

[134] 成虎. 建设项目全寿命期集成管理研究[D]. 哈尔滨:哈尔滨工业大学,2001.

[135] 何清华,陈发标. 建设项目全寿命周期集成化管理模式的研究[J]. 重庆建筑大学学报,2001,23(4):75-80.

[136] 李红兵,李蕾.建设项目全生命周期集成化管理的理论和方法[J].武汉理工大学学报(信息与管理工程版),2004,26(2):204-207.

[137] 李蕾,陈瑜.基于 DEA 方法的建设项目集成化管理绩效评价[J].武汉理工大学学报,2005,27(5):80-82.

[138] John B. Miller and Roger H. Evje. The practical application of delivery methods to project portfolios [J]. Construction Management and Economics,1999(17):669-677.

[139] Feniosky Pena-Mora,Tadatsugu Tamaki. Effect of delivery systems on collaborative negotiations for large-scale infrastructure projects [J]. Journal of Management in Engineering, 2001,17(2): 105-121.

[140] FIDIC. Conditions of Contract for Plant and Design-Build. 1999.

[141] FIDIC. Conditions of Contract for EPC/Turnkey Project. 1999.

[142] 张水波,何伯森.工程建设"设计—建造"总承包模式的国际动态研究[J].土木工程学报,2003,36(3):30-36.

[143] 丁士昭.国际工程项目管理模式的探讨[J].土木工程学报,2002(1):42-47.

[144] H. Randolph Thomas,Michael J. Horman and Ubiraci Espinelli Lemes de Souza. Reducing variability to improve performance as a lean construction principle [J]. Journal of Construction Engineering and Management,2002,128(2):144-154.

[145] Javier Freire and Luis F. Alarcon. Achieving lean design process: improvement methodology [J]. Journal of Construction Engineering and Management,2002,128(3):248-256.

[146] Neil N. Eldin. Concurrent engineering: a schedule reduction tool [J]. Journal of Construction Engineering and Management,1997,123(3):354-362.

[147] A. Jaafari. Concurrent Construction and life cycle project management [J]. Journal of Construction Engineering and Management,1997,123(4):427-436.

[148] John M. Kamara,Chimary J. Amumba and Nosa F. O. Evbuomwan. Assessing the suitability of current briefing practices in construction within a concurrent engineering framework [J]. International Journal of Project Management,2001(19):337-351.

[149] Asbjorn Rolstadas. Planning and control of concurrent engineering projects [J]. International Journal of Production Economics,1995(38):3-13.

[150] A. Sivathanu Pillai,A. Joshi and K. Srinivasa Rao. Performance measurement of R&D projects in a multi-project, concurrent engineering environment [J]. International Journal of Project Management,2002(20):165-177.

[151] Min-Yuan Cheng and Min-Hsiu Tsai. Reengineering of Construction Management Process [J]. Journal of Construction Engineering and Management,2003,129(1): 105-114.

[152] Khan O,Creazza A. Managing the product design-supply chain interface towards a roadmap to the "design centric business"[J]. International Journal of Physical Distribution&Logistics Management, 2009,39 (4) : 301-319.

[153] Rahman M. M. ,Kumaraswamy M. M. . Joint risk management through transactionally effi-

cient relational contracting [J]. Construction Management and Economics,2002,20(1):45-54.

[154] 孙成双,王要武.建设项目动态风险分析方法研究[J].土木工程学报,2003,36 (3):41-45.

[155] 杨文安,陈赟.工程项目集成化风险管理研究[J].工业技术经济,2005,24(2):103-105.

[156] 朱启超,陈英武,匡兴华.复杂项目界面风险管理模型研究[J].科研管理,2005,26(6):149-156.

[157] S. Anavi-Isakow and B. Golany. Management multi-project environments through constant work-in-process [J]. International Journal of Project Management,2003(21):9-18.

[158] A .P. Van Der Merwe. Multi-project management-organizational structure and control [J]. International Journal of Project Management,1997,15(4):223-233.

[159] John H. Payne and J. Rodney Turner. Company-wide project management: the planning and control of programmes of projects of different type [J]. International Journal of Project Management,1999,17(1):55-59.

[160] Dainty A R J, Briscoe G H, Millett S J. New perspectives on construction supply chain integration[J]. Supply Chain Management: An International Journal, 2001, 6(4): 163-173.

[161] Al-Hammad. Common Interface Problems among Various Construction Parties[J]. Journal of Performance of Constructed Facilities, 2000,14(2):71-74.

[162] Cynthia M. Ruff,David A. Dzombak,Chris T. Hendrickson. Owner-Contractor relationship on contaminated site remediation projects [J]. Journal of Construction Engineering and Management,1996,122(4):348-354.

[163] Jimmie Hinze,Andrew Tracey. The contractor-subcontractor relationship: the subcontractor's view [J]. Journal of Construction Engineering and Management,1994,120(2):274-287.

[164] Michael S. Puddicombe. Designers and contractors: impediments to integration [J]. Journal of Construction Engineering and Management,1997,123(3):245-252.

[165] 曹英.面向战略的供应链界面管理问题研究[J].科研管理,2004,25(1):133-136

[166] Saad M, Jones M, James P. A review of the progress towards the adoption of supply chain management (SCM) relationships in construction[J]. European Journal of Purchasing and Supply Management, 2002, 8(3): 173-183.

[167] Xue X, Li X, Shen Q, et al. An agent-based framework for supply chain coordination in construction[J]. Automation in Construction, 2005, 14(3): 413-430.

[168] Xue X, Wang Y, Shen Q, et al. Coordination mechanisms for construction supply chain management in the Internet environment[J]. International Journal of Project Management, 2007, 25(2): 150-157.

[169] Eriksson P E. Improving construction supply chain collaboration and performance: a lean construction pilot project[J]. Supply Chain Management: An International Journal, 2010,

15(5): 394-403.

[170] 张悦颖,乐云,胡毅. 上海世博会大型复杂群体工程建设项目界面管理研究[J]. 建筑技术, 2010,41(4): 308-311.

[171] 张巍,马明. 应用 Partnering 模式对风险型 CM 项目组织界面管理的研究[J]. 工程管理学报, 2011,25(4): 420-424.

[172] Issaka N, Pauline C. Supply chain integration in construction by prime contracting: some research issues[Z]. Leeds: Leeds Metropopitan University, 2004.

[173] 杨亚频,王孟钧. 伙伴关系模式下项目组织界面管理研究[J]. 工程管理学报, 2010, 24(5): 540-544.

[174] 马士华,陈建华. 多目标协调均衡的项目公司与承包商收益激励模型[J]. 系统工程, 2006, 24(11): 72-78.

[175] 金玲,刘长滨,李秀杰. 我国建设供应链合作的演化博弈分析[J]. 建筑经济, 2009(6): 71-73.

[176] 张云,吕萍,宋吟秋. 总承包工程建设供应链利润分配模型研究[J]. 中国管理科学, 2011,19(4): 98-104.

[177] T. C. Berends. Cost plus incentive fee contracting-experiences and structuring [J]. International Journal of Project Management,2000,18:165-171.

[178] J. Rodney Turner, Stephen J. Simister. Project contract management and a theory of organization[J]. International Journal of Project Management,2001(19),457-464.

[179] Shamil Naoum. An overview into the concept of partnering [J]. International Journal of Project Management,2003(21):71-76.

[180] Meng X. The effect of relationship management on project performance in construction[J]. International Journal of Project Management, 2012, 30(2): 188-198.

[181] Manu, E, Ankrah, N A, Chinyio, E and Proverbs, D G . Control influence on trust and relational governance in the client-contractor dyad In: Egbu, C. and Lou, E. C. W. (Eds.) Procs 27th Annual ARCOM Conference, Bristol, UK, Association of Researchers in Construction Management, 2011, 455-463.

[182] Palaneeswaran E, Kumaraswamy M, Rahman M, et al. Curing congenital construction industry disorders through relationally integrated supply chains [J]. Building and Environment, 2003, 38(4): 571-582.

[183] Palaneeswaran E, Kumaraswamy M, Ng S T. Formulating a framework for relational integrating construction supply chains [J]. Journal of Construction Research, 2003, 4(2): 189-205.

[184] Davis P, Love P. Alliance contracting: adding value through relationship development[J]. Engineering, Construction and Architectural Management, 2011, 18(5): 444-461.

[185] Walid Belassi,Oya Icmeli Tukel. A new framework for determining critical success/failure factors in projects [J]. International Journal of Project Management,1996,14(3):141-151.

[186] Eddie W L. Cheng, Heng Li. Construction partnering process and associated critical success factors: quantitative investigation [J]. Journal of Management in Engineering, 2002, 18 (4):194-203.

[187] Black C, Akintoye A, Fitzgerald E. An analysis of success factors and benefits of partnering in construction[J]. International Journal of Project Management, 2000, 18(6): 423-434.

[188] Chan A P C, Chan D W M, Ho K S K. Partnering in construction: Critical study of problems for implementation [J]. Journal of Management in Engineering, 2003, 19 (3): 126-136.

[189] Chan A P C, Chan D W M, Chiang Y H and et al. Exploring critical success factors of Partnering in construction projects[J]. Journal of Construction Engineering and Management, 2004, 130(2): 185-198.

[190] Nguyen L D, Ogunlana S O, Lan D T X. A study on project success factors in large construction projects in Vietnam[J]. Engineering, Construction and Architectural, 2004, 11 (6): 404-413.

[191] Rahman M M, Kumaraswamy M M. Constructing relationship trends and transitions[J]. Journal of Management in Engineering, 2004, 20(4): 147-161.

[192] 程好. 工程项目建设的合作绩效改进研究[D]. 上海:同济大学, 2006.

[193] Meng X H. Assessment framework for construction supply chain relationships: Development and evaluation[J]. International Journal of Project Management, 2010, 28(7): 695-707.

[194] Dasher G T.. The interface between systems engineering and program management[J]. Engineering Management Journal, 2003, 15(3): 11-14.

[195] Raes A M L, Heijltjes M G, Glunk U, et al. The interface of the top management team and middle managers: a process model[J]. Academy of Management Review, 2011, 36(1): 102-126.

[196] Sai-On Cheung, Henry C. H. Suen, Tsun-lp Lam. Fundamentals of alternative dispute resolution processes in construction [J]. Journal of Construction Engineering and Management, 2002, 128(5):409-417.

[197] Feniosky Pena-Mora, Chun-Yi Wang. Computer-supported collaborative negotiation methodology [J]. Journal of Computing in Civil Engineering, 1998, 12(2):64-81.

[198] Stephen R. Thomas, Richard L. Tucker, William R. Kelly. Critical communication variables [J]. Journal of Construction Engineering and Management, 1998, 124(1):58- 66.

[199] Douglas D. Gransberg, William D. Dillon, Lee Reynolds, Jack Boyd. Quantitative analysis of partnered project performance [J]. Journal of Construction Engineering and Management, 1999, 125(3):161-166.

[200] 贾广社,王广斌. 大型建设工程项目总控模式的研究[J]. 土木工程学报, 2003, 36(3): 7-10, 16.

[201] Min-Yuan Cheng, Cheng-Wei Su and Horng-Yuh You. Optimal project organizational struc-

ture for construction management [J]. Journal of Construction Engineering and Management,2003,129(1):70-79.

[202] David Boddy and Douglas Macbeth. Prescriptions for managing change: a survey of their effects in projects to implement collaborative working between organizations [J]. International Journal of Project Management,2000(18):297-306.

[203] A. P. Van Der Merwe. Project management and business development: integrating strategy, structure,processes and projects [J]. International Journal of Project Management, 2002 (20):401-411.

[204] A. F. Griffith, G. E. Gibson Jr.. Alignment during Preproject Planning [J]. Journal of Management in Engineering,2001,17(2):69-76.

[205] Christopher P Holland. Cooperative supply chain management- the impact of interorganizational information systems [J]. Journal of Strategic Information Systems, 1995, 4 (2): 117-133.

[206] Ali Jaafari. Life-cycle project management: a proprosed theoretical model for development and implementation of capital project [J]. Project management journal, 2000, 31 (1): 44-52.

[207] Brian Helbrough. Computer assisted collaboration – the fourth dimension of project management [J]. International Journal of Project Management,1995,13(5): 329-333.

[208] Pena-Mora F. ,Dwivedi G. H.. Multiple device collaborative and real time analysis system for project management in civil engineering [J]. Journal of computing in civil engineering, 2002,16(1):23-38.

[209] Aalst W M P,Hee K M. Workflow management: models,methods,and systems[M]. Cambridge,MA: MIT Press, 2002.

[210] Victor E. Sanvido,Deborah J. Medeiros. Applying computer-integrated manufacturing concepts to construction [J]. Journal of Construction Engineering and Management,1990,116 (2):365-379.

[211] C. M. Tam. Use of the internet to enhance construction communication: Total Information Transfer System [J]. International Journal of Project Management,1999,17(2): 107-111.

[212] Dany Hajjar and Simaan M. Abourizk. Integrating document management with project and company data [J]. Journal of Computing in Civil Engineering. 2000,14(1): 70-77.

[213] Gijsbertus T. Bart Luiten,Frits P. Tolman. Automating communication in civil engineering [J]. Journal of Construction Engineering and Management,1997,123(2):113-120.

[214] Leen S. Kang,Boyd C. Paulson. Information management to integrate cost and schedule for civil engineering projects [J]. Journal of Construction Engineering and Management,1998, 124(5):381-389.

[215] Stephen Mak. A model of information management for construction using information technology [J]. Automation in Construction,2001(10):257-263.

[216] Z. M. Deng, H. Li and C. M. Tam. An application of the Internet-based project management system [J]. Automation in Construction, 2001(10):239-246.

[217] Heloisa Martins Shib, Mitchell M Tseng. Workflow technology-based monitoring and control for business process and project management [J]. International Journal of Project Management, 1996, 14(6): 373-378.

[218] Fenios Pena-Mora, K. Hussein, S. Vadhavkar, K. Benjamin. CAIRO: a concurrent engineering meeting environment for virtual design teams [J]. Artificial Intelligence in Engineering, 2000, 14(3): 203-219.

[219] Tarek Hegaz, Essam Zaneldin and Donald Grierson. Improving design coordination for building project information model [J]. Journal of Construction Engineering and Management, 2001, 127(4):322-329.

[220] Peter Brandon, Martin Betts and Hans Wamelink. Information technology support to construction design and production [J]. Computers in Industry, 1998(35):1-12.

[221] J. M. Kamara and C. j. Anumba. ClientPro: a prototype software for client requirements processing in construction [J]. Advances in Engineering Software, 2001(32): 141-158.

[222] A. P. Hameri and P. Nitter. Engineering data management through different breakdown structures in a large-scale project [J]. International Journal of Project Management, 2002(20): 375-384.

[223] 陈勇强,吕文学,张水波. 工程项目集成管理系统的开发研究[J]. 土木工程学报,2005,38(5):111-115.

[224] 李蔚,蔡淑琴. 建设项目的信息集成模式与实现机制研究[J]. 施工技术,2005,34(12):25-27,37.

[225] 马智亮,莫方彬,陈娟. 建筑施工项目信息化管理系统的面向对象建模[J]. 土木工程学报,2001,34(2):105-110.

[226] Lin, Y. Construction network-based interface management system[J]. Automation in Construction, 2013,30:228-241.

[227] 麦格劳-希尔建筑信息公司. 建筑信息模型—设计与施工的革新,生产与效率的提升[R]. 北京:麦格劳-希尔建筑信息公司,2009.

[228] 美国建筑科学研究院下属机构 building SMART 联盟网站[EB/OL], http://www. building smart alliance. com/.

[229] 张连营,李彦伟,等,BIM 技术的应用障碍及对策分析[J]. 土木工程与管理学报,2013,30(3):65-69.

[230] 郑国勤,邱奎宁. BIM 国内外标准综述[J]. 土木建筑工程信息技术,2012,4(1):32-34.

[231] 何清华,钱丽丽,段运峰,等. BIM 在国内外应用的现状及障碍研究[J]. 工程管理学报,2012,26(1):12-16.

[232] 徐韫玺,王要武,等. 基于 BIM 的建设项目 IPD 协同管理研究[J]. 土木工程学报,2011,44(12):138-143.

[233] 张德凯,郭师虹,等. 基于BIM技术的建设项目管理模式选择研究[J]. 价值工程,2013(5):61-64.

[234] 徐友全,刘欣[J]. 基于BIM的大型建设项目扁平化组织结构研究[J]. 工程管理学报,2013,27(1):44-47.

[235] 许俊青,陆惠民[J]. 基于BIM的建筑供应链信息流模型的应用研究[J]. 工程管理学报,2011,25(2):138-141.

[236] 刘尚阳,刘欢. BIM技术应用于总承包成本管理的优势分析[J]. 建筑经济,2013(6):31-34.

[237] 王英,李阳,王廷魁. 基于BIM的全寿命周期造价管理信息系统架构研究[J]. 工程管理学报,2012,26(3):22-27.

[238] 中国房产报. 共迎BIM标准之一,http://www.cnbim.com/stand/2013/1107/2302.html.

[239] Salman Azhar, Michael Hein, Blake Sketo. BuildingInformation Modeling(BIM):benefit, risks and challenges for the AEC Industry[J]. Leadership and Management in Engineering, 2011.11:241-252.

[240] 张洋. 基于BIM的建筑工程信息集成与管理研究[D]. 上海:清华大学,2009.

[241] Zhang JianPing, Hu Zhenzhong. BIM- and 4D-Based Integrated Solution of Analysis and Management for Conflicts and Structral Safety Problems during Construction:1. Principles and Methodologies[J]. Automation in Construction. 2011, 20 :155-166.

[242] 张建平,梁雄,等. 基于BIM的工程项目管理系统及其应用[C]. 第十六届全国工程设计计算机应用学术会议论文集,广州,2012.

[243] 张建平,余芳强,等. 面向建筑全生命周期的集成BIM建模技术研究[J]. 土木建筑工程信息技术,2012,4(1):6-14.

[244] Lucio Soibelman, Jianfeng Wu, Carlos Caldas, etc. Management and analysis of unstructured construction data types[J]. Advanced Engineering Informatics,2008,22:15-27.

[245] Carlos H. Caldas, Lucio Soibelman and Les Gasser. Methodology for the Integration of Project Documents in Model-Based Information Systems[J]. Journal of Computing in Civil Engineering,2005,19(1): 25-33.

[246] Ken-Yu Lin, Lucio Soibelman. Incorporating Domain Knowledge and Information Retrieval Techniques to Develop an Architectural/Engineering/Construction Online Product Search Engine[J]. Journal of Computing in Civil Engineering,2009,23(4):201-209.

[247] 杨兰静. 基于网络的以建筑图为导向的信息检索模型的研究[D]. 上海:同济大学,2007.

[248] 宋菲. 基于工程项目文档的文本挖掘系统的研究与实现[D]. 北京:北京化工大学,2007.

[249] 李倩. 基于本体的BIM环境下文档管理系统研究[D]. 大连:大连理工大学,2011.

[250] 姜韶华,张海燕. 基于BIM的建设领域文本信息管理研究[J]. 工程管理学报,2013,27(4):16-20.

[251] 赵源煜. 中国建筑业 BIM 发展的阻碍因素及对策方案研究[D]. 北京:清华大学,2011.

[252] 潘佳怡,赵源煜. 中国建筑业 BIM 发展的阻碍因素分析[J]. 工程管理学报,2012,26(1):6-11.

[253] 董向阳. 地铁建设中的技术接口管理[J]. 城市轨道交通研究,2003,(3):16-19.

[254] 刘永谦. 地铁 FAS、BAS 系统设计中几个问题的探讨[J]. 铁道标准设计,2006(4):95-98.

[255] 赵勤,左均超,蔡登明. 城市轨道交通工程中的接口管理[J]. 城市轨道交通研究,2007,(5):15-16.

[256] 杨立新,毕湘利. 城市轨道交通总体技术接口研究[J],城市轨道交通研究,2009(9):10-14.

[257] Uri Nooteboom. Interface management improves on-time, on budget delivery of megaprojects [J]. Pet. Technol,2004 (8) : 32-34.

[258] 陈禹,方美琪. 对新的科学思维模式的不懈探索[J]. 科学,2003(5),22-25.

[259] 成思危. 与时俱进的中国人文社会科学[M]. 北京:中国人民大学出版社,2002.

[260] 成思危. 复杂科学与组织管理[J]. 科学,2003(3),6-9.

[261] John Horgan. 复杂性研究的发展趋势:从复杂性到困惑[J]. 科学,1995 (5): 42- 47.

[262] 约翰·霍甘. 科学的终结[M]. 呼和浩特:远方出版社,1997.

[263] 苗东升. 论复杂性[J]. 自然辩证法通讯,2002(6):87-92.

[264] 成思危. 复杂科学与系统工程[J]. 管理科学学报,1999,2(2):1-7.

[265] 约翰·H·霍兰. 隐秩序——适应性造就复杂性[M]. 周牧,韩晖译. 上海:上海科技教育出版社,2000.

[266] 陈禹. 复杂适应系统(CAS)理论及其应用——由来、内容与启示[J]. 系统辨证学学报,2001(10):35-39.

[267] 姜璐,李克强. 简单巨系统演化理论[M]. 北京:北京师范大学出版社,2002.

[268] 谭跃进,邓宏钟. 复杂适应系统理论及其应用研究[J]. 系统工程,2001(9):1-6.

[269] Stacey R. D. The science of complexity: an alternative perspective for strategic change processes [J]. Strategic Management Journal,1995(16):477-495.

[270] Thietart R. A. ,Forgues B. . Chaos theory and organization [J],Organization Science,1995(6):19-31.

[271] 皮亚杰 J. 结构主义[M]. 倪连生,等译. 北京:商务印书馆,1996.

[272] 皮亚杰 J. 发生认识论原理[M]. 王宪钿,等译. 北京:商务印书馆,1995.

[273] 约翰·霍兰. 涌现——从混沌到有序[M]. 陈禹,等译. 上海:上海科学技术出版社,2001.

[274] 西蒙·H·A. 人工科学[M]. 武夷山,译. 北京:商务印书馆,1987.

[275] 切克兰德 P. 系统论的思想与实践[M]. 左晓斯,等译. 北京:华夏出版社,1990.

[276] 苗东升. 系统科学是关于整体涌现性的科学. 许国志. 系统科学与工程研究[C]. 上海:

上海科学技术出版社,2002.

[277] 沃德罗普 M. 复杂——诞生于秩序与混沌边缘的学科[M]. 陈玲译. 北京:三联书店,1997.

[278] 谭跃进,高世楫,等. 系统学原理[M]. 长沙:国防科技大学出版社,1996.

[279] 苗东升. 论系统思维(六):重在把握系统的整体涌现性[J]. 系统科学学报,2006,14(1):1-6.

[280] Holland J H. Emergence: from chaos to order [M]. Addison-Wesley Publishing Company, Inc. ,1998.

[281] 范冬萍. "元系统跃迁"与系统涌现性[J]. 系统辨证学学报,2003,11(3):29 -32.

[282] 顾培亮. 系统分析与协调[M]. 天津:天津大学出版社,1998.

[283] 魏宏森. 系统论——系统科学哲学[M]. 北京:清华大学出版社,1995.

[284] 苗东升. 系统科学原理[M]. 北京:中国人民大学出版社,1990.

[285] 林福永,何敏. 一般系统结构理论. 许国志. 系统科学与工程研究[C]. 上海:上海科学技术出版社,2000.

[286] ISO Technical Report: ISO/TR 14177, Information classification in construction industry,1994.

[287] Sven Bertelsen. Construction Management in a Complexity Perspective [C]. The 1st international SCRI Symposium, March 30th-31st 2004:1-11.

[288] Sven Bertelsen. Construction As a Complex System[C]. The 11th annual conference in the international group for lean construction, Blacksburg VA, August 2003:1-13.

[289] 党延忠,王众托. 系统结构分析与结构建模新方法. 许国志. 系统科学与工程研究[C]. 上海:上海科学技术出版社,2000.

[290] 苗东升. 系统科学的难题与突破点[J]. 科技导报,2002(7):21-24.

[291] Wu Shaoyan, Du Gang. A Conceptual Model of System Synergy Management Based on Emergence Mechanism: Take the Constuction Project System as Example[C]. 2010 International Conference on E-Business and E-Government (ICEE 2010):2603-6.

[292] Chinny Nzekwe-Excel. Satisfaction assessment in construction projects: a conceptual framework [J]. Built Environment Project and Asset Management, 2012,2(1):86-102.

[293] 韩文秀,金锐,张俊艳. 复合系统及其协调的一般理论. 许国志. 系统科学与工程研究[C]. 上海:上海科学技术出版社,2000.

[294] 曾珍香. 可持续发展协调性分析[J]. 系统工程理论与实践,2001(3):18-21.

[295] 刘晓峰,陈通,吴绍艳. 工程项目多目标协同优化研究[J]. 中国工程科学,2010, 12(3): 90-94,99.

[296] Kennedy J ,Eberhart R. Particle Swarm Optimization [J]. Proc IEEE Int Conf on Neural Networks[C]. Perth,1995. 1942-1948.

[297] Eberhart R. , Shi Yuhui. Particle Swarm Optimization: Developments, applications and resources [A]. Proc IEEE Int Conf on Evolutionary computation[C]. Seoul, 2001:81-86.

[298] Ioan Cristian Trelea. The Particle Swarm Optimization Algorithm: convergence analysis and parameter selection[A]. Proc IEEE Int Conf on Evolutionary computation[C]. 2002. 317-325.

[299] 杨维,李歧强. 粒子群算法综述[A]. 中国工程科学,2004,6(5):87-95.

[300] R. C. Eberhart Y. Shi. Comparing inertia weights and constriction factors in particle swarm optimization [A]. Proc IEEE Int Conf on Evolutionary computation[C]. La Jolla,2000. 84-88.

[301] 廖美薇,Richard Fellows. 工料测量学实务[M]. 北京:中国建筑工业出版社,2001.

[302] Braj Kishor Mahato, Stephen O. Ogunlana. Conflict dynamics in a dam construction project: a case study[J], Built Environment Project and Asset Management, 2011,1(2):176-194.

[303] 陈禹六、李清、张锋. 经营过程重构(BPR)与系统集成[M]. 北京:清华大学出版社,2001.

[304] 左美云,周彬. 实用项目管理与图解[M]. 北京:清华大学出版社,2002.

[305] 江志斌. Petri 网及其在制造系统建模与控制中的应用[M]. 北京:机械工业出版社,2004.

[306] 刘宏,赵玉梅. Petri 网理论及其在自动制造系统中的应用[J]. 电子技术,1996(37):3-8.

[307] 花全香,邢汉承,冯纯伯. Petri 网和图文法[J]. 东南大学学报,1994 (6):82-88.

[308] 徐峻,沈康辰,黄柏林. 着色 Petri 网在工作流建模中的应用[J]. 计算机应用与软件,2004(7):47-48,97.

[309] 袁崇义. Petri 网原理[M]. 北京:电子工业出版社,1998.

[310] 范玉顺. 工作流管理技术基础[M]. 北京:清华大学出版社,施普林格出版社,2001.

[311] Workflow Management Coalition. Workflow Management Coalition Technology & Glossary. WfMC000,1994.

[312] 范玉顺,吴澄. 工作流管理技术研究与产品现状及发展趋势[J]. 计算机集成制造系统——CIMS,2000,6(1):1-7,13.

[313] 罗海滨,范玉顺,吴澄. 工作流技术综述[J]. 软件学报,2000(7):899-907.

[314] 陈翔,夏建平. 基于着色 Petri 网的工作流建模和合理性分析[J]. 计算机集成制造系统——CIMS,2004,10(4):381-387.

[315] 吴绍艳. 工程项目工作流的 Petri 网表示及模型建立[J]. 计算机工程与应用,2009,30:10-12.

[316] LI Hui-Fang,FAN Yu-Shun. Workflow Model Analysis Based on Time Constraint Petri Nets [J]. Journal of Software,2004,15(1):17-26.

[317] 袁庆喜,黄光球,任少军. Petri 网和优先矩阵在项目管理中的应用[J]. 现代计算机,2004(181):26-28.

[318] 陈勇强. 项目采购管理[M]. 北京:中国机械工业出版社,2002.

[319] 张水波,何伯森. 工程项目合同双方风险分担问题的探讨[J]. 天津大学学报(社会科学版),2003,5(3):257-261.

[320] 王卓甫. 工程项目风险管理理论、方法与应用[M]. 北京:中国水利水电出版社,2003.

[321] 余建星. 工程项目风险管理[M]. 天津:天津大学出版社,2006.

[322] R. Max Wideman. Project and Program Risk Management. Project Management Institute, USA,1992.

[323] PMI Standards Committee. A Guide to the Project Management Body of Knowledge[M]. Project Management Institute, Newtown Square,2000.

[324] Steve J Simister. Usage and benefits of project risk analysis and management[J]. International Journal of Project Management, 1994,12(1):5-8.

[325] Uff J. Risk management and procurement in construction[M]. London: Centre ofConstruction Law and Management,1995.

[326] Hoffman, S. L. The law and business of international project finance-A resource forgovernments, sponsors, lenders, lawyers and project particapants [M]. The Hague: KluwerLaw International. 1998.

[327] Abednego M P, Ogunlana S O. Good Project Governance for Proper Risk Allocation in Public- Private Partnerships in Indonesia [J]. International Journal of Project Management, 2006, (7): 622- 634.

[328] Asif Hameed and Sungkwon Woo, Risk Importance and Allocation in the PakistanConstruction Industry: A Contractors' Perspective [J]. KSCE Journal of Civil Engineering,2007,11(2):73-80.

[329] 徐勇戈. 非对称信息下政府投资项目实行代建制的相关机制研究[D]. 西安:西安建筑科技大学,2006.

[330] 朱宗乾,等. ERP 项目实施中风险分担影响因素的实证研究[J]. 工业工程与管理, 2010, 15(2): 98~102.

[331] 何伯森. 99 版 FIDIC 合同条件中的争端解决方式[J]. 国际经济合作,2000(7):41-43.

[332] 张维迎. 博奕论与信息经济学[M]. 上海:上海人民出版社,1996.

[333] 张水波,陈勇强. 国际工程总承包 EPC 交钥匙合同与管理[M]. 北京:中国电力出版社,2008.

[334] Keith R. Molenaar Anthony D. Songer Mouji Barash. Public-Sector Design-Build Evolution and Performance[J]. Journal of Management in Engineering, 1999,15(2):54-62.

[335] A. B. Huseby,S. Skogen. Dynamic risk analysis: the Dyn-risk concept [J]. International Journal of Project Management,1992,10(3):160-164.

[336] A Del Cano. Continuous project feasibility study and continuous project risk assessment [J]. International Journal of Project Management,1992,10(3):165-170.

[337] H. Ren. Risk lifecycle and risk relationships on construction projects [J]. International Journal of Project Management,1994,12(2):68-74.

[338] Ali Jaafari. Management of risks, uncertainties and opportunities on projects time for a fundamental shift [J]. International journal of project management,2001,19(2):89-101.

[339] Wei Q,Jin H Z,Guo J. Analysis on the collapse of complex system based on the brittle characteristic[J]. International Symposium on Nonlinear Theory and Its Applications,2002(10):7-11.

[340] 薛小龙.建设供应链协调及其支撑平台研究[D]. 哈尔滨:哈尔滨工业大学,2006.

[341] Ofori G. Greening the construction supply chain in Singapore[J]. European Journal of Purchasing & Supply Management, 2000, 6(3-4): 195-206.

[342] 王要武,薛小龙. 供应链管理在建筑业的应用研究[J]. 土木工程学报,2004,37(9):86-91.

[343] Kerry London,Russell Kenley,Andrew Agapiou. Theoretical Supply Chain Network Modeling in the Building Industry,1997. In: Hughes, W (Ed.), 14th Annual ARCOM Conference, 9-11 September 1998, University of Reading. Association of Researchers in Construction Management, Vol. 2, 369-79.

[344] London, K, Kenley, R and Agapiou, A. Theoretical supply chain network modelling in the building industry[C]. In:Hughes, W (Ed.), 14th Annual ARCOM Conference, 1998:9-11. University of Reading. Association of Researchers in Construction Management, Vol. 2, 369-79.

[345] Love P E D, Li H, Mandal P. Rework: a symptom of a dysfunctional supply chain[J]. European Journal of Purchasing &Supply Management, 1999, 5(1): 1-11.

[346] Akintoye A, Mcintosh G, Fitzgerald E. A survey of supply chain collaboration and management in the UK construction industry[J]. European Journal of Purchasing & Supply Management, 2000, 6(3-4): 159-168.

[347] Thomas G T M. Construction Partnering and Integrated Teamworking[M]. Oxford: Blackwell, 2005.

[348] VrijhoefR, KoskelaL, HowellG. Understanding Construction Chains: An Alternative Interpretation [A]. Proceedings 9th Annnual Conference International Group for Lean Construction[C]. Singapore,2001.

[349] 吴绍艳,杜纲.基于 CAS 理论的企业动态能力构建机理研究[J] .北京科技大学学报(社会科学版),2005,21(4):108-111.

[350] 张建平,等.BIM 在施工中的应用[J].施工技术,2012(8):10-17.

[351] 周健,李必强. 供应链组织的复杂适应特征及推论[J]. 运筹与管理,2004 (3):120-125.

[352] 李典谟,周立阳. 协同进化——昆虫与植物的关系[J]. 昆虫知识, 1997, 34(1):45-49.

[353] 曹先彬,罗文坚,王煦法. 基于生态种群竞争模型的协同进化[J]. 软件学报, 2001,12(4): 556-562.

[354] 李军林,郭亚玲. 理性、均衡与演进博弈论:一个关于博弈理论发展的综述[J]. 南开经济研究,2000(4): 48-52.

[355] 何丽红,景方,等. 复杂适应系统中合作与竞争关系的涌现[J]. 哈尔滨理工大学学报,2003,8(4):75-78.

[356] Williamson O E. The mechanisms of Governance [M]. Oxford: Oxford University Press, 1996.

[357] 赖丹馨,费方域. 混合组织的合同治理机制研究[J]. 珞珈管理评论,2009(2):72-79.

[358] 谈毅,慕继丰. 论合同治理和关系治理的互补性与有效性[J]. 公共管理学报, 2008, 5(3): 56-62.

[359] 沙凯逊. 从管理到治理:建设项目理论演进探析[J]. 建筑经济, 2008(6): 12-14.

[360] 埃里克·弗鲁博顿,鲁道夫·芮切特. 新制度经济学——一个交易费用分析范式[M]. 上海: 上海人民出版社, 2006.

[361] 王颖,王方华. 关系治理中关系规范的形成及治理机理研究[J]. 软科学, 2007, 21(2): 67-70.

[362] Faisol N, Dainty A R J, Price A D F. The concept of ′relational contracting′ as a tool for understanding inter-organizational relationships in construction [C]. In: Khosrowshahi, F (Ed.), 21st Annual ARCOM Conference, 7-9 September 2005, SOAS, University of London.

[363] Pinto J K, Slevin D P, English B. Trust in projects: an empirical assessment of owner/contractor relationships [J]. International Journal of Project Management, 2009, 27 (6): 638-648.

[364] Lazar F. D. Project partnering: Improving the likelihood of win/win outcomes[J]. Journal of Management in Engineer, 2000, 16(2): 71-83.

[365] McKnight D H, Cummings L L, Chervany N L. Initial trust formation in new organizational relationships[J]. Academy of Management review, 1998:23(3) 473-490.

[366] Dyer, J. H. & Chu, W. The role of trustworthiness in reducing transaction costs and improving performance: Empirical evidence from the United States Japan, and Korea[J]. Organization Science, 2003(14):57-68.

[367] Lau E, Rowlinson S. Interpersonal trust and inter-firm trust in construction projects[J]. Construction Management and Economics, 2009, 27(6): 539-554.

[368] 蒋卫平,张谦,乐云. 基于业主方视角的工程项目中信任的产生与影响[J]. 工程管理学报,2011,25(2):177-181.

[369] Wood G D, Ellis R C T. Main contractor experiences of partnering relationships on UK construction projects[J]. Construction Management and Economics, 2005, 23(3): 317-325.

[370] Ng S T, Rose T M, Mak M, et al. Problematic issues associated with project partnering-the contractor perspective [J]. International Journal of Project Management, 2002, 20 (6): 437-449.

[371] Doloi H. Relational partnerships: the importance of communication, trust and confidence and joint risk management in achieving project success[J]. Construction Management and Economics, 2009, 27(11): 1099-1109.

[372] Hong-Minh S M, Barker R, Naim M M. Identifying supply chain solutions in the UK house building sector[J]. European Journal of Purchasing & Supply Management, 2001, 7(1): 49-59.

[373] Wong P S P, Cheung S O. Structural equation model of trust and partnering success[J]. Journal of Management in Engineering, 2005, 21(2): 70-80.

[374] Bstieler L, Hemmert M. Developing trust in vertical product development partnerships: A comparison of South Korea and Austria[J]. Journal of World Business, 2008, 43(1): 35-46.

[375] Morgan R M, Hunt S D. The commitment-trust theory of relationship marketing[J]. the journal of marketing, 1994,54(3): 20-38.

[376] Dwyer F R, Schurr P H, Oh S. Developing buyer-seller relationships[J]. The Journal of marketing, 1987,51(2):11-27.

[377] Mathieu, J. E. and D. M. Zajac. A review and meta-analysis of the antecedents, correlates and consequences of organizational commitment[J]. Psychological Bulletin, 1990,108(2): 171-194.

[378] Allen, N. J. and J. P. Meyer. The measurement and antecedents of affective, continuance and normative commitment to the organization[J]. Journal of Occupational Psychology, 1991, 63:1-18.

[379] 许劲. 项目关系质量对项目绩效的影响[D]. 重庆:重庆大学,2010.

[380] Johnson J P, Korsgaard M A, Sapienza H J. Perceived fairness, decision control, and commitment in international joint venture management teams[J]. Strategic Management Journal, 2002, 23(12): 1141-1160.

[381] WL Cheng E, Li H, ED Love P, et al. Strategic alliances: a model for establishing long-term commitment to inter-organizational relations in construction[J]. Building and Environment, 2004, 39(4): 459-468.

[382] Chen W. T. , Chen T. T. Critical success factors for construction partnering in Taiwan[J]. International Journal of Project Management, 2007, 25(5): 475-484.

[383] Geyskens I. , Steenkamp J. B. E. M. , Scheer L. K. et al. The effects of trust and interdependence on relationship commitment: A trans-Atlantic study[J]. International Journal of Research in Marketing, 1996, 13(4): 303-317.

[384] John A. Drexler Jr. and Erik W. Larson. Partnering: why project owner-contractor relationships change [J]. Journal of Construction Engineering and Management,2000,126(4): 293-297.

[385] 徐莉,赖一飞,程鸿群. 项目管理[M] . 武汉:武汉大学出版社,2003.

[386] Stephenson. Project partnering for the design and construction industry[M]. New York:John Wiley & Sons,Inc. ,1996.
[387] 陈剑,冯蔚东. 虚拟企业构建与管理[M]. 北京:清华大学出版社,2002.
[388] Sai-On Cheung, Henry C. H. Suen, Tsun-Ip Lam. Fundamentals of Alternative Dispute Resolution Processes in Construction[J]. Journal of construction engineering and management, 2002(9):415.
[389] Groton, J. P. , Supplementary to Alternative Dispute Resolution in the Construction Industry [M]. Wiley Law Publications, USA,1992.
[390] 陈勇强, 张水波. 国际工程合同纠纷解决的一种新模式——纠纷审议委员会(DRB) [J]. 港工技术,2000, 3(1): 40-43.
[391] Walker A. . Project management in construction[M] . London:Blackwell Science,1996.
[392] Goldberg, S. B. , Sander, F. E. A. , and Roger, N. H. Dispute resolution-Negotiation, mediation, and other processes[M]. Wolters kluwer, 2012(sixth edition).
[393] David, J. Dispute resolution for lawyers-Overview of range of dispute resolution processes [D]. Univ. of Sydney, Faculty of Law, Continuing Legal Education, Sydney, Australia. 1988.
[394] 谢识予. 有限理性条件下的进化博弈理论[J]. 上海财经大学学报,2001, 3(5): 3-9.
[395] 吴绍艳,刘晓峰. 工程项目纠纷解决方法进化博弈研究[J]. 北京理工大学学报(社科版), 2010,4:70-73.
[396] 胡运权,郭耀煌. 运筹学教程[M]. 北京:清华大学出版社,1998.
[397] 谢识予. 经济博弈论[M]. 上海:复旦大学出版社,2001.
[398] 方美琪. 系统科学中的信息概念. 许国志主编,系统科学与工程研究[C]. 上海:上海科学技术出版社,2000.
[399] 中国房产报. 共迎 BIM 标准之六:http://www. cnbim. com/stand/2013/1212/2334. html.
[400] 建设部标准定额研究所,建筑对象数字化定义(JG/T 198—2007). 北京:中国标准出版社,2007.
[401] 建筑科学研究院,工业基础类平台规范(GB/T 25507) ,北京:中国标准出版社,2010,12.
[402] 清华大学软件学院 BIM 课题组. 中国建筑信息模型标准框架研究[J]. 土木建筑工程信息技术,2010,2(2) :1-59.
[403] 中国房产报,共迎 BIM 标准之四: http://www. cnbim. com/stand/2013/1128/2322. html.
[404] 李勇,管昌生. 基于 BIM 技术的工程项目信息管理模式与策略[J]. 工程管理学报,2012,26(4):17-21.
[405] 王广斌,等. 建筑业项目各参与方应用 4D 信息模型的受益对比分析研究[J]. 项目管理技术,2009(6):36-39.
[406] 李恒,等. BIM 在建设项目中应用模式研究[J]. 工程管理学报,2010,24(5):525-529.

[407] Eastman, C., Teicholz, P., Sacks, R. and Liston, K.. BIM Handbook: A Guide to Building Information Modeling for Owners, Managers, Designers, Engineers and Contractors [M]. John Wiley & Sons Inc., Chapter 1, 2008, 13-14, 285-286.

[408] 过俊. BIM 在国内建筑全生命周期的典型应用[J]. 建筑技艺,2011(01):95-99.

[409] 胡振中. 基于 BIM 和 4D 技术的建筑施上冲突与安全分析管理[D]. 北京:清华大学,2009.

[410] 牟茗. 四维建筑信息模型技术研究[D]. 北京:北京林业大学,2009.

[411] 何关培. BIM 和 BIM 相关软件[J]. 土木建筑工程信息技术,2010,2(4):110-117.

[412] 黄桂兴,等. 天津站综合交通枢纽工程设计—建设—运营集成管理创新模式研究[M], 北京:人民交通出版社,2011.

[413] 刘艳辉. 基于公共安全优先的城市综合交通枢纽建运一体模式研究[D]. 天津:天津大学,2009.

[414] 周淮,朱效洁,吴强. 上海轨道交通网络化运营管理问题研究[J]. 城市轨道交通,2006,(6):1-5.

[415] 谢芳,尹贻林. 基于产业链的城市轨道交通综合枢纽盈利模式[J]. 城市轨道交通研究,2008,(2):1-5.

[416] 尹贻林,王垚. 基于利益相关者需求的城市交通枢纽设施优化设计研究[J]. 北京理工大学学报(社会科学版),2009,11(3):53-57.

[417] 刘永谦. 轨道交通综合枢纽建设和运营管理模式的研究[J]. 城市轨道交通研究,2010,(2):1-4,13.

[418] 尹贻林,张俊丽,严玲. 基于公共安全优先的轨道交通综合枢纽指挥控制中心功能研究[J]. 科技进步与对策,2008,25(10):28-31.

[419] 何伟怡,尹贻林. 城市轨道交通项目投资/组织模式的制度绩效变迁分析[J]. 铁道学报,2006,28(1):12-18.

[420] 吴绍艳,严玲,尹贻林. 城市轨道交通枢纽运营管理主体构建分析[J]. 综合运输,2010,6:59-63。

[421] 天津站交通枢纽工程运营管理方案之附件十一天津站交通枢纽工程运营组织机构设置方案研究[R]. 天津铁道部第三勘察设计院集团有限公司,天津理工大学. 2007.